セガ的
基礎線形代数講座
SEGA-STYLE BASIC LINEAR ALGEBRA COURSE

山中勇毅 = 著

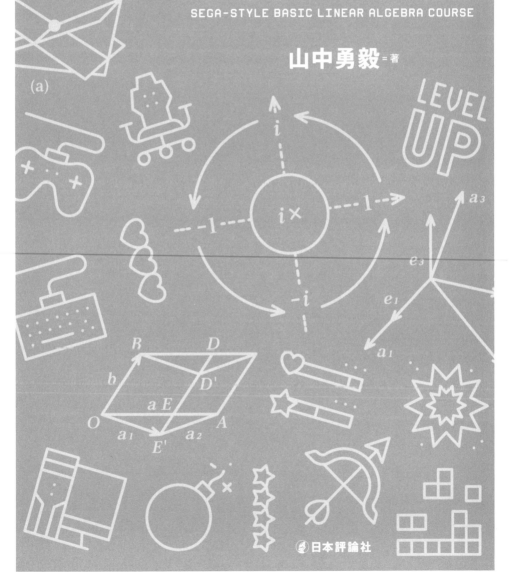

日本評論社

書籍化にあたって

・・

●まえがきに代えて

　本書は 株式会社 セガ にて行われた有志による勉強会用に用意された資料を
日本評論社さんからのお声がけで書籍化したものです。勉強会の趣旨はいわゆ
る「大人の学び直し」であり、本書の場合は高校数学の超駆け足での復習から
始めて、主に大学初年度で学ぶ線形代数の基礎の学び直し、および応用として
の3次元回転の表現の基礎の理解が目的となっています。広く知られているよう
うに線形代数は微積分と並び理工系諸分野の基礎となっており、だからこそ大
学初年度において学ぶわけですが、大変残念なことに高校数学においては微積
分と異なりベクトルや行列がどんどん隅に追いやられているのが実情です。

　線形代数とは何かをひとことで言えば「線形（比例関係）な性質をもつ対象
を代数の力で読み解く」という体系であり、その最大の特徴は原理的に「解け
る」ということにあります。現実の世界で起きている現象を表す方程式が線形
な振る舞いをする場合はもちろん、そうでないときも線形近似したり、線形代
数で得た知見を用いて複雑に絡み合う現象を解きほぐしたりするなどの形で応
用されます。簡単だから「解ける」ということでもありますが、だからといっ
て軽視されるべきものではなく、手も足も出ない対象を何とかして「解く」た
めの、広範囲に応用が効く強力な武器を身につけるわけです。

　線形代数はさまざまな知見をもとに組み立てられている分野であり、基礎部
分だけでもざっと次ページの図のような多岐にわたる項目を学んでようやくそ
の全貌が見えてくることになります。これが線形代数を学ぶ上での難しさの一
因とも言え、個々の計算はできるようになっても、繋がりがよく分からない、
「全体として何なのか？」が分かりにくい要因ともいえます。本書では「学び直
し」ということもあり、線形代数の基礎の本質的な部分をできるだけ簡潔に分
かりやすく学べるように全体を組み立ててみました。行列は実数成分の $n \times n$

行列（実正方行列）のみを対象とし、各項目を学ぶ順番や手法、一部は定義すら一般的なものと違う（例：行列式）こともあります。（かえって分かりづらいと感じた人はごめんちゃい：←死語らしい（笑）

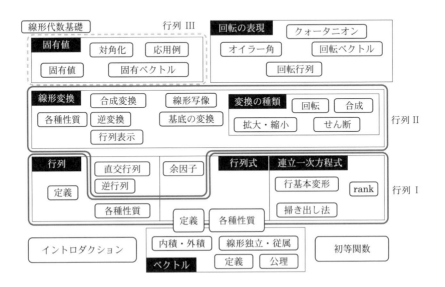

導入・導出は多少なりとも丁寧に、証明はできるだけ簡潔にを心がけ、また話の流れを分かりやすくするため長い証明は付録に回すなどの手法も試みてみました。反面、ページ数の都合で例題や演習問題はごく限られた量にとどまっており、これについては読者がネットや他書等から自身で入手して理解を深めてもらうことを期待しています。

本書の全体の構成としては、全8講（8章）で以下のように大きく3部構成となっています。各項目の階層構造は、講-節-項 となっており、第1講第2節は【1.2】、第1講第2節第3項は [1.2.3] という記号で見出しをつけています。また各項目の先頭に [▼] マークがついているものは、少し進んだ内容となっており、難しいと思ったら最初はとばしても OK です。[▼ A] などの文字（A）が同じ項目は、互いに関連しているので参考にしてください。

○第1部：導入および高校数学の超駆け足復習＋α

- 第1講　イントロダクション
- 第2講　初等関数

本書は高校数学の「数I」の内容を理解していることを前提としています。ウォーミングアップとしてそれ以降の高校数学で必要な内容を超駆け足で復習します。必要に応じ各自でさらに復習しましょう。

○第2部：線形代数の基礎（大学初年度で学ぶ程度の内容＋α）

- 第3講　ベクトル
- 第4講　行列 I：連立一次方程式
- 第5講　行列 II：線形変換
- 第6講　行列 III：固有値・対角化

ベクトルと行列が主人公である線形代数の基礎を学びます。行列の3講はそれぞれのテーマの視点でベクトルと行列が何を表し、どのように絡み合っているのかを学んでいきます。線形代数の基礎を駆け足で学ぶことになり、本質的なことは大体網羅されていますが、紙数の都合上省かれた事項等もあります。理工系各分野に応じて読者自身により不足となる部分、さらには発展的な線形代数を学ぶことになるかと思います。

○第3部：（3次元）回転の表現の基礎

- 第7講　回転の表現 I
- 第8講　回転の表現 II

応用として、さまざまな分野で重要となる3次元回転の表現である「回転行列」「オイラー角」「回転ベクトル」「クォータニオン」の基礎を学びます。どう使うかよりどうしてそうなるのか、という内容が中心となっています。やや難しいと感じるかも知れません。線形代数をある程度理解している読者がここか

ら読み始める場合は、まず【5.5】節に目を通すことをお勧めします。逆に第5講まで読み進めた読者は、第6講を飛ばしてもある程度理解できることと思います。

●学生の方へ

このような異端の書（笑）で学ぼうという奇特な方がもし居たら、言うまでもないことですが、本書を読んだあとに講義で指定されている教科書を改めて読み直してみましょう。きっと今まで以上に理解が深まるのではないかと思います。未来を担う皆さんにとって、本書が少しでもお役に立てれば幸甚です。

●謝辞

書籍化にあたり、九州大学 マス・フォア・インダストリ研究所の落合啓之先生に原稿に目を通していただくようお願いし、大変丁寧なチェックと、的確なコメントをいただきました。

また本書と同じく日本評論社で刊行予定の、三宅陽一郎氏、清木昌氏共著の『数学がゲームを動かす！』に掲載されるインタビューが、本書の書籍化のきっかけとなりました。

ここに感謝の意を表します。

2024年　晩夏　著者

目次

書籍化にあたって i

【第1講】イントロダクション **1**

【1.1】はじめに …………………………………………………… 1

【1.2】数学導入：数の拡張 ………………………………………… 1

【1.3】付録1：数学の考え方 ……………………………………… 9

【1.4】付録2：ギリシャ文字一覧 ………………………………… 11

【第2講】初等関数 **12**

【2.1】はじめに …………………………………………………… 12

【2.2】指数関数 …………………………………………………… 12

【2.3】三角関数 …………………………………………………… 18

【2.4】指数関数の別定義 ………………………………………… 22

【2.5】[▼A] オイラーの公式 …………………………………… 24

【2.6】付録1：二項定理（二項展開）…………………………… 26

【2.7】付録2：総和記号 ………………………………………… 28

【2.8】付録3：$\dfrac{\sin\theta}{\theta}\to 1\ (\theta\to 0)$ の証明 …………………… 30

【2.9】付録4：三角関数の各公式の証明 ………………………… 31

【第3講】ベクトル **37**

【3.1】はじめに …………………………………………………… 37

【3.2】ベクトルがもつ性質 ……………………………………… 37

【3.3】内積 ………………………………………………………… 43

【3.4】抽象化されたベクトルの概念と例 ……………………… 47

【3.5】外積 ………………………………………………………… 50

【3.6】n 本のベクトルが張る n 次元体積 …………………… 53

【3.7】付録1：Levi-Civita 記号 ………………………………… 60

【3.8】付録2：外積の公式の証明 ……………………………… 62

【3.9】付録 3：置換と転倒数の偶奇性 ････････････････････････････ 65

【第 4 講】行列 I：連立一次方程式　　　　　　　　　　　　　　　69

【4.1】はじめに ･･･ 69

【4.2】掃き出し法 ･･･ 69

【4.3】行列式の導入 ･･･ 81

【4.4】行列の導入 ･･･ 88

【4.5】付録 1：行列式の重要な性質 ･･････････････････････････ 99

【4.6】付録 2：簡約行列の構造 ･･････････････････････････････ 102

【4.7】付録 3：補足説明 ･････････････････････････････････････ 104

【4.8】付録 4：行列式の定義について ････････････････････････ 106

【第 5 講】行列 II：線形変換　　　　　　　　　　　　　　　　　109

【5.1】はじめに ･･･ 109

【5.2】線形変換（一次変換） ････････････････････････････････ 109

【5.3】逆行列 ･･･ 114

【5.4】直交行列 ･･･ 125

【5.5】線形変換の行列による表示 ･･･････････････････････････ 129

【5.6】[▼ C] 付録 1：Levi-Civita 記号の積の性質 ･････････････ 142

【5.7】付録 2：複素数の行列による表現 ･････････････････････ 144

【第 6 講】行列 III：固有値・対角化　　　　　　　　　　　　　147

【6.1】はじめに ･･･ 147

【6.2】固有ベクトルと固有値 ････････････････････････････････ 147

【6.3】行列の対角化 ･･･ 158

【6.4】実対称行列の対角化 ･･････････････････････････････････ 169

【6.5】応用例 ･･･ 171

【6.6】付録 1：複素ベクトル空間・行列について ･････････････ 179

【6.7】付録 2：第 6 講の各証明 ･･････････････････････････････ 180

【6.8】[▼ A] 付録 3：オイラーの公式の行列表現 ･････････････ 185

【第 7 講】回転の表現 I　　　　　　　　　　　　　　　187

　【7.1】はじめに ･･ 187

　【7.2】回転行列 ･･ 188

　【7.3】オイラー角と仲間たち ･･････････････････････････････････････ 197

　【7.4】回転ベクトル ･･ 207

　【7.5】付録 1：回転変換に関する 2 証明 ･････････････････････････ 218

　【7.6】[▼ A,C] 付録 2：3 次回転行列となる行列指数関数 ･･････････ 220

【第 8 講】回転の表現 II　　　　　　　　　　　　　　　223

　【8.1】はじめに ･･ 223

　【8.2】クォータニオンの導入：ハミルトン劇場 ･･････････････････････ 224

　【8.3】クォータニオン：定義と諸性質 ････････････････････････････ 231

　【8.4】クォータニオン：3 次元回転の表現 ･････････････････････････ 241

　【8.5】[▼] 付録 1：一般的な 4 次元の回転について ･････････････････ 253

　【8.6】付録 2：成分表示における 4 次元内積の不変性について ･････････ 256

　【8.7】[▼ A] 付録 3：オイラーの公式と代数的補間式について ･････････ 257

索引　　　　　　　　　　　　　　　261

.... 【第 **1** 講】 ....

イントロダクション

【1.1】 はじめに

　本講では、導入として数の拡張の歴史を振り返る。それぞれ各分野の内容に繋がっていくものであるが、ほかにも数学の考え方に触れてもらいたいというねらいもある。

【1.2】 数学導入：数の拡張

[1.2.1] 自然数 $\mathbb{N}$. すべくはここから

- いつ頃から？：太古の昔から

- $(0,) 1, 2, 3, \cdots$：とっても身近な数。とはいえ、普段意識はしないけど実はすでにだいぶ抽象化された概念。1人でも2個でも3台でもなく、

  　　1，2，3，$\cdots$.

- 0 を自然数に含めるか否かは流儀による。実は自然数の定義は難しい。（ざっくり言うと）集合論的に空集合に対応させた 0 から始まる体系で自然数を定義しているので、その立場では自然と自然数に 0 が含まれるとのこと。一方で整数論的には伝統的に（？）0 は含まないとのこと。（数学者は大変だなぁ…しみじみ）　いずれにしても、必要に応じて非負の整数、正の整数という用語で混乱をさけるべし。

- 足し算（＋）、掛け算（×）：どの2つの自然数でやっても結果はまた自然数になる。当たり前のことだけど、そうでないといろいろと不便。この性質（閉じた演算であること）はとても重要。

- 引き算（−）、割り算（÷）：便利だけど自然数の範囲では解なし続出（困ったもんだ）。

2 【第1講】イントロダクション

[1.2.2] 整数 $\mathbb{Z}$：0 の発見、負の数の導入

- $\cdots,\ -3,\ -2,\ -1,\ 0,\ 1,\ 2,\ 3,\ \cdots$

- いつ頃から？ ：数としての 0 と負数の概念が確立したのは 5 世紀頃の古代インドが定説らしい。

- 実際、数の世界で革命的なできごとであるわけだが、それだけに今まで「解なし」扱いだった負数の領域に対する抵抗も文化的背景によっては大きく、西洋、特に欧州では受け入れられるのに 650 年（！）ほどかかったらしい（17 世紀ごろ！）[*1]。

- 引き算（$-$）が整数の範囲で閉じて使えるようになった（重要）。代数的には、このために自然数が整数に拡張されたとみることもできる。

- 負の数の掛け算：子供に説明できますか？ $-1 \times 1 = -1$ は、-1 が 1 つなので -1 と分かりやすいが $1 \times (-1)$ や $-1 \times (-1)$ は？

$$
\begin{array}{ll}
1 \times 2 = 2 & \qquad -1 \times 2 = -2 \\
1 \times 1 = 1 & \qquad -1 \times 1 = -1 \\
1 \times 0 = 0 & \qquad -1 \times 0 = 0 \\
1 \times (-1) = -1\ ? & \qquad -1 \times (-1) = 1\ ?
\end{array}
$$

これをみると、$1 \times (-1) = -1$、$-1 \times (-1) = 1$ となるのは妥当に思える。

- 乗法の負数への拡張：もう少し数学的な立場（代数）でいくと、演算の性質を保つ形が自然な拡張とみなされる。自然数 $\mathbb{N}$ では乗法の性質である交換則（可換）、分配則が成り立っていた。

→ 整数 $\mathbb{Z}$ でも同様に成立するように拡張する。

(1) 交換則：$a \times b = b \times a$ より

$$
1 \times (-1) = -1 \times 1 = -1。
$$

(2) 分配則：$a \times (b + c) = a \times b + a \times c$ より

[*1] 本講座のテキストを準備するにあたり個人的にも多くの知見を得た（ている）が、これが一番驚いた。

$$0 = (-1) \times (1 + (-1)) = (-1) \times 1 + (-1) \times (-1) = -1 + (-1) \times (-1)。$$

両辺に 1 を足して

$$(-1) \times (-1) = 1。$$

この拡張[*2]でいろいろやってみたけど、特に問題無さそう。

→ じゃ、これで（この後、この拡張がもっと自然だと感じられるようになります。）

[1.2.3] 有理数 $\mathbb{Q}$：分数・小数の導入

● いつ頃から？：古代エジプト（BC1650 ごろ）というのが定説らしい。（なんと 0 や負数よりずっとずっと前から！）

● 割り算（÷）も有理数の範囲で閉じて使えるようになった（重要）。これで四則演算が有理数の範囲で閉じ、また後述するように有理数は数直線上に「ぎっしり」と存在し、実用上も問題なく数とは有理数であるという認識が持たれていた。

● 有理数って整数よりいっぱいありそう（？）：任意の有理数 $p < q \in \mathbb{Q}$ に対して $r = \dfrac{p+q}{2}$ とすると、$p < r < q$ となる新たな有理数があることが分かる。これはどんなに近い p, q に対しても成り立ち、また p と r 、r と q の間にもそれぞれ $\dfrac{p+r}{2}$, $\dfrac{r+q}{2}$ としてさらに新たな有理数を得ることができる。

この操作は無限に繰り返すことができ、このように有理数は数直線上に「ぎっしり」と詰まっている。このような性質を「稠密」であると言う。稠密である有理数は直観的には整数の数より、もっとずっと「いっぱいありそう」な気がするけど、どうだろう？

図 1.1（次ページ）は、横軸に分母となる（0 以外の）整数、縦軸に分子となる正の整数をとることで、（0 以外の）すべての有理数を格子点上にマッピングしたものである。START と書かれた $\dfrac{1}{1}$ から始めて格子点上をジグザグにたど

[*2] このような演算の拡張を「第 2 講　初等関数」で実際に指数に対して行い、指数関数を定義する。

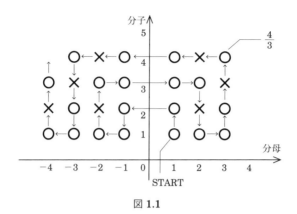

図 1.1

り、既約分数なら○をそうでなければ×をつけながら、○の数を数えていくことで重複を除いたすべての有理数の数を「数えられる」ことを示している。「数えられる」ということは、すべての自然数と一対一対応がつけられることを意味し、自然数の集合も、有理数の集合もどちらも要素数が無数にある無限集合であるが、その「大きさは同じ」と捉えられることを意味している。直観に反する、驚くべき事実（無限大にまつわるマジック）である。

この「数えられる」無限集合のことを**可算集合**または単に**可算**であるという。有限集合の要素数を拡張した無限集合の「要素数」にあたる概念を**濃度**といい、記号 $\aleph$（アレフ：ヘブライ文字）で表す[*3]。可算集合の濃度のことを可算濃度といい、$\aleph_0$ と表す。自然数、整数、有理数の集合はどれも可算であり、その濃度は同じ可算濃度となる。

[1.2.4] 実数 $\mathbb{R}$ ：無理数の導入

● いつ頃から？ ：古代ギリシャ（BC500 年ごろ）では、ピタゴラスが「教団」を作り、数学を門外不出で研究していた。教団では数は長さとして表されるもの（幾何学では辺の長さの比が重要）として、数とは有理数であるということが教義とされていたらしい。ピタゴラスの定理のお膝元、等辺の長さ 1 の直角二等辺三角形の斜辺の長さ ($\sqrt{2}$) が有理数でないことが判明するのは時間

[*3] 中二病心がくすぐられるでしょう？（これ言いたかった（笑）

【1.2】数学導入：数の拡張　5

の問題 …*4。

- $\sqrt{2}$ は有理数でない：有名な背理法を用いた証明。

【証明】　$\sqrt{2}$ が有理数だとすると互いに素な整数 p, q により

$$\sqrt{2} = \frac{p}{q}$$

と書ける。両辺を 2 乗して整理すると、$p^2 = 2q^2$ となり、p^2 は 2 の倍数となる。2 乗して 2 の倍数となるので、p 自身も 2 の倍数。したがって p^2 は 4 の倍数となり、q^2 も 2 の倍数。よって p と同様に q も 2 の倍数となる。以上により p も q も 2 の倍数となり、互いに素という仮定に矛盾。したがって、$\sqrt{2}$ は有理数ではない。　∎

- 実数の濃度：実数は整数や有理数と同じ濃度を持つのか？　実数は可算集合ではないということが 1891 年にカントールにより証明された。その際に用いられたのが有名な対角線論法という手法である。

【証明】　区間 $[0,1]$ に属する実数の集合を考え、これが可算だと仮定する。可算なので $0 \leqq a \leqq 1$ となるすべての実数 a に番号をつけ、$a_1, a_2, a_3, \cdots$ とすることができる。この個々の a_i を 2 進小数展開したものを $a_i = 0.a_{i1}a_{i2}a_{i3}\cdots$ と表記し（$a_{ij} = 0$ or 1）、以下のように並べる。

$$a_1 = 0.a_{11}a_{12}a_{13}\cdots a_{1n}\cdots$$
$$a_2 = 0.a_{21}a_{22}a_{23}\cdots a_{2n}\cdots$$
$$a_3 = 0.a_{31}a_{32}a_{33}\cdots a_{3n}\cdots$$
$$\vdots$$

ここで対角線に並ぶ $a_{11}, a_{22}, a_{33}, \cdots$ を用いて実数 b を以下のように定める*5。

$$b = 0.b_1 b_2 b_3 \cdots b_n \cdots, \qquad b_i = \begin{cases} 1 & (a_{ii} = 0) \\ 0 & (a_{ii} = 1) \end{cases}$$

---

*4　教団のヒッパソスが発見し、教団から追放（もしくは処刑）されたとの説もあるが真偽は不明。

*5　つまり $a_{ii} = 0$ なら $b_i = 1$、$a_{ii} = 1$ なら $b_i = 0$ とする。$b_i \neq a_{ii}$ とできれば、何進数でもよい。

この b は、小数点以下 1 桁目 $b_1 \neq a_{11}$ なので $b \neq a_1$、同様に $b_2 \neq a_{22}$ なので $b \neq a_2$ であり、結果 $b \neq a_i,\ \forall i \in \mathbb{N}$ となる。したがって b は $0 \leqq b \leqq 1$ を満たす実数にも関わらず、すべての $0 \leqq a \leqq 1$ となる実数に番号を振ったどの a_i とも異なり矛盾する。よって区間 $[0,1]$ の実数の集合は可算ではない。　　■

- 「実数の連続性」：上記実数の濃度でみたように、整数や有理数と違い、実数は本当に「たくさん」ある。直観的には、これで数直線上の数が「連続」して繋がったように思えるが、これを示すのはそう単純な話ではない。「実数の連続性」は定理として証明するものではなく、公理として出発点とするものだそう。大学の数学科が習う解析学は、この「実数の連続性公理」について何コマもかけて学ぶことから始めるそうだ。実数は実に奥が深い。

[1.2.5] 複素数 $\mathbb{C}$ ：虚数の導入

- いつ頃から？　：当時 2 次方程式において判別式が負（すなわち実数解を持たない）となる場合は、解なし扱いとなっていた（欧州ではまだ負数が認められていない時代！）。

- 1545 年カルダーノが 3 次方程式の解の公式を発表（発見者は別とのこと）。2 次方程式と違い、少なくとも一つは必ず実数解を持つ 3 次方程式において、公式通りに解こうとすると実数解であったとしても途中どうしても虚数が登場せざるを得ない（最終的には複素共役なペアの和となり実数となる）こととなった。当然抵抗はあったものの、その後オイラーやガウスを経て受け入れられるようになったらしい。

- 複素平面（複素数平面とも、ガウス平面とも呼ばれる）：複素数 $z = x + iy$ を横軸が実数、縦軸が虚数となる平面上にプロットしたもの。

図 1.2 (a) は複素数 $z_1 = x_1 + iy_1,\ z_2 = x_2 + iy_2$ の和

$$z_1 + z_2 = (x_1 + x_2) + i(y_1 + y_2)$$

を複素平面上で表しており、ベクトルの和としての性質がひと目で分かる。

また図 1.2 (b) は複素数の極形式（極座標表示）を示しており、$z = r(\cos\theta + i\sin\theta)$ に対し、大きさ 1 の複素数 $z_0 = \cos\phi + i\sin\phi$ との積を計算すると

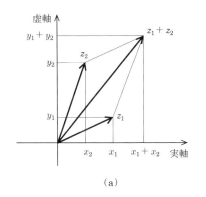
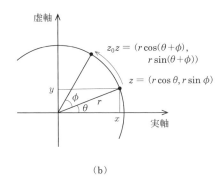

図 **1.2**

$$z_0 z = r\{(\cos\theta\cos\phi - \sin\theta\sin\phi) + i(\sin\theta\cos\phi + \cos\theta\sin\phi)\}$$
$$= r\{\cos(\theta+\phi) + i\sin(\theta+\phi)\}$$

（最後は三角関数の加法定理を用いた）[*6]となるが、これが複素平面上での回転を表していることが分かる。このように複素数は和がベクトルとしての性質をもち、積が回転を表す性質を持つ[*7]。また複素平面は複素数の性質を可視化する手段としても大変有用である。

- 負数の積について：虚数単位 i を実数単位 1 に対して掛けると、$i \times 1 = i$ さらに i を掛け続けていくと、$i \times i = -1$, $i \times (-1) = -i$, $i \times (-i) = 1$ となるが、これを複素平面で表すと、図 1.3（次ページ）のようにそれぞれ $\frac{\pi}{2}$ 回転に相当していることが分かる。これは大きさ 1 の複素数で偏角 $\theta = \frac{\pi}{2}$ としたとき $\cos\frac{\pi}{2} + i\sin\frac{\pi}{2} = i$ となることからも言える[*8]。自然数から整数へ拡張した際に、$1 \times (-1) = -1$, $(-1) \times (-1) = 1$ として負数の積を拡張したが、$i^2 = -1$ であることから、-1 の掛け算は実は複素平面上で π 回転しているとも見ることができ、このように解釈すれば、この負数の積の拡張はより一層自然な拡張であると解釈できる。

[*6] この辺が分かりにくかったら、「第 2 講　初等関数」で復習しよう。
[*7] ベクトルとしての性質は「第 3 講　ベクトル」にて、回転を表す性質は「第 2 講　初等関数」にて学ぶ。
[*8] 虚数単位と実数単位の掛け算により回転を表すこの図は「第 8 講　回転の表現 II」で大活躍する。

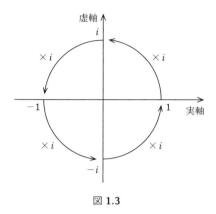

図 1.3

- 代数学の基本定理[*9]：複素数係数の代数方程式

$$a_n x^n + a_{n-1} x^{n-1} + \cdots + a_1 x + a_0 = 0 \qquad (a_n, \cdots, a_0 \in \mathbb{C},\ a_n \neq 0)$$

は、複素数の解を（重複解を含め）ちょうど n 個持つことが知られている。これは、これまで主に代数の式が解を持たないことにより行われてきた数の拡張が、ここでひと段落したことを示している。

[1.2.6] まとめ

数の拡張を例として数学の発展を見てきた。「抽象化」に伴い「数の本質」に迫ろうという数学の手法、そして「一般化、拡張」が数学の発展の原動力となっていることが感じられたと思う。また抽象的な複素数ではあるが、可視化することで直観的にも分かりやすく、また「発展した立場から振り返る（負数の積）と、より一層理解が深まる」ことも感じられたと思う。

一方、有理数の濃度など、直観に反する事実も明らかとなり、必ずしも「直観的な理解」が正義というわけではない事例も見てもらえたと思う。本講座ではできるだけ直観的な理解を伴う説明を目指しはするが、限界もあり、また必ずしもそれが適切ではない場合もあることは知っておくべきである。

[*9] 「第 6 講　行列 III：固有値・対角化」にて登場する。

【1.3】付録１：数学の考え方

●虚数は「存在」しない？

「虚数：2乗して −1 になる数なんて存在しない（実在しない）のに考える意味なんてあるのか？」とかいう話をときどき見かける。大抵の場合、こういうことを言う人（ここでは A さん）の「存在する」と、数学屋さん（M さん）や物理屋さん（P さん）の「存在する」は主張している意味が違う。

A：「実数と違って『実在』しない虚数って考える意味あるの？」

M：「ちょっとまって。実数は『実在』することが前提になってるけど、例えば無理数は小数展開すると無限の桁数つまり無限の情報量になるよね。そんなもん、どこに『実在』するの？」

A：「半径 1 の円周の長さの半分が π だし、等辺 1 の直角 2 等辺三角形の斜辺の長さが $\sqrt{2}$ じゃん！」

P：「『実在する長さ』での話だよね？　モノの実際の長さは 10^{-10}m（原子の大きさ）くらいになると量子論的に位置は揺らいでくるし、10^{-35}m（プランク長）くらいになるともう普通の意味での『長さ』という概念は通用しなくなるんじゃないかと考えられてきているんだよ。何なら 3 次元ですらないんじゃないかとか …」

M：（これだから物理屋は …これ数学の本だぞ、少しは自重しろ（笑）

A：「それはヘリクツ！『普通の意味での長さ』の話をしてる」

P：「それってどんなにどんなに小さくても『普通の意味での長さ』を適用できることを前提にしてるよね？　最終的には実験で検証しないといけないけど、（高エネルギーの話になりすぎて）実際どうなのかは実は分かってないんだよ」

A：「…」

M・P：「つまり『実数という抽象化・モデル化された概念』を用いて『普通の意味での長さ』として当てはめてみているわけで、実際にそれがどこまで当てはまるのかは別問題なわけ」

●数学でいう「存在」するとは

2乗して-1になる数（言いかえれば代数方程式$x^2 = -1$の解）は実数の範囲では存在しない（解を持たない）が、複素数の範囲では存在する（解を持つ）。複素数も実数も（何なら自然数も）、数という概念をモデル化した「集合」がもつ性質に対する話となり、数学でいうところの「存在」するか否かは、対象となる「集合」の中に当てはまる元（方程式の解）が存在するのか否かという意味となる。

●改めて数学でのモノの考え方

- 議論の対象としては白黒ハッキリつけられる主張：真偽が明確となる命題のみとする。
- →「実在」するかどうかはそもそも議論の対象ではない。

- 定義／公理を出発点として、証明で真となる命題を積み重ねて議論を深め、対象となるモノの構造を理解していくというプロセス。
- →実証科学である自然科学のいち分野でありながら、実験や観測を伴わない数学固有の論理体系である。

- 証明とは物理学など、ほかの自然科学分野での実験や観測での実証にあたるもの。
- →紙と鉛筆があれば誰でも追証可能な「証明」をフォローすることは、数学を学ぶ上での義務であり権利でもある。

- とはいえ科学が発展した近代以降、実験や観測での実証は専門家の仕事となっているが、それでも（数学科以外のひとによる）証明のフォローは必要なのか？
- →大学教養課程程度までの数学くらいまでは、かなり昔に確立されたものだし、やってもいいんじゃないかな？　という感じで、どうでっしゃろ？

【1.4】付録2：ギリシャ文字一覧

大文字	小文字	読み	大文字	小文字	読み
A	α	alpha	N	ν	nu
B	β	beta	Ξ	ξ	xi
Γ	γ	gamma	O	o	omicron
Δ	δ	delta	Π	π, ϖ	pi
E	ϵ, ε	epsilon	P	ρ, ϱ	rho
Z	ζ	zeta	Σ	σ, ς	sigma
H	η	eta	T	τ	tau
Θ	θ, ϑ	theta	Υ	υ	upsilon
I	ι	iota	Φ	ϕ, φ	phi
K	$\kappa, \varkappa$	kappa	X	χ	chi
Λ	λ	lambda	Ψ	ψ	psi
M	μ	mu	Ω	ω	omega

┌─ ギリシャ文字表 ─────────────

　執筆当時、最初の読者として大学生だった娘に読んでチェックしてもらっていたときに、ギリシャ文字表をつけるべしとアドバイスされて採用という経緯。なんかこれだけでぐっと教科書っぽいよね（笑

【第**2**講】

初等関数

【2.1】 はじめに

初等関数とは、代数関数（冪関数、多項式関数、有理関数など）、指数関数、対数関数、三角関数、逆三角関数、双曲線関数、逆双曲線関数と、それらの合成関数で作られる1変数関数のことである。数学の各分野はもちろん、理工学のあらゆる分野において応用される重要な関数である。

本講座では一部の例外を除き、実数の範囲内で取り扱う。本講では、そのうち特に重要な指数関数、三角関数とその性質、およびオイラーの公式を導いて、それらの関係を学ぶ。

【2.2】 指数関数

[2.2.1] 指数関数の定義と性質

実数を指数とした数（例えば $2^{\sqrt{2}}$）は、具体的にどのようにして求められるか考えたことがあるだろうか？ 実はこれはそれほど単純な話ではない。第1講 イントロダクションで触れたように、実数は実は奥が深い。

まずは2の自然数乗（正の整数乗：累乗）から始めよう。n を自然数としたとき、2 を n 回掛け合わせた数を 2^n と表記し、2 の n 乗として定義する。n の値が小さいときは $2^1 = 2,\ 2^2 = 2 \times 2 = 4,\ 2^3 = 2 \times 2 \times 2 = 8, \cdots$ となり、n の値が増えるにつれて 2 倍ずつに増えていくことになる。逆に言えば n の値が減っていけば $\dfrac{1}{2}$ 倍ずつに減っていくことになる（図 2.1 (a)）。

この性質を n の値が 0 または負の場合、すなわち整数の範囲に素直に拡張すると、2^0 は $2^1 = 2$ から n の値が 1 減っているので、2 の $\dfrac{1}{2}$ 倍、すなわち

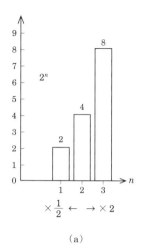 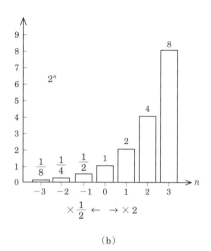

(a) (b)

図 **2.1**

$2^0 = 1$ とすればよいだろう。同様に 2^{-1} はさらに $\frac{1}{2}$ 倍して $2^{-1} = \frac{1}{2}$、さらに同様にして $2^{-2} = \frac{1}{4}$、... とすればよいだろう（図 2.1 (b)）。これらのことを第 1 講で自然数の積を整数に拡張（負数の積）したときと同じように、もう少し数学的な立場（代数）で記述すると、次のようになる。

以下 $n, m \in \mathbb{N}, n, m > 0$ とする。2 を n 回掛け合わせた数を 2^n と表記し、2 の n 乗として定義する。このときの 2 を **基数**、n を **指数** という。

定義から $2^n \times 2^m = 2^{n+m}$, $(2^n)^m = 2^{nm}$ が、また $(2 \times 3)^n = 2^n \times 3^n$ 等も成り立つ。一般に非零の実数 $a, b \in \mathbb{R}$, $a, b \neq 0$ の累乗についても同様に以下が成り立つ。

$$a^n \times a^m = a^{n+m}, \qquad (a^n)^m = a^{nm}, \qquad (ab)^n = a^n b^n$$

これらの性質が、指数が整数の場合でも成立するような拡張を考える。$a^0 \times a^n = a^{0+n} = a^n$ より、$a^0 \equiv 1$、また $a^{-n} \times a^n = a^{-n+n} = a^0 = 1$ より $a^{-n} \equiv \frac{1}{a^n}$ とすれば、$p, q \in \mathbb{Z}$ とし、指数が整数の場合でも同様に $a^p \times a^q = a^{p+q}$, $(a^p)^q = a^{pq}$, $(ab)^p = a^p b^p$ が成り立つ。またこの拡張により以下も成り立つ。

$$\frac{a^p}{a^q} = a^{p-q}, \qquad \left(\frac{a}{b}\right)^p = \frac{a^p}{b^p}$$

数学的な記述

　同じことを「具体例と図解」および「数学的な記述」として読み比べてみると、「数学的な記述」の方は簡潔な反面、数式だけの抽象的な記述となり「とっつきにくい」というイメージを持つ人もいると思う。この手の「数学的な記述」でわかりにくいと感じた場合は、「数式を自分でいくつか具体例として書き出してみる」というやり方がオススメで、基数 $a = 2$、指数 $n = 2, 1, 0, -1, -2$ などを当てはめて考えたものが前半の「具体例と図解」の内容となることがわかると思う。

　こんなふうに 1 行読んで理解するのにも時間がかかるものではあるが、論理的で簡潔な数式で記述することで誤解の余地がなくなり、数学に適した記述法となる。慣れると理にかなったやり方だと思えてくるので、ぜひ慣れていっていただきたい。

　いずれにしても、ここで書かれている指数関数の定義の仕方は、高校数学の教科書でやっているのと同じ手法（導入としては具体例を交えた前者に近いと思うが）であり、記憶にない人も多いかもしれないが、皆こうやって習ってきたわけで。一歩一歩、ゆっくりじっくり考えながら理解していくというプロセスに慣れていこう。

　指数が有理数の場合への拡張を考える。有理数でもこれらの性質が成り立つとすると、$\left(a^{\frac{1}{2}}\right)^2 = a^{\frac{2}{2}} = a$ より、$a^{\frac{1}{2}} \equiv \sqrt{a}$ とすればよいが、それが実数の範囲内で値を持つとすると、$a > 0$ という制限をつけることになる。その上で一般に $\left(a^{\frac{q}{p}}\right)^p = a^{\frac{pq}{p}} = a^q$ より $a^{\frac{q}{p}} \equiv \sqrt[p]{a^q}$ とすることで、$r, s \in \mathbb{Q}$ として、指数が有理数でも同様に $a, b \in \mathbb{R}, a, b > 0$ に対して以下が成り立つ。

$$a^r \times a^s = a^{r+s}, \qquad \frac{a^r}{a^s} = a^{r-s}, \qquad (a^r)^s = a^{rs}$$
$$(ab)^r = a^r b^r, \qquad \left(\frac{a}{b}\right)^r = \frac{a^r}{b^r}$$

指数が実数の場合への拡張は、一筋縄ではいかない。例として、$2^{\sqrt{2}}$ を考える。$\sqrt{2} = 1.41421356\cdots$ と無限に続く小数であるが、これを

　　1, 1.4, 1.41, 1.414, 1.4142, 1.41421, 1.414213, 1.4142135, $\cdots$

として有限小数（有理数）の数列とみなし

　　2^1, $2^{1.4}$, $2^{1.41}$, $2^{1.414}$, $2^{1.4142}$, $2^{1.41421}$, $2^{1.414213}$, $2^{1.4142135}$, $\cdots$

という数列を考える。この数列は、

$$
\begin{aligned}
2^1 &= 2 \\
2^{1.4} &= 2.63901582\cdots \\
2^{1.41} &= 2.65737162\cdots \\
2^{1.414} &= 2.66474965\cdots \\
2^{1.4142} &= 2.66511908\cdots \\
2^{1.41421} &= 2.66513756\cdots \\
2^{1.414213} &= 2.66514310\cdots \\
2^{1.4142135} &= 2.66514402\cdots \\
&\vdots
\end{aligned}
$$

というように一定の値に近づいていくことがわかる。このように、指数が実数の場合は、その実数に近づく有理数の数列を用い、有理数乗の数列の極限として定義することになる[*1]。このような定義により、$a, b \in \mathbb{R}$, $a, b > 0$, $\forall x, y \in \mathbb{R}$ に対しても

$$
a^x \times a^y = a^{x+y}, \qquad \frac{a^x}{a^y} = a^{x-y}, \qquad (a^x)^y = a^{xy}
$$

$$
(ab)^x = a^x b^x, \qquad \left(\frac{a}{b}\right)^x = \frac{a^x}{b^x}
$$

が成り立つ。これらの基本となる性質を**指数法則**という。

　指数が実数にまで拡張され、任意の実数により連続した指数に対する値が得

[*1]　【2.4】節にて違う定義を導く。

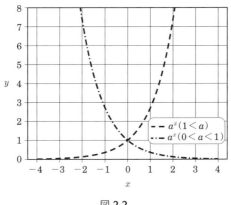

図 2.2

られるようになった。基数 $a = 1$ の場合、すべての x に対して $1^x = 1$ となるため、それ以外の $0 < a < 1$ の場合と、$1 < a$ の場合の a^x を**指数関数**として定義する。このときの a は基数でなく**底**と呼ばれる。指数法則より得られる指数関数の基本性質として

- $1 < a$ の場合：単調増加関数、$x \to -\infty$ で x 軸に漸近、$a^0 = 1$ ($x = 0$)
- $0 < a < 1$ の場合：単調減少関数、$x \to \infty$ で x 軸に漸近、$a^0 = 1$ ($x = 0$)

また定義域は実数全体、値域は正の実数全体となる。

図 2.2 は指数関数 $y = a^x$ のグラフの例であり、上記の基本的な性質が読み取れる。

[2.2.2] ネイピア数

有用な底として、ネイピア数と呼ばれる e が挙げられる。ネイピア数 e は、

$$e = \lim_{n \to \infty} \left(1 + \frac{1}{n}\right)^n \tag{2.1}$$

で定義される無理数で、その値は

$$e = 2.71828182846\cdots \tag{2.2}$$

となる。

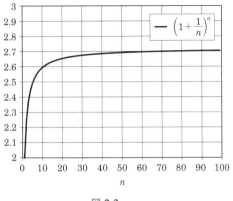

図 2.3

　ここで (2.1) 式は、正の整数 n による $\left(1+\dfrac{1}{n}\right)^n$ の値が、n がどんどん大きくなっていくにつれ一定の値（この場合は (2.2) の値）に近づいていくときの「極限」を表しており、記号 lim は limit と読む。

　図 2.3 は $\left(1+\dfrac{1}{n}\right)^n$ の値を n が 1 から 100 までの範囲でグラフ化したもので、次第に近づいていく様子が見られる。

　通常「指数関数」はネイピア数を底とした e^x のことを指す場合が多い。この e^x は $\exp(x)$ とも書かれ、自然指数と呼ぶこともある。「自然」という言葉は、指数関数 e^x が微分しても（したがって積分しても）同じ e^x となるなど、数学的な性質が他の底と比べてシンプルなことから来ており、数学や物理学を始め、理工系のほとんどの分野で用いられている。

ネイピア数

　もとは複利計算（借金の利息の計算）から生まれたらしい。筆者はお金の計算が苦手なので、何度読んでも途中で飽きてワカランくなる（ので説明できない（笑）。まあ何事も興味ないと身につかないというか、数学を毛嫌いしてる人の気持ちはこういう感じなんだろうなぁと思ったり。

[2.2.3] 応用例

上記のように指数関数は解析学との関わりが深く、微分の考え方を用いた微分方程式（パラメータを時間だとすると、今の情報から少し先の未来がどうなるかを記述する方程式）を解く際に活躍してくれる。

【2.3】三角関数

[2.3.1] 三角関数の定義と性質

図 2.4 (a) のように半径 1 の単位円上の点 (x, y) において、原点と結んだ直線と x 軸との反時計回りを正としたなす角（弧度法）を θ とし、その大きさは $\pm\pi, \pm 2\pi$ を超えてもそのまま外挿されるとするとき

$\sin$（正弦：サイン）：$\sin\theta = y$

$\cos$（余弦：コサイン）：$\cos\theta = x$

として、また $x \neq 0$ のとき

$\tan$（正接：タンジェント）：$\tan\theta = \dfrac{y}{x}$

として定義する。これらを**三角関数**といい以下の基本的な性質をもつ。

定義より $\sin\theta, \cos\theta$ は周期 2π、$\tan\theta$ は周期 π を持つ周期関数、すなわち以下の関係が成り立つ $(n \in \mathbb{Z})$。

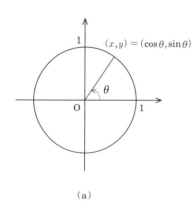

(a)

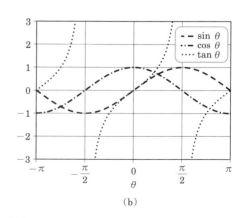

(b)

図 2.4

$$\sin(\theta + 2n\pi) = \sin\theta,$$

$$\cos(\theta + 2n\pi) = \cos\theta,$$

$$\tan(\theta + n\pi) = \tan\theta$$

$\sin\theta$, $\cos\theta$ の定義域は実数全体、値域は -1 以上 1 以下の実数となり、$\sin\theta$ は奇関数（$\sin(-\theta) = -\sin\theta$）、$\cos\theta$ は偶関数（$\cos(-\theta) = \cos\theta$）である（図 2.4 (b)）。また定義より、いわゆる位相のずれとして

$$\sin\left(\theta + \frac{\pi}{2}\right) = \cos\theta, \qquad \cos\left(\theta - \frac{\pi}{2}\right) = \cos\left(\frac{\pi}{2} - \theta\right) = \sin\theta$$

が成り立つ。

$\tan\theta$ の定義域は $\frac{\pi}{2} + n\pi$（$n \in \mathbb{Z}$）を除く実数全体、値域は実数全体であり $-\frac{\pi}{2} < \theta < \frac{\pi}{2}$ で単調増加関数となる。

[2.3.2] 三角関数の主な公式

上記の基本性質のほかに、以下のような性質が公式化されている。このうち加法定理が最も基本的な性質であり、ほかは加法定理（と上記基本性質）から容易に導かれる。ここでは各公式を列挙し、その証明は本講の付録 4 に記載する。

- 加法定理（複号同順）（角の和の三角関数をもとの角の三角関数で表す）

$$\sin(\alpha \pm \beta) = \sin\alpha\cos\beta \pm \cos\alpha\sin\beta,$$
$$\cos(\alpha \pm \beta) = \cos\alpha\cos\beta \mp \sin\alpha\sin\beta, \tag{2.3}$$
$$\tan(\alpha \pm \beta) = \frac{\tan\alpha \pm \tan\beta}{1 \mp \tan\alpha\tan\beta}$$

- 倍角の公式（2 倍角の三角関数をもとの角の三角関数で表す）

$$\sin 2\alpha = 2\sin\alpha\cos\alpha,$$
$$\cos 2\alpha = \cos^2\alpha - \sin^2\alpha,$$
$$= 1 - 2\sin^2\alpha = 2\cos^2\alpha - 1, \tag{2.4}$$
$$\tan 2\alpha = \frac{2\tan\alpha}{1 - \tan^2\alpha}$$

20 【第 2 講】初等関数

- **半角の公式**（半角の三角関数をもとの角の三角関数で表す）

$$\begin{aligned}
\sin^2 \frac{\alpha}{2} &= \frac{1 - \cos \alpha}{2}, \\
\cos^2 \frac{\alpha}{2} &= \frac{1 + \cos \alpha}{2}, \\
\tan^2 \frac{\alpha}{2} &= \frac{1 - \cos \alpha}{1 + \cos \alpha}
\end{aligned} \tag{2.5}$$

- **積和の公式**（三角関数の積を三角関数の和で表す）

$$\begin{aligned}
\sin \alpha \cos \beta &= \frac{1}{2} \{ \sin(\alpha + \beta) + \sin(\alpha - \beta) \}, \\
\cos \alpha \cos \beta &= \frac{1}{2} \{ \cos(\alpha + \beta) + \cos(\alpha - \beta) \}, \\
\sin \alpha \sin \beta &= -\frac{1}{2} \{ \cos(\alpha + \beta) - \cos(\alpha - \beta) \}
\end{aligned} \tag{2.6}$$

- **和積の公式**（三角関数の和を三角関数の積で表す）

$$\begin{aligned}
\sin x + \sin y &= 2 \sin \frac{x + y}{2} \cos \frac{x - y}{2}, \\
\sin x - \sin y &= 2 \cos \frac{x + y}{2} \sin \frac{x - y}{2}, \\
\cos x + \cos y &= 2 \cos \frac{x + y}{2} \cos \frac{x - y}{2}, \\
\cos x - \cos y &= -2 \sin \frac{x + y}{2} \sin \frac{x - y}{2}
\end{aligned} \tag{2.7}$$

- **合成の公式**（同じ角の三角関数の和を一つの三角関数で表す）

$$\begin{aligned}
a \sin \theta + b \cos \theta &= \sqrt{a^2 + b^2} \sin (\theta + \alpha), \\
&\quad \left(\cos \alpha = \frac{a}{\sqrt{a^2 + b^2}}, \quad \sin \alpha = \frac{b}{\sqrt{a^2 + b^2}} \right), \\
a \sin \theta + b \cos \theta &= \sqrt{a^2 + b^2} \cos (\theta - \beta), \\
&\quad \left(\sin \beta = \frac{a}{\sqrt{a^2 + b^2}}, \quad \cos \beta = \frac{b}{\sqrt{a^2 + b^2}} \right)
\end{aligned} \tag{2.8}$$

[2.3.3] ド・モアブルの定理

複素平面上の大きさ 1 の複素数の極形式 $z = \cos \theta + i \sin \theta$ を考える。これは単位円上の点の x, y 座標値として定義された三角関数を複素平面上にそのまま対応させたものとなる。この表記での複素数 $z_1 = \cos \alpha + i \sin \alpha$, $z_2 = \cos \beta +$

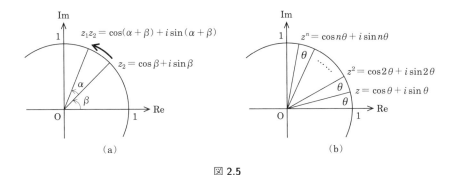

図 2.5

$i\sin\beta$ の積は、加法定理を用いると

$$\begin{aligned} z_1 z_2 &= (\cos\alpha + i\sin\alpha)(\cos\beta + i\sin\beta) \\ &= (\cos\alpha\cos\beta - \sin\alpha\sin\beta) + i(\sin\alpha\cos\beta + \cos\alpha\sin\beta) \\ &= \cos(\alpha+\beta) + i\sin(\alpha+\beta) \end{aligned} \tag{2.9}$$

となり、これは大きさ 1 の複素数の積がその偏角の和の複素数となることを意味し、加法定理が複素平面上でこのように表されていることになる。幾何学的には大きさ1、偏角 α の複素数の積が複素平面上での角度 α の回転を表していると解釈できる（図 2.5 (a)）。

特に $\alpha = \beta = \theta$ の場合は、

$$(\cos\theta + i\sin\theta)^2 = \cos^2\theta - \sin^2\theta + i2\sin\theta\cos\theta = \cos 2\theta + i\sin 2\theta$$

となり、2倍角の公式を表すとともに、$(\cos\theta + i\sin\theta)^2 = \cos 2\theta + i\sin 2\theta$ という関係となる。

さらに (2.9) 式で $\alpha = \theta, \beta = 2\theta$ とすると、これは $\cos\theta + i\sin\theta$ の 3 乗にあたり、

$$(\cos\theta + i\sin\theta)^3 = (4\cos^3\theta - 3\cos\theta) + i(3\sin\theta - 4\sin^3\theta) = \cos 3\theta + i\sin 3\theta$$

となり、3倍角の公式を表し、また $(\cos\theta + i\sin\theta)^3 = \cos 3\theta + i\sin 3\theta$ が成り立つ。より高次についても同様となり、帰納的に以下の関係が成り立つことが

22　【第 2 講】初等関数

分かる（図 2.5 (b)）。

$$(\cos\theta + i\sin\theta)^n = \cos n\theta + i\sin n\theta \tag{2.10}$$

これをド・モアブルの定理という。

[2.3.4] 応用例

　三角関数は幾何学とのつながりが深く、周期性を利用した回転や振動、波動の表現として用いられている。またベクトルの基底としてフーリエ級数展開への応用も本講座でも説明する。

【2.4】 指数関数の別定義

　ネイピア数の定義 (2.1) 式を深掘りしてみよう。今、$\left(1 + \dfrac{x}{n}\right)^n$ という式を考える。$\dfrac{x}{n} = \dfrac{1}{m}$ とすると $n = mx$ より

$$\left(1 + \frac{x}{n}\right)^n = \left(1 + \frac{1}{m}\right)^{mx} = \left\{\left(1 + \frac{1}{m}\right)^m\right\}^x$$

と書けて、この式で x を一定とした $n \to \infty$ すなわち $m \to \infty$ の極限をとると、

$$\left\{\left(1 + \frac{1}{m}\right)^m\right\}^x \to e^x \qquad (m \to \infty)$$

がいえることになる。

　そこで以下の式を指数関数の新たな定義としよう（$x = 1$ の場合はネイピア数の定義に帰着する）。

$$e^x = \lim_{n \to \infty} \left(1 + \frac{x}{n}\right)^n \tag{2.11}$$

この定義が意味をなすには、まず極限値が収束する必要がある[*2]。この極限値を評価するため、有限項 $\left(1 + \dfrac{x}{n}\right)^n$ について考えてみよう。このような $(a + b)^n$ の形の式を展開するには、二項定理を用いる[*3]。展開すると

[*2]　指数関数を初めてこの形で定式化したのが、オイラーだったそうな。厳密には極限値が収束するうえに、この定義に基づき、指数法則が成り立つことを示す必要がある。

[*3]　「付録 1：二項定理（二項展開）」を参照。

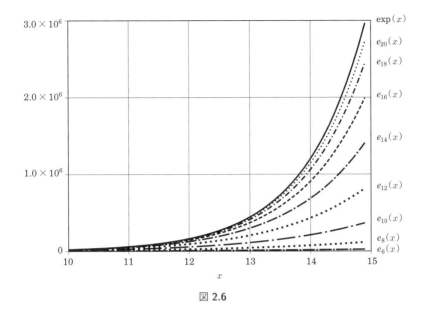

図 2.6

$$\left(1+\frac{x}{n}\right)^n = 1 + n\left(\frac{x}{n}\right) + \frac{n(n-1)}{2!}\left(\frac{x}{n}\right)^2 + \frac{n(n-1)(n-2)}{3!}\left(\frac{x}{n}\right)^3 + \cdots$$
$$= 1 + x + \frac{\left(1-\frac{1}{n}\right)}{2!}x^2 + \frac{\left(1-\frac{1}{n}\right)\left(1-\frac{2}{n}\right)}{3!}x^3 + \cdots$$

となる。各分子の括弧内の $\frac{1}{n}$ や $\frac{2}{n}$ などの項は $n \to \infty$ の極限で 0 となるので、その極限で各分子は 1 となり

$$e^x = \lim_{n \to \infty}\left(1+\frac{x}{n}\right)^n = 1 + x + \frac{1}{2!}x^2 + \frac{1}{3!}x^3 + \cdots \tag{2.12}$$

となる（この級数は任意の x の値で収束することが知られている）。

実際にこの級数のふるまいを見てみよう。図 2.6 は (2.12) 式の右辺を $e_n(x) \equiv 1 + x + \cdots + \frac{1}{n!}x^n$ として、n 次の項までの和で近似したときの様子を 20 次の項までグラフ化したものであり、次第に $\exp(x)$ の値に近づいていく様子が分かる。(2.11) 式（あるいは (2.12) 式）で底 e の指数関数 e^x を定義することで、わざわざ e の有理数乗の極限という形を経ずに<u>実数乗を直接定義する</u>ことができることになる。

24 　【第 2 講】初等関数

なお (2.12) 式は、指数関数 e^x の $x = 0$ の周りでのいわゆるテーラー展開（マクローリン展開）の結果と等しいが、指数関数の場合、微分を使わなくともこのように二項展開した極限として得ることができる。

【2.5】[▼ A] オイラーの公式

(2.10) 式のド・モアブルの定理 $\cos n\theta + i\sin n\theta = (\cos\theta + i\sin\theta)^n$ において、$n\theta = x$ と置くと $\theta = \dfrac{x}{n}$ と書けるので、

$$\cos x + i\sin x = \left(\cos\frac{x}{n} + i\sin\frac{x}{n}\right)^n \tag{2.13}$$

と書ける。この式で x を一定とする $n \to \infty$ $(\theta \to 0)$ の極限をとることを考えると、

$$\cos\frac{x}{n} \to 1, \qquad \sin\frac{x}{n} \to \frac{x}{n} \quad (n \to \infty) \tag{2.14}$$

より[*4]、

$$\begin{aligned}
\cos x + i\sin x &= \lim_{n\to\infty}\left(\cos\frac{x}{n} + i\sin\frac{x}{n}\right)^n \\
&= \lim_{n\to\infty}\left(1 + \frac{ix}{n}\right)^n
\end{aligned} \tag{2.15}$$

と書けるが、この式は (2.11) 式で x を（形式的に）ix としたものと等しい。

そこで、(2.12) 式で x を ix として置き換え、指数が純虚数となる指数関数を

$$e^{ix} = 1 + ix + \frac{(ix)^2}{2!} + \frac{(ix)^3}{3!} + \frac{(ix)^4}{4!} + \cdots \tag{2.16}$$

として定義する[*5]。これにより、

$$e^{i\theta} = \lim_{n\to\infty}\left(1 + \frac{i\theta}{n}\right)^n$$

と書けて、これと (2.15) 式と合わせると

$$e^{i\theta} = \cos\theta + i\sin\theta \tag{2.17}$$

[*4] 「付録 3：$\dfrac{\sin\theta}{\theta} \to 1$ $(\theta \to 0)$ の証明」を参照。

[*5] このあたりの話をきちっとする解析接続というモノがあるが、本講座では立ち入らない。

【2.5】[▼ A] オイラーの公式　25

が成り立つ[*6]。この (2.17) 式は、有名なオイラーの公式と呼ばれるもので、指数関数と三角関数の驚くべき関係を端的に表している。オイラーの公式により、三角関数の加法定理である (2.9) 式：

$$(\cos\alpha + i\sin\alpha)(\cos\beta + i\sin\beta) = \cos(\alpha + \beta) + i\sin(\alpha + \beta)$$

は、

$$e^{i\alpha}e^{i\beta} = e^{i(\alpha+\beta)} \tag{2.19}$$

となり、純虚数での指数法則が成り立つことを意味する。

　これにより逆に三角関数の加法定理を瞬時に出せる（証明できるという意味ではない）。

$$\cos(\alpha \pm \beta) + i\sin(\alpha \pm \beta) = e^{i(\alpha\pm\beta)} = e^{i\alpha}e^{\pm i\beta}$$
$$= (\cos\alpha + i\sin\alpha)(\cos\beta \pm i\sin\beta)$$
$$= (\cos\alpha\cos\beta \mp \sin\alpha\sin\beta) + i(\sin\alpha\cos\beta \pm \cos\alpha\sin\beta)$$

よって、

$$\begin{cases} \cos(\alpha \pm \beta) = \cos\alpha\cos\beta \mp \sin\alpha\sin\beta \\ \sin(\alpha \pm \beta) = \sin\alpha\cos\beta \pm \cos\alpha\sin\beta \end{cases}$$

　またド・モアブルの定理 $(\cos\theta + i\sin\theta)^n = \cos n\theta + i\sin n\theta$ は、

$$(e^{i\theta})^n = e^{in\theta} \tag{2.20}$$

と書けることになり、これも指数法則の純虚数への拡張に対応している（ただし n は整数）。

　オイラーの公式による指数関数と三角関数のつながりは、指数関数の基本性質である指数法則と、三角関数の基本的な性質である加法定理、ド・モアブルの定理としてもつながっているという深いものであることが分かる。解析学と

[*6]　(2.16) 式において $i^2 = -1$ より (2.17) 式と実部・虚部を比較して以下も成り立つ。

$$\cos x = 1 - \frac{1}{2!}x^2 + \frac{1}{4!}x^4 - \frac{1}{6!}x^6 + \frac{1}{8!}x^8 - \cdots,$$
$$\sin x = x - \frac{1}{3!}x^3 + \frac{1}{5!}x^5 - \frac{1}{7!}x^7 + \frac{1}{9!}x^9 - \cdots \tag{2.18}$$

26　【第 2 講】初等関数

幾何学の橋渡しを担う重要な役割をもつ。

　本講座では第 6 講で行列版、第 8 講でクォータニオン版として各講の付録にて再登場する。

【2.6】付録 1：二項定理（二項展開）

　$(a+b)^n$ を展開したものを二項展開という。二項展開の各項の係数を考えるにあたり、まずは n の値が小さい場合に実際に展開してみよう。

$$(a+b)^0 = 1,$$
$$(a+b)^1 = a+b,$$
$$(a+b)^2 = a^2 + 2ab + b^2,$$
$$(a+b)^3 = a^3 + 3a^2b + 3ab^2 + b^3,$$
$$(a+b)^4 = a^4 + 4a^3b + 6a^2b^2 + 4ab^3 + b^4$$

係数のみに注目すると

$$
\begin{array}{ccccccccc}
 & & & & 1 & & & & \\
 & & & 1 & & 1 & & & \\
 & & 1 & & 2 & & 1 & & \\
 & 1 & & 3 & & 3 & & 1 & \\
1 & & 4 & & 6 & & 4 & & 1
\end{array}
$$

といういわゆる「パスカルの三角形」と呼ばれるものになる。この三角形をなす各数は、それぞれ左上、右上の数の和となっている（左端は右上のみ、右端は左上のみの数をそのまま受け継ぐ）。実際、

$$(a+b)^4 = (a+b)(a+b)^3 = (a+b)(a^3 + 3a^2b + 3ab^2 + b^3)$$

を展開すれば、a^4 となるのは $a \times a^3$ の組み合わせのみ。a^3b となるのは $b \times a^3$ と $a \times 3a^2b$ の組み合わせで、その係数は 1 と 3 を合わせた 4 となる。また a^2b^2 となるのは $b \times 3a^2b$ と $a \times 3ab^2$ の組み合わせで、その係数は 3 と 3 を合わせた 6 となり、このような関係が一般に成り立つことになる。

　このことを展開後の各項の係数を $c_k^{(n)} a^{n-k} b^k$ のようにして数式で表すと、以

【2.6】付録 1：二項定理（二項展開）　　27

下のようになる。

$$(a+b)^n = c_0^{(n)}a^n + c_1^{(n)}a^{n-1}b + c_2^{(n)}a^{n-2}b^2 + \cdots + c_{n-1}^{(n)}ab^{n-1} + c_n^{(n)}b^n$$

および

$$(a+b)^{n+1} = c_0^{(n+1)}a^{n+1} + c_1^{(n+1)}a^n b + \cdots + c_n^{(n+1)}ab^n + c_{n+1}^{(n+1)}b^{n+1}$$

に対して

$$c_0^{(n+1)} = c_0^{(n)}(= c_0^{(0)} = 1), \qquad c_{n+1}^{(n+1)} = c_n^{(n)}(= c_0^{(0)} = 1),$$
$$c_k^{(n+1)} = c_{k-1}^{(n)} + c_k^{(n)} \tag{2.21}$$

という関係が任意の $n > 0$ に対して成り立つ。

　この 二項展開の一般項を表すものが**二項定理**と呼ばれるもので、以下のような式となる[*7]。

$$(a+b)^n = \sum_{k=0}^{n} {}_n\mathrm{C}_k \, a^{n-k}b^k \tag{2.22}$$

$(a+b)^n$ は $(a+b)$ が n 個掛け合わされたものであり、展開された際の $a^{n-k}b^k$ の項は、n 個ある $(a+b)(a+b)\cdots(a+b)$ の中から k 個の b を選ぶ組合せの数だけあることになるので（選ばれなかった $n-k$ 個からは必ず a が選ばれる）その係数は「n 個の中から k 個を取り出す組み合わせの数」を表す ${}_n\mathrm{C}_k$（$\left(\dfrac{n}{k}\right)$ とも書かれる）となり、(2.22) 式を得る。

　この ${}_n\mathrm{C}_k$ の値は以下のようにして求まる。n 個から k 個を取り出す最初の 1 個目は n 通りの選び方があり、2 個目は $n-1$ 通り、最後の k 個目は $n-k+1$ 通り選び方があり、組み合わせると $n(n-1)(n-2)\cdots(n-k+1) = \dfrac{n!}{(n-k)!}$ 通りとなるが、k 個を取り出す順番にはよらないので、最終的な値は ${}_n\mathrm{C}_k = \dfrac{n!}{(n-k)!k!}$ 通りとなる。

　(2.21) 式の $c_k^{(n)}$ は (2.22) 式の ${}_n\mathrm{C}_k$ に対応するものであり、(2.21) 式が $c_k^{(n)} = {}_n\mathrm{C}_k = \dfrac{n!}{(n-k)!k!}$ として実際に成り立つことは $0! \equiv 1$ に注意して以下

[*7]　式の右辺は総和記号と呼ばれるもので表されている。「付録 2：総和記号」を参照。

のように示される。

【証明】

$$_{n+1}C_0 = \frac{(n+1)!}{(n+1)!0!} = 1, \qquad _nC_0 = \frac{n!}{n!0!} = 1$$

$$_{n+1}C_{n+1} = \frac{(n+1)!}{0!(n+1)!} = 1, \qquad _nC_n = \frac{n!}{0!n!} = 1$$

$$_{n+1}C_k = \frac{(n+1)!}{(n+1-k)!k!} = \frac{(n+1)n!}{(n-k+1)!k!} = \frac{\{(n-k+1)+k\}n!}{(n-k+1)!k!}$$
$$= \frac{n!}{(n-k)!k!} + \frac{n!}{(n-k+1)!(k-1)!} = {}_nC_k + {}_nC_{k-1} \qquad ■$$

【2.7】付録2：総和記号

数列の総和を示す記号を総和記号といい、ギリシャ文字の大文字の Σ（シグマ）で表す。通常以下のように

$$\sum_{i=1}^{n} a_i \equiv a_1 + a_2 + \cdots + a_n$$

を意味する。$a_1 + a_2 + \cdots + a_n$ の表記は具体的ではあるが、式中で頻繁に出てくると冗長で式全体の可読性を損なうため、このようなコンパクトな表記法が存在する。慣れると式の見通しが良くなりとても便利（かつ、めっちゃ強力）なので、ぜひ慣れていただきたい。本講座内でもよく使われる。

総和記号の主な性質を挙げた。比較的複雑な式の場合、これらを駆使して式変形が行われる。

(i) 線形性：

$$\sum_{i=1}^{n} (a_i + b_i) = \sum_{i=1}^{n} a_i + \sum_{i=1}^{n} b_i, \qquad \sum_{i=1}^{n} ka_i = k \sum_{i=1}^{n} a_i$$

(ii) 和の順番：基本的には内側から順に和を取る。以下はその例で

$$\sum_{i=1}^{n} \sum_{j=1}^{i} a_j = \sum_{i=1}^{n} (a_1 + a_2 + \cdots + a_i)$$

$$= a_1 + (a_1 + a_2) + (a_1 + a_2 + a_3) + \cdots + (a_1 + a_2 + \cdots + a_n)$$

(iii) 多重和の交換（和の順番の入れ替え）：（(ii) の例のように添字の範囲に依存性がある等の場合を除き）添字が独立している場合（有限和では）和の順番によらない。

$$\sum_{i=1}^{n} \sum_{j=1}^{m} a_{ij} = \sum_{j=1}^{m} \sum_{i=1}^{n} a_{ij}$$

例えば、以下の 2 式は等しい。

$$\sum_{i=1}^{2} \sum_{j=1}^{3} a_{ij} = \sum_{i=1}^{2} (a_{i1} + a_{i2} + a_{i3})$$
$$= (a_{11} + a_{12} + a_{13}) + (a_{21} + a_{22} + a_{23}),$$
$$\sum_{j=1}^{3} \sum_{i=1}^{2} a_{ij} = \sum_{j=1}^{3} (a_{1j} + a_{2j})$$
$$= (a_{11} + a_{21}) + (a_{12} + a_{22}) + (a_{13} + a_{23})$$

応用として、添字の範囲が共通な場合など、一つの総和記号に複数の添字をまとめる略記法もある。

$$\sum_{i,j=1}^{n} a_{ij} \equiv \sum_{i=1}^{n} \sum_{j=1}^{n} a_{ij}$$

(iv) 和の対象の分解・結合：乗法の分配則 $(a + b)(c + d) = ac + ad + bc + bd$ に基づく。

$$\sum_{i=1}^{n} a_i \sum_{j=1}^{m} b_j = \sum_{i-1}^{n} \sum_{j-1}^{m} a_i b_j$$

例えば、以下の 2 式は等しい。

$$\sum_{i=1}^{2} a_i \sum_{j=1}^{3} b_j = (a_1 + a_2)(b_1 + b_2 + b_3)$$
$$= a_1 b_1 + a_1 b_2 + a_1 b_3 + a_2 b_1 + a_2 b_2 + a_2 b_3,$$
$$\sum_{i=1}^{2} \sum_{j=1}^{3} a_i b_j = \sum_{i=1}^{2} (a_i b_1 + a_i b_2 + a_i b_3)$$
$$= a_1 b_1 + a_1 b_2 + a_1 b_3 + a_2 b_1 + a_2 b_2 + a_2 b_3$$

> ─ 総和記号 ─────────────────────────
>
> 　プログラミングできる人向けの解説としては、いわゆる「for ループ」での配列の総和と同じことをやっていることになる。多重和＝多重ループ：ループが多重の場合の処理は内側からが基本、ループ変数の依存関係がなければループの順番によらない、などなど。Σ は総和の単機能、for ループは好きなだけ複雑なこともできる。for ループが理解できて、Σ がワカラナイなんて論理的にあり得ない。違いがあるとすれば、慣れてるかどうかだけ。そら慣れるっきゃない！

【2.8】付録3：$\dfrac{\sin\theta}{\theta} \to 1\ (\theta \to 0)$ の証明

【証明】 $0 < \theta < 1$ のときに $\dfrac{\sin\theta}{\theta} \to 1\ (\theta \to 0)$ となることを示す。

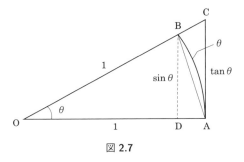

図 2.7

　図 2.7 は $|\overline{\text{OA}}| = |\overline{\text{OB}}| = 1$、内角 θ の扇型 OAB で、B から $\overline{\text{OA}}$ に下ろした垂線の足を D、A から伸ばした接線と $\overline{\text{OB}}$ を伸ばした直線との交点を C とする。図より、$|\overline{\text{BD}}| = \sin\theta,\ |\overline{\text{CA}}| = \tan\theta$ となる。

　△OAB, 扇型 OAB, △OAC の面積はそれぞれ $\dfrac{1}{2}\sin\theta,\ \dfrac{1}{2}\theta,\ \dfrac{1}{2}\tan\theta$ となり、図よりその大小関係は、$\dfrac{1}{2}\sin\theta < \dfrac{1}{2}\theta < \dfrac{1}{2}\tan\theta$ となる。これにより $\sin\theta < \theta$ および $\theta < \dfrac{\sin\theta}{\cos\theta}$ がいえて、これからさらに $\cos\theta < \dfrac{\sin\theta}{\theta} < 1$ がいえ、$\theta \to 0$ のとき $\cos\theta \to 1$ と、はさみうちの原理より $\dfrac{\sin\theta}{\theta} \to 1$ となる。 ∎

　またこれにより、$\cos\theta \to 1,\ \sin\theta \to \theta\ (\theta \to 0)$ となることがいえる。

【2.9】付録 4：三角関数の各公式の証明

○加法定理 (2.3) 式の証明

【証明】 図 2.8 のように単位円上の 2 点 A, B を x 軸からのなす角が α, β となるようにとると、それぞれの座標値は A$(\cos\alpha, \sin\alpha)$, B$(\cos\beta, \sin\beta)$ となる。$\overline{AB}$ の長さの 2 乗は、余弦定理により

$$|\overline{AB}|^2 = |\overline{OA}|^2 + |\overline{OB}|^2 - 2|\overline{OA}||\overline{OB}|\cos(\alpha-\beta)$$
$$= 1 + 1 - 2\cos(\alpha-\beta) = 2(1 - \cos(\alpha-\beta))$$

となる。一方、座標値によっても求められ

$$|\overline{AB}|^2 = (\cos\alpha - \cos\beta)^2 + (\sin\alpha - \sin\beta)^2$$
$$= \cos^2\alpha + \sin^2\alpha + \cos^2\beta + \sin^2\beta - 2\cos\alpha\cos\beta - 2\sin\alpha\sin\beta$$
$$= 2\{1 - (\cos\alpha\cos\beta + \sin\alpha\sin\beta)\}$$

よって、

$$\cos(\alpha-\beta) = \cos\alpha\cos\beta + \sin\alpha\sin\beta \tag{2.23}$$

(2.23) 式より

$$\cos(\alpha+\beta) = \cos\{\alpha-(-\beta)\} = \cos\alpha\cos(-\beta) + \sin\alpha\sin(-\beta)$$

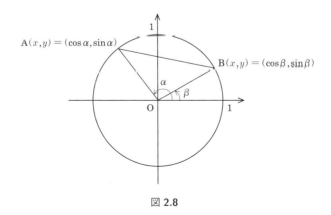

図 2.8

32　【第 2 講】初等関数

$$= \cos\alpha\cos\beta - \sin\alpha\sin\beta \tag{2.24}$$

基本性質 $\cos\left(\dfrac{\pi}{2} - \theta\right) = \sin\theta$ および (2.23) 式より

$$\begin{aligned}
\sin(\alpha + \beta) &= \cos\left\{\frac{\pi}{2} - (\alpha + \beta)\right\} = \cos\left\{\left(\frac{\pi}{2} - \alpha\right) - \beta\right\} \\
&= \cos\left(\frac{\pi}{2} - \alpha\right)\cos\beta + \sin\left(\frac{\pi}{2} - \alpha\right)\sin\beta \\
&= \sin\alpha\cos\beta + \cos\alpha\sin\beta
\end{aligned} \tag{2.25}$$

(2.25) 式より

$$\begin{aligned}
\sin(\alpha - \beta) &= \sin\left\{\alpha + (-\beta)\right\} = \sin\alpha\cos(-\beta) + \cos\alpha\sin(-\beta) \\
&= \sin\alpha\cos\beta - \cos\alpha\sin\beta
\end{aligned} \tag{2.26}$$

(2.23), (2.24), (2.25), (2.26) 式より

$$\begin{aligned}
\tan(\alpha \pm \beta) &= \frac{\sin(\alpha \pm \beta)}{\cos(\alpha \pm \beta)} = \frac{\sin\alpha\cos\beta \pm \cos\alpha\sin\beta}{\cos\alpha\cos\beta \mp \sin\alpha\sin\beta} \\
&= \frac{\tan\alpha \pm \tan\beta}{1 \mp \tan\alpha\tan\beta}
\end{aligned} \tag{2.27}$$

以上により (2.3) 式は示された。　■

○倍角の公式 (2.4) 式の証明

　【証明】　加法定理 (2.3) において、$\beta = \alpha$ とする。

$$\sin 2\alpha = \sin\alpha\cos\alpha + \cos\alpha\sin\alpha = 2\sin\alpha\cos\alpha \tag{2.28}$$

$\sin^2\alpha + \cos^2\alpha = 1$ も用いて

$$\begin{aligned}
\cos 2\alpha &= \cos\alpha\cos\alpha - \sin\alpha\sin\alpha = \cos^2\alpha - \sin^2\alpha \\
&= 1 - 2\sin^2\alpha = 2\cos^2\alpha - 1,
\end{aligned} \tag{2.29}$$

$$\tan 2\alpha = \frac{\tan\alpha + \tan\alpha}{1 - \tan\alpha\tan\alpha} = \frac{2\tan\alpha}{1 - \tan^2\alpha} \tag{2.30}$$

以上により (2.4) 式は示された。　■

【2.9】付録 4：三角関数の各公式の証明　　33

○半角の公式 **(2.5)** 式の証明

【証明】　倍角の公式 $\cos 2\alpha = 1 - 2\sin^2\alpha = 2\cos^2\alpha - 1$ において $\alpha \to \dfrac{\alpha}{2}$ に置き換えると

$$\cos\alpha = 1 - 2\sin^2\frac{\alpha}{2}, \qquad \cos\alpha = 2\cos^2\frac{\alpha}{2} - 1$$

それぞれ整理して

$$\sin^2\frac{\alpha}{2} = \frac{1 - \cos\alpha}{2}, \qquad \cos^2\frac{\alpha}{2} = \frac{1 + \cos\alpha}{2} \tag{2.31}$$

この (2.31) 式を辺々割ると

$$\tan^2\frac{\alpha}{2} = \frac{\sin^2\dfrac{\alpha}{2}}{\cos^2\dfrac{\alpha}{2}} = \frac{1 - \cos\alpha}{1 + \cos\alpha} \tag{2.32}$$

以上により (2.5) 式は示された。　　　■

○積和の公式 **(2.6)** の証明

【証明】　加法定理

$$\begin{cases} \sin(\alpha + \beta) = \sin\alpha\cos\beta + \cos\alpha\sin\beta \\ \sin(\alpha - \beta) = \sin\alpha\cos\beta - \cos\alpha\sin\beta \end{cases}$$

を辺々足すと

$$\sin(\alpha + \beta) + \sin(\alpha - \beta) = 2\sin\alpha\cos\beta$$

よって

$$\sin\alpha\cos\beta = \frac{1}{2}\{\sin(\alpha + \beta) + \sin(\alpha - \beta)\} \tag{2.33}$$

を得る。また加法定理

$$(\bigstar) \begin{cases} \cos(\alpha + \beta) = \cos\alpha\cos\beta - \sin\alpha\sin\beta \\ \cos(\alpha - \beta) = \cos\alpha\cos\beta + \sin\alpha\sin\beta \end{cases}$$

を辺々足すと

$$\cos(\alpha + \beta) + \cos(\alpha - \beta) = 2\cos\alpha\cos\beta$$

34 【第 2 講】初等関数

よって

$$\cos\alpha\cos\beta = \frac{1}{2}\{\cos(\alpha+\beta)+\cos(\alpha-\beta)\} \tag{2.34}$$

となり、同様に (★) を辺々引くと

$$\cos(\alpha+\beta)-\cos(\alpha-\beta) = -2\sin\alpha\sin\beta$$

よって

$$\sin\alpha\sin\beta = -\frac{1}{2}\{\cos(\alpha+\beta)-\cos(\alpha-\beta)\} \tag{2.35}$$

を得る。以上により (2.6) 式は示された。 ■

○和積の公式 (2.7) の証明

【証明】 積和の公式 $\sin\alpha\cos\beta = \frac{1}{2}\{\sin(\alpha+\beta)+\sin(\alpha-\beta)\}$ に $\alpha = \frac{x+y}{2}$, $\beta = \frac{x-y}{2}$ を代入すると

$$\begin{aligned}
\sin\frac{x+y}{2}\cos\frac{x-y}{2} &= \frac{1}{2}\left\{\sin\left(\frac{x+y}{2}+\frac{x-y}{2}\right)+\sin\left(\frac{x+y}{2}-\frac{x-y}{2}\right)\right\} \\
&= \frac{1}{2}(\sin x+\sin y)
\end{aligned}$$

よって

$$\sin x+\sin y = 2\sin\frac{x+y}{2}\cos\frac{x-y}{2} \tag{2.36}$$

を得る。同様に $\alpha = \frac{x-y}{2}$, $\beta = \frac{x+y}{2}$ を代入すると

$$\begin{aligned}
\sin\frac{x-y}{2}\cos\frac{x+y}{2} &= \frac{1}{2}\left\{\sin\left(\frac{x-y}{2}+\frac{x+y}{2}\right)+\sin\left(\frac{x-y}{2}-\frac{x+y}{2}\right)\right\} \\
&= \frac{1}{2}(\sin x+\sin(-y))
\end{aligned}$$

よって

$$\sin x-\sin y = 2\cos\frac{x+y}{2}\sin\frac{x-y}{2} \tag{2.37}$$

を得る。また積和の公式 $\cos\alpha\cos\beta = \frac{1}{2}\{\cos(\alpha+\beta)+\cos(\alpha-\beta)\}$ に $\alpha =$

$\dfrac{x+y}{2},\ \beta = \dfrac{x-y}{2}$ を代入すると

$$\cos\frac{x+y}{2}\cos\frac{x-y}{2} = \frac{1}{2}\left\{\cos\left(\frac{x+y}{2}+\frac{x-y}{2}\right)+\cos\left(\frac{x+y}{2}-\frac{x-y}{2}\right)\right\}$$
$$= \frac{1}{2}(\cos x + \cos y)$$

よって

$$\cos x + \cos y = 2\cos\frac{x+y}{2}\cos\frac{x-y}{2} \tag{2.38}$$

を得る。一方、積和の公式 $\sin\alpha\sin\beta = -\dfrac{1}{2}\{\cos(\alpha+\beta)-\cos(\alpha-\beta)\}$ に $\alpha = \dfrac{x+y}{2},\ \beta = \dfrac{x-y}{2}$ を代入すると

$$\sin\frac{x+y}{2}\sin\frac{x-y}{2} = -\frac{1}{2}\left\{\cos\left(\frac{x+y}{2}+\frac{x-y}{2}\right)-\cos\left(\frac{x+y}{2}-\frac{x-y}{2}\right)\right\}$$
$$= -\frac{1}{2}(\cos x - \cos y)$$

よって

$$\cos x - \cos y = -2\sin\frac{x+y}{2}\sin\frac{x-y}{2} \tag{2.39}$$

を得る。以上により (2.7) 式は示された。 ■

○合成の公式 (2.8) の証明

【証明】

$$a\sin\theta + b\cos\theta = \sqrt{a^2+b^2}\left(\frac{a}{\sqrt{a^2+b^2}}\sin\theta + \frac{b}{\sqrt{a^2+b^2}}\cos\theta\right)$$

となるが $\left(\dfrac{a}{\sqrt{a^2+b^2}}\right)^2 + \left(\dfrac{b}{\sqrt{a^2+b^2}}\right)^2 = 1$ なので、ある角 $\alpha, \beta\ (-\pi \leqq \alpha, \beta \leqq \pi)$ を用いて

$$\frac{a}{\sqrt{a^2+b^2}} = \cos\alpha, \qquad \frac{b}{\sqrt{a^2+b^2}} = \sin\alpha$$

または

36　【第 2 講】初等関数

$$\frac{a}{\sqrt{a^2+b^2}} = \sin\beta, \qquad \frac{b}{\sqrt{a^2+b^2}} = \cos\beta$$

と書くことができる。以下、加法定理を用いると、前者の場合

$$a\sin\theta + b\cos\theta = \sqrt{a^2+b^2}(\cos\alpha\sin\theta + \sin\alpha\cos\theta)$$
$$= \sqrt{a^2+b^2}\sin(\theta+\alpha) \tag{2.40}$$

後者の場合、

$$a\sin\theta + b\cos\theta = \sqrt{a^2+b^2}(\sin\beta\sin\theta + \cos\beta\cos\theta)$$
$$= \sqrt{a^2+b^2}\cos(\theta-\beta) \tag{2.41}$$

となる。以上により (2.8) 式は示された。　　　　■

·················· 【第 **3** 講】 ··················

ベクトル

【3.1】 はじめに

　ベクトルは、言うまでもなく理学・工学あらゆる分野で応用されており、その性質を理解し使いこなすことが求められる。また幾何ベクトルとしてのベクトルだけでなく、抽象化することでほかにもさまざまなモノがベクトルとして認識され、ベクトルで得られたさまざまな知見が応用されている。

　ベクトルの概念はもともと線形性[*1]を持っており、行列とともに線形代数の基礎をなし、応用範囲はさらに広がっている。本講では、まず幾何ベクトルの性質を振り返り、抽象化の結果ベクトルとして仲間入りした例を紹介、またベクトルの線形性にも着目しながら線形代数の基礎の基礎を学んでいく。

【3.2】 ベクトルがもつ性質

[3.2.1] ベクトル自体がもつ性質

　幾何ベクトルとは、平面あるいは空間内の「大きさ」と「向き」を持った量とされ、始点 P から終点 Q へ向かう「有向線分」$\overrightarrow{PQ}$ として定義された。また互いに大きさと向きが等しい（つまり平行移動して一致する）ベクトルは同一視されることから、始点や終点を省略した $\boldsymbol{a} = \overrightarrow{PQ}$ などとも表記していた。

　これから幾何ベクトル以外にもベクトルの概念を広げていくので、ベクトルを表す記号を $\boldsymbol{a}$ のように太文字で書き、以降特に必要のない限り、統一して用いることとする。

　幾何ベクトルに対し、以下のような演算：加法とスカラー倍が定義される。

[*1]　例：関数 $f(x)$ が $f(x + y) = f(x) + f(y)$,　$f(kx) = kf(x)$ という性質を持つとき、線形であるという。

- **加法**：ベクトル a の終点に、加えるベクトル b の始点を一致させるように平行移動させたとき、a の始点から b の終点に向かうベクトルとして定義され、$a+b$ と表す（図 3.1 (a)）。
- **スカラー倍**：ベクトル a の大きさを k 倍（実数）したものとなる。$k<0$ の場合は逆向き、$k=0$ の場合は零ベクトルとなる（図 3.1 (b)）。

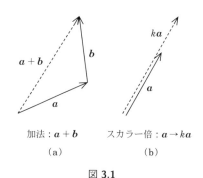

図 **3.1**

当たり前すぎて意識しないが、この加法とスカラー倍を任意のベクトルに対して行った結果が、またベクトルとなるという閉じた演算になっている点が重要となる。

加法には以下の性質があることが図 3.2 により示される。

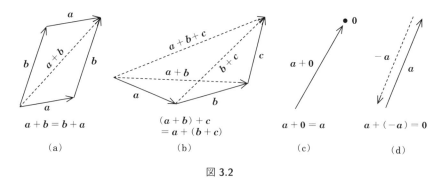

図 **3.2**

またスカラー倍の性質は図 3.3 により示される。これらをまとめた結果が以下となる。

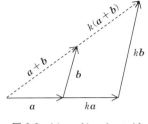

図 3.3　$k(a+b) = ka + kb$

● 性質 3.1：幾何ベクトルの性質

- 加法

  (i) $a + b = b + a$ 　　　　　　　　　　　　　　　　　　　　（交換則）

  (ii) $(a + b) + c = a + (b + c)$ 　　　　　　　　　　　　　　（結合則）

  (iii) $a + 0 = a$ 　　　　　　　　　　　　　　　　　　　　（零ベクトルの存在）

  (iv) $a + (-a) = 0$ 　　　　　　　　　　　　　　　　　　　（逆ベクトルの存在）

- スカラー倍

  (v) $k(a + b) = ka + kb$ 　　　　　　　　　　　　　　　　　（分配則）

[3.2.2]　ベクトルの組がもつ性質

● 線形結合（または一次結合）の定義

ベクトルの組 $a_1, a_2, \cdots, a_m$ とスカラー $k_1, k_2, \cdots, k_m$ に対し、以下のようなスカラー倍されたベクトルの和をこれらのベクトルの（$k_1, k_2, \cdots, k_m$ を係数とする）**線形結合（一次結合）**という。

$$k_1 a_1 + k_2 a_2 + \cdots + k_m a_m \tag{3.1}$$

例として 3 次元空間内で考えてみる。図 3.4（次ページ）は 3 次元空間における 2 本のベクトル a_1, a_2 の、k_1, k_2 を係数とする線形結合を示している。この図をみると、a_1, a_2 が「乗っている」平面上に $k_1 a_1, k_2 a_2, k_1 a_1 + k_2 a_2$ の各ベクトルも「乗っている」ことが直観的に分かる。

また係数 k_1, k_2 の値を連続的に変化させていけば、線形結合されたベクトル

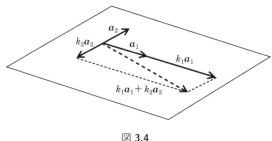

図 3.4

$k_1\boldsymbol{a}_1 + k_2\boldsymbol{a}_2$ がその平面上のすべての点を「指しそうだ」ということも見て取れる。この場合ベクトル $\boldsymbol{a}_1, \boldsymbol{a}_2$ が「張る」平面という表現をする。

ここでもう一本のベクトル $\boldsymbol{a}_3$ を加えてみる。

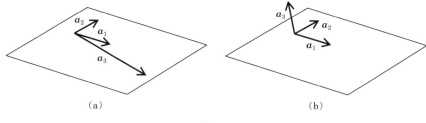

図 3.5

図 3.5 (a) では $\boldsymbol{a}_3$ は $\boldsymbol{a}_1, \boldsymbol{a}_2$ が張る平面上にあり、図 3.5 (b) では平面上にない向きをもつとする。新たな線形結合 $k_1\boldsymbol{a}_1 + k_2\boldsymbol{a}_2 + k_3\boldsymbol{a}_3$ は図 3.5 (a) と図 3.5 (b) で明らかに異なる結果となる。

図 3.5 (a) では、ベクトル $\boldsymbol{a}_3$ は $\boldsymbol{a}_1, \boldsymbol{a}_2$ の線形結合で表され ($\boldsymbol{a}_3 = k_1\boldsymbol{a}_1 + k_2\boldsymbol{a}_2$ となる k_1, k_2 が存在する)、3 本のベクトルは $\boldsymbol{a}_3$ が加わる前と同じ平面を張る。一方で、図 3.5 (b) では、ベクトル $\boldsymbol{a}_3$ は $\boldsymbol{a}_1, \boldsymbol{a}_2$ の線形結合で表すことができず ($\boldsymbol{a}_3 = k_1\boldsymbol{a}_1 + k_2\boldsymbol{a}_2$ となる k_1, k_2 が存在しない)、3 本のベクトルは $\boldsymbol{a}_3$ が加わる前と異なり 3 次元空間を張ることになる。

この違いを以下のように定式化する。

●線形独立と線形従属（または一次独立、一次従属）の定義

あるベクトルの組 $\boldsymbol{a}_1, \boldsymbol{a}_2, \cdots, \boldsymbol{a}_m$ に対して、スカラー $c_1, c_2, \cdots, c_m$ を

用いて

$$c_1\boldsymbol{a}_1 + c_2\boldsymbol{a}_2 + \cdots + c_m\boldsymbol{a}_m = \boldsymbol{0} \tag{3.2}$$

という式を考えると、この式は

$$c_1 = c_2 = \cdots = c_m = 0 \tag{3.3}$$

という自明な解を持つが、(3.2) 式が他に解を持つかどうかにより次の 2 つの場合に分かれる。

- 唯一この自明な解 (3.3) しか持たない場合：これらのベクトルの組は**線形独立**（一次独立）であるという。

- そうでない場合（ほかに解をもつ場合）：これらのベクトルの組は**線形従属**（一次従属）であるという。

（上記定義よりベクトルの組の中に<u>零ベクトルが一つでもあると線形従属</u>となることに注意。）

線形結合の例であげた 3 本のベクトル $\boldsymbol{a}_1$, $\boldsymbol{a}_2$, $\boldsymbol{a}_3$ について、上記の定義の内容を確認してみよう。まずこの例の $\boldsymbol{a}_1$, $\boldsymbol{a}_2$ は線形独立であることがわかる。もし線形従属なら、$c_1\boldsymbol{a}_1 + c_2\boldsymbol{a}_2 = \boldsymbol{0}$ の式は、c_1, c_2 の少なくともどちらかは 0 でないことになり、これは $\boldsymbol{a}_1 = -\dfrac{c_2}{c_1}\boldsymbol{a}_2$ または $\boldsymbol{a}_2 = -\dfrac{c_1}{c_2}\boldsymbol{a}_1$ と書けることを意味している。これでは「平面」を張ることはできないので、$\boldsymbol{a}_1$, $\boldsymbol{a}_2$ は線形従属ではない、すなわち線形独立である。これに $\boldsymbol{a}_3$ を加えた場合、次のようになる。

図 3.5 (a) の例では、k_1, k_2 を用いて $\boldsymbol{a}_3 = k_1\boldsymbol{a}_1 + k_2\boldsymbol{a}_2$ と表すことができた。これは $k_1\boldsymbol{a}_1 + k_2\boldsymbol{a}_2 - \boldsymbol{a}_3 = \boldsymbol{0}$ と書けるので、(3.2) 式が $c_1 = k_1$, $c_2 = k_2, c_3 = -1$ という解を持つことを意味している。したがって左側の例は線形従属となる。

図 3.5 (b) の例で、$c_1\boldsymbol{a}_1 + c_2\boldsymbol{a}_2 + c_3\boldsymbol{a}_3 = \boldsymbol{0}$ を考える。もし $c_3 \neq 0$ なら、$\boldsymbol{a}_3 = -\dfrac{c_1}{c_3}\boldsymbol{a}_1 - \dfrac{c_2}{c_3}\boldsymbol{a}_2$ と書け、$\boldsymbol{a}_3$ が $\boldsymbol{a}_1$, $\boldsymbol{a}_2$ の線形結合で表せないことに矛盾

する。したがって $c_3 = 0$ となり、$c_1 \boldsymbol{a}_1 + c_2 \boldsymbol{a}_2 = \boldsymbol{0}$ を得るが、$\boldsymbol{a}_1, \boldsymbol{a}_2$ は線形独立だったので $c_1 = c_2 = 0$ となる。よって右側の例は線形独立となる。

線形独立／従属

　ベクトルの組が持つこの性質は、線形代数の基礎中の基礎となる非常に重要な概念であり、このあと本講座内でも何度も何度も登場する。そのたびに両者の違いを表す、図 3.5 の 2 つの図が頭に浮かぶようになろう。

●基底、次元、座標系

　上記の例のように線形独立なベクトルの組は、線形結合により 2 本なら「平面」を、3 本なら「空間」を張る。このように「平面」や「空間」上の任意のベクトルをその線形結合で表せる線形独立なベクトルの組を**基底**と呼ぶ。

　この線形結合での表し方は一意となる。

○**性質 3.2**：線形独立なベクトルの組によるベクトルの線形結合での表し方は一意

　【証明】　$\boldsymbol{a} = c_1 \boldsymbol{a}_1 + \cdots + c_n \boldsymbol{a}_n = c_1' \boldsymbol{a}_1 + \cdots + c_n' \boldsymbol{a}_n$ のとき $(c_1 - c_1')\boldsymbol{a}_1 + \cdots + (c_n - c_n')\boldsymbol{a}_n = \boldsymbol{0}$ となり、$\boldsymbol{a}_1, \cdots, \boldsymbol{a}_n$ は線形独立なので $c_1 - c_1' = 0, \cdots, c_n - c_n' = 0$、よって $c_1' = c_1, \cdots, c_n' = c_n$ がいえる。　■

　また張られる「平面」や「空間」に対して基底のとり方は無数にあるが、どのようなとり方をしてもその数は同じであり、この数を**次元**という。上記は 4 次元以上の高次元でも成り立つ。

　n 次元空間の各点を指すベクトルを基底の線形結合で表すと、その係数は一意となるので、この係数の組を用いて各点を表すことができる。これを**座標系**といい、その係数の組を**座標値**という。ここまで幾何ベクトルの場合、暗に直交座標系を張れることを前提としてきた。例えば平面の場合、$\boldsymbol{e}_x = (1,0)$, $\boldsymbol{e}_y = (0,1)$ のような自然な直交座標系をなす基底を選ぶことができる。このような基底を**標準基底**（あるいは**正規直交基底**）という。

【3.3】内積 43

┌─ 座標系とは ──────────────────────────

　座標系とはベクトルというやや抽象的な概念を基底の線形結合としての
成分＝座標値として定量化する手法であり大変有用なわけだが、本来ベク
トルが持つさまざまな性質はこの基底の取り方、すなわち座標系にはよら
ない。

　例：$c = a + b$ という関係は（もちろんその成分ごとでも成り立つわけ
だが）基底の取り方によらずに成り立つことに注意。このことを第5講に
て改めて論じる。

└────────────────────────────────────

【3.3】内積

[3.3.1] 定義

ベクトル $a = \sum_{i=1}^{n} a_i e_i,\ b = \sum_{j=1}^{n} b_j e_j\,(e_1, \cdots, e_n$ は標準基底) において[*2]

$$a \cdot b \equiv \sum_{i=1}^{n} a_i b_i \tag{3.4}$$

となるスカラー値をベクトルの（標準）内積という（なお本講ではベクトルの
成分が実数である実ベクトルのみを取り扱う）。自身との内積の値が $a \cdot a = \sum_{i=1}^{n} a_i^2 \geq 0$ であり、0 になるのは $a = 0$ のときのみとなることよりベクトルの
ノルム（大きさ）を以下のように定義する。

$$\|a\| \equiv \sqrt{a \cdot a} \qquad (\|a\| = 0 \iff a = 0) \tag{3.5}$$

また標準基底同士の内積は

$$e_i \cdot e_j = \delta_{ij} \tag{3.6}$$

となる[*3]。ここで δ_{ij} はクロネッカーのデルタと呼ばれる記号で以下のように
定義される。

───────────────

[*2] 添字は x や y でなく、1 や 2 で表す。初見で分かりにくい場合は、n を 2 や 3 として総和を展開
してみよう。

[*3] むしろ、これは標準基底あるいは正規直交基底が満たすべき性質となる。

$$\delta_{ij} = \begin{cases} 1 & (i = j) \\ 0 & (i \neq j) \end{cases} \tag{3.7}$$

これらより、ベクトル $\boldsymbol{a} = \sum\limits_{i=1}^{n} a_i \boldsymbol{e}_i, \ \boldsymbol{b} = \sum\limits_{j=1}^{n} b_j \boldsymbol{e}_j$ の内積は

$$\begin{aligned} \boldsymbol{a} \cdot \boldsymbol{b} &= \left(\sum_{i=1}^{n} a_i \boldsymbol{e}_i \right) \cdot \left(\sum_{j=1}^{n} b_j \boldsymbol{e}_j \right) = \sum_{i,j=1}^{n} a_i b_j \boldsymbol{e}_i \cdot \boldsymbol{e}_j \\ &= \sum_{i,j=1}^{n} a_i b_j \delta_{ij} = \sum_{i=1}^{n} a_i b_i \end{aligned} \tag{3.8}$$

となり当然 (標準) 内積の定義と一致する。またベクトルと標準基底との内積は

$$\boldsymbol{e}_i \cdot \boldsymbol{a} = \boldsymbol{e}_i \cdot \left(\sum_{j=1}^{n} a_j \boldsymbol{e}_j \right) = \sum_{j=1}^{n} a_j \boldsymbol{e}_i \cdot \boldsymbol{e}_j = \sum_{j}^{n} a_j \delta_{ij} = a_i \tag{3.9}$$

となるように、ベクトルにおけるその標準基底の成分を取り出すことに相当する。

[3.3.2] 代数的性質

定義から明らかに成り立つ、以下の基本的な代数的性質がある (確かめよう)。

● 性質 3.3

   (i) $\boldsymbol{a} \cdot \boldsymbol{b} = \boldsymbol{b} \cdot \boldsymbol{a}$

  (ii) $\boldsymbol{a} \cdot (\boldsymbol{b} + \boldsymbol{c}) = \boldsymbol{a} \cdot \boldsymbol{b} + \boldsymbol{a} \cdot \boldsymbol{c}$

 (iii) $\boldsymbol{a} \cdot (k\boldsymbol{b}) = k\boldsymbol{a} \cdot \boldsymbol{b}$ (k はスカラー値)

 (iv) $\boldsymbol{a} \cdot \boldsymbol{a} \geqq 0$ (等号は $\boldsymbol{a} = \boldsymbol{0}$ のときのみ)

(なお、(ii), (iii) の性質を合わせて線形性、また内積記号の左側でも成り立つことから双線形性という。)

[3.3.3] 幾何学的意味

幾何ベクトルにおいては、以下のような幾何学的意味をもつ。

●内積 $a \cdot b$

図 3.6 のように、なす角が θ のベクトル a, b において、$a - b$ のノルムの 2 乗を考える。

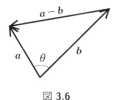

図 3.6

$$\|a - b\|^2 = (a - b) \cdot (a - b) = a \cdot a + b \cdot b - 2a \cdot b$$
$$= \|a\|^2 + \|b\|^2 - 2a \cdot b$$

一方、余弦定理より

$$\|a - b\|^2 = \|a\|^2 + \|b\|^2 - 2\|a\|\|b\|\cos\theta$$

両式より

$$a \cdot b = \|a\|\|b\|\cos\theta \tag{3.10}$$

この式より、0 でないベクトル同士の内積が 0 となる場合、それらのベクトルは直交することが分かる。

●円の接線の方程式

図 3.7(次ページ)のような、点 O を中心とした半径 r_0 の円に点 P_0 で接する接線の方程式を考える。

この接線上の任意の点を P とし、それぞれの位置ベクトルを $\overrightarrow{OP_0} = r_0$, $\overrightarrow{OP} = r$ とする。このとき題意より $\|r_0\| = r_0$ である。r_0 はこの接線に対する法線ベクトルでもあり、接線を表すベクトル $r - r_0$ と直交するので

$$r_0 \cdot (r - r_0) = 0$$

が成り立つ。したがって

$$r_0 \cdot r = r_0^2 \tag{3.11}$$

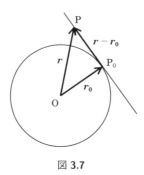

図 3.7

が求める式となる。

座標系を入れて座標値で表記すると、点 O を原点として点 $P(x,y), P_0(x_0,y_0)$ とすると

$$x_0 x + y_0 y = r_0^2$$

となる。

●球面の接平面の方程式

また前項は、そのまま球面に接する接平面の方程式に拡張される（図 3.8）。すなわち前項において、円→球面、接線→接平面に読み替えれば、そのまま成立することがわかる（確かめよう）。座標値では、点 $P(x,y)$, $P_0(x_0,y_0)$ → $P(x,y,z)$, $P_0(x_0,y_0,z_0)$ と読み替えることになり、

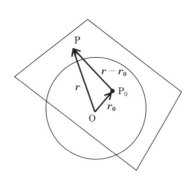

図 3.8

$$x_0 x + y_0 y + z_0 z = r_0^2$$

となる。

点 O, P$_0$, P を含む平面で切断すると、円と接線の関係になる（部分空間）からこのようなことができるのだが、もう一つ重要なのはベクトルの式が座標系によらずに成り立つことである。

【3.4】抽象化されたベクトルの概念と例

これまで幾何ベクトルの性質を振り返ってきた。線形独立性や基底などのベクトルの組が持つ重要な性質は、性質 3.1 にまとめられているような和とスカラー倍の性質から導かれていることが分かる。

逆に和とスカラー倍が定義され、これらの性質を満たせば、線形独立性なども持つことになる。そこで性質 3.1 に、スカラー倍の性質として以下を加える。

(vi) $(k+l)\boldsymbol{a} = k\boldsymbol{a} + l\boldsymbol{a}$ （分配則）

(vii) $k(l\boldsymbol{a}) = (kl)\boldsymbol{a}$ （結合則）

(viii) $1\boldsymbol{a} = \boldsymbol{a}$ （単位元）

これら 8 つの性質を公理として位置づけ、この性質を満たす（かつ演算の結果が閉じる）和とスカラー倍を定義できる対象をベクトルとみなすことで、ベクトルの概念が広げられる。

ベクトルの集合のことをベクトル空間といい、以上で述べた 8 つの公理をベクトル空間の公理という。

一方で内積は、ベクトルの大きさやベクトル間の角度に関わる量であった。これも同様に内積の性質 3.3 を公理とし、その性質を満たすような内積を定義して用いることとなる。内積が導入されたベクトル空間を計量ベクトル空間という。

拡張されたベクトル（ベクトル空間）の例をあげる。各公理を満たすことの確認は読者に任せる。

●例 3.1：n 次元実数ベクトル空間 $\mathbb{R}^n$（実数を n 個組にしたもの：行列でのベ

クトル)

ベクトル $\boldsymbol{a} = \begin{bmatrix} a_1 \\ a_2 \\ \vdots \\ a_n \end{bmatrix}$, $\boldsymbol{b} = \begin{bmatrix} b_1 \\ b_2 \\ \vdots \\ b_n \end{bmatrix}$, スカラー $k \in \mathbb{R}$ に対して、

$$\text{和：} \quad \boldsymbol{a} + \boldsymbol{b} = \begin{bmatrix} a_1 \\ a_2 \\ \vdots \\ a_n \end{bmatrix} + \begin{bmatrix} b_1 \\ b_2 \\ \vdots \\ b_n \end{bmatrix} \equiv \begin{bmatrix} a_1 + b_1 \\ a_2 + b_2 \\ \vdots \\ a_n + b_n \end{bmatrix}$$

$$\text{スカラー倍：} \quad k\boldsymbol{a} = k \begin{bmatrix} a_1 \\ a_2 \\ \vdots \\ a_n \end{bmatrix} \equiv \begin{bmatrix} ka_1 \\ ka_2 \\ \vdots \\ ka_n \end{bmatrix}$$

と定義することでベクトル空間の公理を満たす。ベクトルの成分を縦に並べたものである。

- 標準基底： $\boldsymbol{e}_1 = \begin{bmatrix} 1 \\ 0 \\ \vdots \\ 0 \end{bmatrix}$, $\boldsymbol{e}_2 = \begin{bmatrix} 0 \\ 1 \\ \vdots \\ 0 \end{bmatrix}$, $\cdots$, $\boldsymbol{e}_n = \begin{bmatrix} 0 \\ 0 \\ \vdots \\ 1 \end{bmatrix}$

- 標準内積： $\boldsymbol{a} \cdot \boldsymbol{b} = a_1 b_1 + a_2 b_2 + \cdots + a_n b_n$

も自然に定められる。

●例 3.2：複素数の集合 $\mathbb{C}$

複素平面上で複素数の和はベクトルの和のような性質をもっていた。ベクト

ル[*4]$\boldsymbol{a} = a_1 + ia_2$, $\boldsymbol{b} = b_1 + ib_2$, スカラー $k \in \mathbb{R}$ に対して

$$和： \quad \boldsymbol{a} + \boldsymbol{b} = (a_1 + ia_2) + (b_1 + ib_2) \equiv (a_1 + b_1) + i(a_2 + b_2)$$

$$スカラー倍： \quad k\boldsymbol{a} = k(a_1 + ia_2) \equiv ka_1 + i\, ka_2$$

と定義することでベクトル空間の公理を満たす。

- 標準基底： $\boldsymbol{e}_1 = 1$, $\boldsymbol{e}_2 = i$
- 標準内積： $\boldsymbol{a} \cdot \boldsymbol{b} \equiv \dfrac{1}{2}(a\overline{b} + b\overline{a})$

$$= \frac{1}{2}\{(a_1 + ia_2)(b_1 - ib_2) + (b_1 + ib_2)(a_1 - ia_2)\}$$

$$= a_1 b_1 + a_2 b_2$$

と定める[*5]。

●例 3.3：[▼ B] 1 変数実数値関数の集合（少し高度な例）

$$和： \quad (f + g)(x) \equiv f(x) + g(x)$$

$$スカラー倍： \quad (kf)(x) \equiv kf(x)$$

$$内積： \quad \int f(x)g(x)dx$$

と定めることでベクトル空間の公理を満たし、自然な内積として利用できる。基底として三角関数を用いる例を、第 6 講にて応用例として取り上げる。

[*4] 慣習的には複素数は太字表記しない。

[*5] ここでは複素数を二次元実ベクトル空間の元とみなしている。スカラー値は実数であり、内積もそうなるように定義されている。スカラー値が複素数となる場合は第 6 講付録 1 にて触れる。

50　【第 3 講】ベクトル

【3.5】 外積

[3.5.1]　定義

　ベクトルの外積は、3 次元でのみ定義されるものであり、成分で表すと以下のようになる[*6]。

　$a = a_1 e_1 + a_2 e_2 + a_3 e_3, b = b_1 e_1 + b_2 e_2 + b_3 e_3$ において (e_1, e_2, e_3 は標準基底)

$$a \times b \equiv (a_2 b_3 - a_3 b_2)e_1 + (a_3 b_1 - a_1 b_3)e_2 + (a_1 b_2 - a_2 b_1)e_3 \qquad (3.12)$$

となるベクトルをベクトルの**外積**という（規則性を見やすくするため添字は $1, 2, 3$ とした）。

　この定義を観察すると、成分と基底の積 $a_j b_k e_i$ の添字の組が $(i, j, k) = (1, 2, 3),$ $(2, 3, 1),(3, 1, 2)$ の場合が正、$(1, 3, 2),(2, 1, 3),(3, 2, 1)$ の場合が負の符号がついていることが分かる。この正負の組は、どの 2 つの数字を入れ替えても互いに移り変わる。

　また最初の項 $(a_2 b_3 - a_3 b_2)e_1$ に対して、$1 \to 2, 2 \to 3, 3 \to 1$ とサイクリックに添字を入れ替えると第 2 項 $(a_3 b_1 - a_1 b_3)e_2$ に、もう一度入れ替えると第 3 項 $(a_1 b_2 - a_2 b_1)e_3$ に、さらに入れ替えると第 1 項に戻る。したがって、外積の定義全体がサイクリックな添字の入れ替えで不変（入れ替えについて対称）となることが分かる。このような規則性を活かした成分表記に大変有用（かつ強力）な記法（**Levi-Civita**（レヴィ＝チヴィタ）記号）があるので付録 1 にて紹介する。

[3.5.2]　代数的性質

　定義より明らかに成り立つ、以下の基本的な代数的性質がある（確かめよう）。

[*6]　初めて外積を学ぶ読者は、幾何学的意味から入る方が分かりやすいとは思う。[3.5.3] 項を参照。ただし これを定義として成分表示 (3.12) 式を導くには性質 3.4 (ii) を幾何学的に示す必要があり初学者にはかえって難解かと思われる。

【3.5】外積　51

●性質 **3.4**

(i) $\boldsymbol{a} \times \boldsymbol{b} = -\boldsymbol{b} \times \boldsymbol{a}$　　$\therefore \boldsymbol{a} \times \boldsymbol{a} = \boldsymbol{0}$

(ii) $(\boldsymbol{a} + \boldsymbol{b}) \times \boldsymbol{c} = \boldsymbol{a} \times \boldsymbol{c} + \boldsymbol{b} \times \boldsymbol{c}$

(iii) $(k\boldsymbol{a}) \times \boldsymbol{b} = k(\boldsymbol{a} \times \boldsymbol{b})$　　　　　　　　　　　（k はスカラー値）

また上記基本性質以外に、以下のような公式が成り立つ。ここでは公式の記載にとどめ、その証明は付録 2 に掲載する。各証明は成分表記で地道に行う方法と、Levi-Civita 記号を用いて劇的にシンプル（かつ機械的）に示す方法の 2 種類で行う。いずれも上記定義で述べた規則性に基づく。

- スカラー三重積：$\boldsymbol{a} \cdot (\boldsymbol{b} \times \boldsymbol{c})$ に対して

$$\boldsymbol{a} \cdot (\boldsymbol{b} \times \boldsymbol{c}) = \boldsymbol{b} \cdot (\boldsymbol{c} \times \boldsymbol{a}) = \boldsymbol{c} \cdot (\boldsymbol{a} \times \boldsymbol{b}) \tag{3.13}$$

- ベクトル三重積：$\boldsymbol{a} \times (\boldsymbol{b} \times \boldsymbol{c})$ に対して

$$\boldsymbol{a} \times (\boldsymbol{b} \times \boldsymbol{c}) = (\boldsymbol{a} \cdot \boldsymbol{c})\boldsymbol{b} - (\boldsymbol{a} \cdot \boldsymbol{b})\boldsymbol{c} \tag{3.14}$$

- 外積同士の内積：$(\boldsymbol{a} \times \boldsymbol{b}) \cdot (\boldsymbol{c} \times \boldsymbol{d})$ に対して

$$(\boldsymbol{a} \times \boldsymbol{b}) \cdot (\boldsymbol{c} \times \boldsymbol{d}) = (\boldsymbol{a} \cdot \boldsymbol{c})(\boldsymbol{b} \cdot \boldsymbol{d}) - (\boldsymbol{a} \cdot \boldsymbol{d})(\boldsymbol{b} \cdot \boldsymbol{c}) \tag{3.15}$$

[3.5.3] 幾何学的意味

●外積 $\boldsymbol{a} \times \boldsymbol{b}$

大きさ：ベクトルとしての $\boldsymbol{a} \times \boldsymbol{b}$ のノルムの 2 乗は、$\boldsymbol{a}, \boldsymbol{b}$ のなす角を θ とすると

$$\begin{aligned}
\|\boldsymbol{a} \times \boldsymbol{b}\|^2 &= (\boldsymbol{a} \times \boldsymbol{b}) \cdot (\boldsymbol{a} \times \boldsymbol{b}) \\
&= (\boldsymbol{a} \cdot \boldsymbol{a})(\boldsymbol{b} \cdot \boldsymbol{b}) - (\boldsymbol{a} \cdot \boldsymbol{b})^2 \quad （(3.15) \text{ 式より}） \\
&= \|\boldsymbol{a}\|^2 \|\boldsymbol{b}\|^2 (1 - \cos^2 \theta) = \|\boldsymbol{a}\|^2 \|\boldsymbol{b}\|^2 \sin^2 \theta
\end{aligned}$$

よって

$$\|\boldsymbol{a} \times \boldsymbol{b}\| = \|\boldsymbol{a}\| \|\boldsymbol{b}\| \sin \theta$$

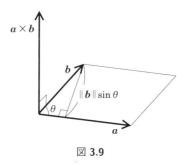

図 3.9

これは、ベクトル a, b が張る平行四辺形の面積と等しい。

方向：$a \times b$ に対して、a, b とそれぞれ内積をとると、(3.13) 式より

$$a \cdot (a \times b) = b \cdot (a \times a) = 0,$$
$$b \cdot (a \times b) = a \cdot (b \times b) = 0$$

となり、$a \times b$ は a, b どちらとも直交する。また定義より標準基底に対して

$$e_x \times e_y = e_z, \qquad e_y \times e_z = e_x, \qquad e_z \times e_x = e_y$$

が成り立つことより、図 3.9 のように、a を b に向けて回したときに右ねじが進む方を向く。

● スカラー三重積 $a \cdot (b \times c)$

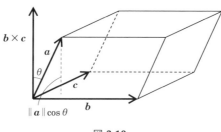

図 3.10

ベクトル a と $b \times c$ との内積は、そのなす角を θ とすると $\|a\| \|b \times c\| \cos \theta$ であるが、これはベクトル b, c が張る平行四辺形の面積 $\|b \times c\|$ に、ベクトル

a の高さ $\|a\|\cos\theta$ を掛けたものと等しい。したがって、スカラー三重積の値は、3本のベクトルが張る平行六面体の符号付き体積とみなせる。

その符号は、ベクトル a と $b \times c$ との向きの関係で決まり、図 3.10 のようになす角 θ が $\frac{\pi}{2}$ 以下の場合に正となり、内積の符号を表す $\cos\theta$ の符号が反映されることになる。またスカラー三重積の性質 (3.13) 式は、この幾何学的意味から向き付けに注意して成り立つことが分かる。

ベクトルの外積は、第 8 講で学ぶクォータニオンの積から自然に出てくるもので、煎じ詰めるとその意味で 3 次元でしか定義できない[*7]。また n 次元に拡張可能な外積に似た概念のひとつに「外積代数[*8]」と呼ばれるものがあるが、それに近いものを次節にて学ぶ。

【3.6】 n 本のベクトルが張る n 次元体積

応用として、n 次元空間で n 本のベクトルが張る n 次元の体積に相当する「関数」を考える[*9]。外積の幾何学的意味の項で見たように、2 次元の場合は外積の大きさ、3 次元の場合はスカラー三重積にあたる量であり、これを n 次元に拡張したい。

[3.6.1] 2 次元：2 次元体積（面積）

以下、図 3.11 のような 2 次元平面上のベクトル a, b が張る面積を値にもつ、ベクトルを変数とする「関数」を $D(a, b)$ とし、その性質を考える。

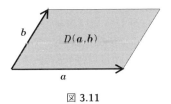

図 3.11

[*7] 出てくる詳細は第 8 講で。ちなみにクォータニオン（四元数）の次は 8 次元での八元数が定義でき、7 次元空間では外積的なものは定義できるそうな。
[*8] この節の外積（cross product）とは異なる「外積」であり、exterior product の訳語である。
[*9] 次講以降の行列のダンジョンで戦うための武器を作る。今のうちに武器の経験値を上げておこう。

(i) ベクトルの和に対して

$a = a_1 + a_2$ のとき図 3.12 のように平行四辺形 OE′D′B と OEDB は底辺 OB が共通で高さが等しいので、面積も等しい（面積：$D(a_1, b)$）。CD′E′A と CDEA も同様（面積：$D(a_2, b)$）。

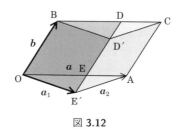

図 3.12

したがって

$$D(a_1 + a_2,\ b) = D(a_1,\ b) + D(a_2,\ b) \quad (b\text{ についても同様})$$

(ii) スカラー倍に対して

a を k 倍すると面積も k 倍となる（図 3.13）。

$$D(ka,\ b) = kD(a,\ b) \quad (b\text{ についても同様})$$

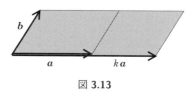

図 3.13

(iii) 同じベクトルが張る面積は 0

図 3.14 から分かるように

$$D(a,\ a) = 0$$

また、以上により

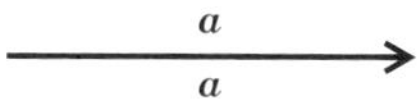

図 3.14

$$0 = D(\boldsymbol{a}+\boldsymbol{b}, \boldsymbol{a}+\boldsymbol{b}) \qquad \text{((iii) より)}$$
$$= D(\boldsymbol{a}, \boldsymbol{a}+\boldsymbol{b}) + D(\boldsymbol{b}, \boldsymbol{a}+\boldsymbol{b}) \qquad \text{((i) より)}$$
$$= D(\boldsymbol{a}, \boldsymbol{a}) + D(\boldsymbol{a}, \boldsymbol{b}) + D(\boldsymbol{b}, \boldsymbol{a}) + D(\boldsymbol{b}, \boldsymbol{b}) \qquad \text{((i) より)}$$
$$= D(\boldsymbol{a}, \boldsymbol{b}) + D(\boldsymbol{b}, \boldsymbol{a}) \qquad \text{((iii) より)}$$

となり、これから

$$D(\boldsymbol{b}, \boldsymbol{a}) = -D(\boldsymbol{a}, \boldsymbol{b})$$

この面積は符号付きとなり、符号は張るベクトルの向き付けによる。

(iv) 標準基底が張る面積は 1

図 3.15 のような標準基底 e_1, e_2 同士が張る面積を 1 と定義する。

$$D(\boldsymbol{e}_1, \boldsymbol{e}_2) = 1$$

これは面積の大きさの単位および向き付けの定義となる。

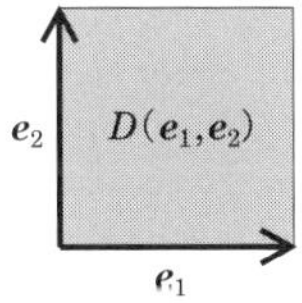

図 3.15

実は、この 4 つの性質（(i), (ii) は $\boldsymbol{b}$ についても同様）

(i) $D(\boldsymbol{a}_1 + \boldsymbol{a}_2, \boldsymbol{b}) = D(\boldsymbol{a}_1, \boldsymbol{b}) + D(\boldsymbol{a}_2, \boldsymbol{b})$ \hfill (3.16)

(ii) $D(k\boldsymbol{a}, \boldsymbol{b}) = kD(\boldsymbol{a}, \boldsymbol{b})$ \hfill (3.17)

(iii) $D(\boldsymbol{a}, \boldsymbol{a}) = 0 \qquad \therefore D(\boldsymbol{b}, \boldsymbol{a}) = -D(\boldsymbol{a}, \boldsymbol{b})$ \hfill (3.18)

(iv) $D(\boldsymbol{e}_1, \boldsymbol{e}_2) = 1$ \hfill (3.19)

で、$D(\boldsymbol{a}, \boldsymbol{b})$ の値は一意に定まる。

実際、$\boldsymbol{a} = a_1\boldsymbol{e}_1 + a_2\boldsymbol{e}_2,\ \boldsymbol{b} = b_1\boldsymbol{e}_1 + b_2\boldsymbol{e}_2$ のとき

$$
\begin{aligned}
D(\boldsymbol{a}, \boldsymbol{b}) &= D(a_1\boldsymbol{e}_1 + a_2\boldsymbol{e}_2,\ b_1\boldsymbol{e}_1 + b_2\boldsymbol{e}_2) \\
&= D(a_1\boldsymbol{e}_1,\ b_1\boldsymbol{e}_1) + D(a_1\boldsymbol{e}_1,\ b_2\boldsymbol{e}_2) \\
&\quad + D(a_2\boldsymbol{e}_2,\ b_1\boldsymbol{e}_1) + D(a_2\boldsymbol{e}_2,\ b_2\boldsymbol{e}_2) \qquad ((3.16)\,\text{による}) \\
&= a_1b_1 D(\boldsymbol{e}_1,\ \boldsymbol{e}_1) + a_1b_2 D(\boldsymbol{e}_1,\ \boldsymbol{e}_2) \\
&\quad + a_2b_1 D(\boldsymbol{e}_2,\ \boldsymbol{e}_1) + a_2b_2 D(\boldsymbol{e}_2,\ \boldsymbol{e}_2) \qquad ((3.17)\,\text{による}) \\
&= a_1b_2 D(\boldsymbol{e}_1,\ \boldsymbol{e}_2) + a_2b_1 D(\boldsymbol{e}_2,\ \boldsymbol{e}_1) \qquad ((3.18)\,\text{による}) \\
&= (a_1b_2 - a_2b_1) D(\boldsymbol{e}_1,\ \boldsymbol{e}_2) \qquad ((3.18)\,\text{による}) \\
&= a_1b_2 - a_2b_1 \qquad ((3.19)\,\text{による})
\end{aligned}
$$

となるが、これは幾何学的に求まる符号付き面積 $\boldsymbol{a} \times \boldsymbol{b}$ の値を成分で表したものと一致する。（$\boldsymbol{a} = (a_1, a_2, 0), \boldsymbol{b} = (b_1, b_2, 0)$ のときの $\boldsymbol{a} \times \boldsymbol{b}$ の大きさとなる。）

[3.6.2] 3次元：3次元体積（体積）

3次元に素直に拡張する（図 3.16 (a)）。この体積を表す $D(\boldsymbol{a}, \boldsymbol{b}, \boldsymbol{c})$ も同様に以下の性質を持つ。（(i) 以外は明らか。(i) も $\boldsymbol{b}, \boldsymbol{c}$ が張る平行四辺形の面積に $\boldsymbol{a}_1, \boldsymbol{a}_2$ の高さを掛けた体積の和として成り立つ。図 3.16 (b)）

(i) $D(\boldsymbol{a}_1 + \boldsymbol{a}_2,\ \boldsymbol{b},\ \boldsymbol{c}) = D(\boldsymbol{a}_1,\ \boldsymbol{b},\ \boldsymbol{c}) + D(\boldsymbol{a}_2,\ \boldsymbol{b},\ \boldsymbol{c})$ \hfill (3.20)

(ii) $D(k\boldsymbol{a},\ \boldsymbol{b},\ \boldsymbol{c}) = kD(\boldsymbol{a},\ \boldsymbol{b},\ \boldsymbol{c})$ \hfill (3.21)

(iii) $D(\boldsymbol{a},\ \boldsymbol{a},\ \boldsymbol{b}) = 0 \quad \therefore D(\boldsymbol{b},\ \boldsymbol{a},\ \boldsymbol{c}) = -D(\boldsymbol{a},\ \boldsymbol{b},\ \boldsymbol{c})$ \hfill (3.22)

(iv) $D(\boldsymbol{e}_1,\ \boldsymbol{e}_2,\ \boldsymbol{e}_3) = 1$ \hfill (3.23)

((i), (ii) は $\boldsymbol{b}, \boldsymbol{c}$ についても同様。(iii) はどの2つが同じでも、どの2つを入れ替えてもという意味。)

性質 (iii), (iv) より、$D(\boldsymbol{e}_i,\ \boldsymbol{e}_j,\ \boldsymbol{e}_k)\ (1 \leqq i, j, k \leqq 3)$ は i, j, k の値がすべて異なるとき非零の値をもち、変数部分が $\boldsymbol{e}_1, \boldsymbol{e}_2, \boldsymbol{e}_3$ からの並び替えで符号が変わるだけで以下のような値をもつことになる。

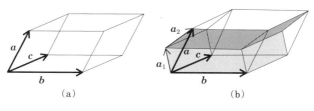

図 3.16

$$D(\bm{e}_i, \bm{e}_j, \bm{e}_k) = \begin{cases} +1 & ((i,j,k) = (1,2,3), (2,3,1), (3,1,2)) \\ -1 & ((i,j,k) = (1,3,2), (2,1,3), (3,2,1)) \\ 0 & \text{その他} \end{cases} \quad (3.24)$$

これは (3.33) 式である Levi-Civita 記号 ε_{ijk} とまったく同じことがわかる。また、同じように上記 4 つの性質のみで $D(\bm{a},\bm{b},\bm{c})$ の値は一意に定まる。実際 $\bm{a} = \sum\limits_{i=1}^{3} a_i \bm{e}_i$, $\bm{b} = \sum\limits_{j=1}^{3} b_j \bm{e}_j$, $\bm{c} = \sum\limits_{k=1}^{3} c_k \bm{e}_k$ のとき

$$\begin{aligned}
D(\bm{a},\bm{b},\bm{c}) &= D\left(\sum_{i=1}^{3} a_i \bm{e}_i, \sum_{j=1}^{3} b_j \bm{e}_j, \sum_{k=1}^{3} c_k \bm{e}_k\right) \\
&= \sum_{i,j,k=1}^{3} a_i b_j c_k D(\bm{e}_i, \bm{e}_j, \bm{e}_k) \\
&= a_1 \sum_{j,k=1}^{3} b_j c_k D(\bm{e}_1, \bm{e}_j, \bm{e}_k) \\
&\quad + a_2 \sum_{j,k=1}^{3} b_j c_k D(\bm{e}_2, \bm{e}_j, \bm{e}_k) + a_3 \sum_{j,k=1}^{3} b_j c_k D(\bm{e}_3, \bm{e}_j, \bm{e}_k) \\
&= a_1 (b_2 c_3 - b_3 c_2) D(\bm{e}_1, \bm{e}_2, \bm{e}_3) \\
&\quad + a_2 (b_3 c_1 - b_1 c_3) D(\bm{e}_1, \bm{e}_2, \bm{e}_3) \\
&\quad + a_3 (b_1 c_2 - b_2 c_1) D(\bm{e}_1, \bm{e}_2, \bm{e}_3) \\
&= a_1 (b_2 c_3 - b_3 c_2) + a_2 (b_3 c_1 - b_1 c_3) + a_3 (b_1 c_2 - b_2 c_1) \quad (3.25)
\end{aligned}$$

となり、これは幾何学的に求まる符号付き体積 $\bm{a} \cdot (\bm{b} \times \bm{c})$ の値を成分で表したものと一致する。

58　【第 3 講】ベクトル

[3.6.3]　n 次元：n 次元体積

n 次元に素直に拡張する。

(i)　$D(\boldsymbol{a}_1, \cdots, \boldsymbol{a}_{i_1} + \boldsymbol{a}_{i_2}, \cdots, \boldsymbol{a}_n)$
$$= D(\boldsymbol{a}_1, \cdots, \boldsymbol{a}_{i_1}, \cdots, \boldsymbol{a}_n) + D(\boldsymbol{a}_1, \cdots, \boldsymbol{a}_{i_2}, \cdots, \boldsymbol{a}_n) \tag{3.26}$$

(ii)　$D(\boldsymbol{a}_1, \cdots, k\boldsymbol{a}_i, \cdots, \boldsymbol{a}_n) = kD(\boldsymbol{a}_1, \cdots, \boldsymbol{a}_i, \cdots, \boldsymbol{a}_n) \tag{3.27}$

(iii)　$D(\boldsymbol{a}_1, \cdots, \boldsymbol{a}_i, \cdots, \boldsymbol{a}_i, \cdots, \boldsymbol{a}_n) = 0$
$$\therefore D(\boldsymbol{a}_1, \cdots, \boldsymbol{a}_j, \cdots, \boldsymbol{a}_i, \cdots, \boldsymbol{a}_n) = -D(\boldsymbol{a}_1, \cdots, \boldsymbol{a}_i, \cdots, \boldsymbol{a}_j, \cdots, \boldsymbol{a}_n)$$
$$\tag{3.28}$$

(iv)　$D(\boldsymbol{e}_1, \boldsymbol{e}_2, \cdots, \boldsymbol{e}_n) = 1 \tag{3.29}$

これまでと同様に、この関数値はこの 4 つの性質で一意に定まり、「n 次元体積」に相当する[*10]。

　3 次元と同様 $D(\boldsymbol{e}_{i_1}, \boldsymbol{e}_{i_2}, \cdots, \boldsymbol{e}_{i_n})$ は 性質 (iii), (iv) より $\boldsymbol{e}_1, \boldsymbol{e}_2, \cdots, \boldsymbol{e}_n$ からの並び替えで値が決まり[*11]、

$$D(\boldsymbol{e}_{i_1}, \boldsymbol{e}_{i_2}, \cdots, \boldsymbol{e}_{i_n}) = \begin{cases} +1 & ((i_1, i_2, \cdots, i_n) \text{ が } (1, 2, \cdots, n) \text{ の偶置換}) \\ -1 & ((i_1, i_2, \cdots, i_n) \text{ が } (1, 2, \cdots, n) \text{ の奇置換}) \\ 0 & \text{その他} \end{cases} \tag{3.30}$$

となり、これは (3.37) 式である拡張 Levi-Civita 記号 $\varepsilon_{i_1 i_2 \cdots, i_n}$ とまったく同じとなる。性質 (i), (ii) のことを**多重線形性**、性質 (iii) のことを**交代性**という。

　性質 (i), (ii), (iii) を用いて、後に重要となる性質を 2 つ導く。

●**性質 3.5**：あるベクトルのスカラー倍をほかのベクトルに加えても「関数」の

[*10]　数学的な厳密さよりも武器を作ることを目的としている。そもそも「n 次元体積」の定義すらしていないことに注意（これに踏み込むと話が進まない。興味のある人は (将来)「Gram 行列式」「微分形式」とかで調べてみよう）。次講で (n 次元目の高さ) × ($n-1$ 次元体積) と解釈できる話をする。ここでは、これを用いて「n 次元体積」としよう。どーしても論理体系が気になる人は (内積のように) この4 つの性質をこの「関数」の公理と位置づけて考え、別途「n 次元体積」となることを示す立場を取ろう。
[*11]　偶置換、奇置換は、[3.7.2] 項 および 付録 3 を参照。

値は変わらない。

$$D(\boldsymbol{a}_1, \cdots, \boldsymbol{a}_{i-1}, \boldsymbol{a}_i + k\boldsymbol{a}_j, \cdots, \boldsymbol{a}_j, \cdots, \boldsymbol{a}_n)$$
$$= D(\boldsymbol{a}_1, \cdots, \boldsymbol{a}_{i-1}, \boldsymbol{a}_i, \cdots, \boldsymbol{a}_j, \cdots, \boldsymbol{a}_n) \qquad (3.31)$$

【証明】

$$D(\boldsymbol{a}_1, \cdots, \boldsymbol{a}_i + k\boldsymbol{a}_j, \cdots, \boldsymbol{a}_j, \cdots, \boldsymbol{a}_n)$$
$$= D(\boldsymbol{a}_1, \cdots, \boldsymbol{a}_i, \cdots, \boldsymbol{a}_j, \cdots, \boldsymbol{a}_n) + kD(\boldsymbol{a}_1, \cdots, \boldsymbol{a}_j, \cdots, \boldsymbol{a}_j, \cdots, \boldsymbol{a}_n)$$
$$= D(\boldsymbol{a}_1, \cdots, \boldsymbol{a}_i, \cdots, \boldsymbol{a}_j, \cdots, \boldsymbol{a}_n) \qquad ∎$$

●**性質 3.6**：線形従属なベクトルの組に対しては 0 となる（張る体積は 0）。

$$\boldsymbol{a}_1, \boldsymbol{a}_2, \cdots, \boldsymbol{a}_n \text{が線形従属} \implies D(\boldsymbol{a}_1, \boldsymbol{a}_2, \cdots, \boldsymbol{a}_n) = 0 \qquad (3.32)$$

【証明】　線形従属なので、あるベクトルは他の線形結合で書ける。例えば $\boldsymbol{a}_1 = k_2\boldsymbol{a}_2 + \cdots + k_n\boldsymbol{a}_n$ と書けたとすると（他の場合も同様）

$$D(\boldsymbol{a}_1, \boldsymbol{a}_2, \cdots, \boldsymbol{a}_n)$$
$$= k_2 D(\boldsymbol{a}_2, \boldsymbol{a}_2, \cdots, \boldsymbol{a}_n) + \cdots + k_n D(\boldsymbol{a}_n, \boldsymbol{a}_2, \cdots, \boldsymbol{a}_n) = 0 \qquad ∎$$

またこの性質の対偶として「$D(\boldsymbol{a}_1, \boldsymbol{a}_2, \cdots, \boldsymbol{a}_n) \neq 0 \implies \boldsymbol{a}_1, \boldsymbol{a}_2, \cdots, \boldsymbol{a}_n$ は線形独立」がただちにいえる。

この「関数」には線形代数がいっぱい詰まっている。次講以降で活躍する。

【3.7】 付録 1：Levi-Civita 記号

[3.7.1] Levi-Civita 記号[*12]（3 次の場合）

●定義

$$
\varepsilon_{ijk} = \begin{cases} +1 & ((i,j,k) = (1,2,3),(2,3,1),(3,1,2)) \\ -1 & ((i,j,k) = (1,3,2),(2,1,3),(3,2,1)) \\ 0 & \text{その他} \end{cases} \tag{3.33}
$$

この記号を使うとベクトルの外積は

$$
\boldsymbol{a} \times \boldsymbol{b} = \sum_{i,j,k=1}^{3} \varepsilon_{ijk} a_j b_k \boldsymbol{e}_i \tag{3.34}
$$

または、単に成分表記で

$$
(\boldsymbol{a} \times \boldsymbol{b})_i = \sum_{j,k=1}^{3} \varepsilon_{ijk} a_j b_k \tag{3.35}
$$

と書ける。

実際、(3.34) 式を展開してみると

$$
\sum_{i,j,k=1}^{3} \varepsilon_{ijk} a_j b_k \boldsymbol{e}_i = \sum_{j,k=1}^{3} \varepsilon_{1jk} a_j b_k \boldsymbol{e}_1 + \sum_{j,k=1}^{3} \varepsilon_{2jk} a_j b_k \boldsymbol{e}_2 + \sum_{j,k=1}^{3} \varepsilon_{3jk} a_j b_k \boldsymbol{e}_3
$$
$$
= (a_2 b_3 - a_3 b_2)\boldsymbol{e}_1 + (a_3 b_1 - a_1 b_3)\boldsymbol{e}_2 + (a_1 b_2 - a_2 b_1)\boldsymbol{e}_3
$$

となり、外積の定義 (3.12) 式と一致する。

●性質 3.7：基本性質（各添字の値が 1, 2, 3 のどれであっても成り立つことを確かめるとわかりやすい）

(i) $\varepsilon_{ijk} = -\varepsilon_{ikj}$ （どの 2 つの添字を入れ替えても符号が変わる）

(ii) $\varepsilon_{iij} = 0$ （添字が同じだと 0）

(iii) $\varepsilon_{ijk} = \varepsilon_{jki}$ （添字のサイクリックな入れ替えで不変）

[*12] エディントンのイプシロンとも呼ばれる（らしい）。

【3.7】付録 1：Levi-Civita 記号　61

● [▼ C] Levi-Civita 記号の積

$$\sum_{i=1}^{3} \varepsilon_{ijk}\varepsilon_{ilm} = \delta_{jl}\delta_{km} - \delta_{jm}\delta_{kl} \tag{3.36}$$

概要を説明する。左辺を展開した第一項 $\varepsilon_{1jk}\varepsilon_{1lm}$ に着目すると、添字 j, k および l, m がそれぞれ $2, 3$ か $3, 2$ の場合に非零となり、その組み合わせが $(2,3)(2,3), (3,2)(3,2)$ の場合に正、$(2,3)(3,2), (3,2)(2,3)$ の場合に負の符号となる。すなわち 添字の組み合わせとして、$j = l, k = m$ の場合に $+1$、$j = m, k = l$ の場合に -1 となり、それ以外では 0 となる。

総和のほかの項 $\varepsilon_{2jk}\varepsilon_{2lm}, \varepsilon_{3jk}\varepsilon_{3lm}$ についても同様のことが言えて、これらをまとめたものが上記の式となる。導出は行列式を学んだあと第 5 講の付録 1 で行う。

[3.7.2] 拡張 Levi-Civita 記号 (n 次の場合)

●定義

$$\varepsilon_{i_1 i_2 \cdots i_n} = \begin{cases} +1 & ((i_1, i_2, \cdots, i_n) \text{ が } (1, 2, \cdots, n) \text{ の偶置換}) \\ -1 & ((i_1, i_2, \cdots, i_n) \text{ が } (1, 2, \cdots, n) \text{ の奇置換}) \\ 0 & \text{その他} \end{cases} \tag{3.37}$$

●偶置換と奇置換

$(i_1, i_2, \cdots, i_n)$ が $(1, 2, \cdots, n)$ の順番を並び替えしたものとする。任意の 2 つの数字の入れ替えを**互換**という。$(1, 2, \cdots, n)$ から互換を繰り返し $(i_1, i_2, \cdots, i_n)$ の並びにするとき、偶数回の互換で達成できる場合を**偶置換**、奇数回の場合を**奇置換**という。<u>この偶奇性は互換のやり方によらない</u>[*13]。

3 次での例：1, 2, 3 の数字の並び方は $3! = 6$ 通りあり、$(1, 2, 3)$ から互換を繰り返し行うと偶奇性により 2 種類に分かれる。

$$(1, 2, 3), \ (2, 3, 1), \ (3, 1, 2) \qquad : \text{偶置換}$$

[*13] 「付録 3：置換と転倒数の偶奇性」を参照のこと。

$$(1,3,2),\ (2,1,3),\ (3,2,1) \qquad : \text{奇置換}$$

（実際に確かめよう。）　3次では通常の Levi-Civita 記号に帰着することがわかる。

●性質 **3.8**：基本性質

  (i) $\varepsilon_{i_1,\cdots,i_j,\cdots,i_k,\cdots,i_n} = -\varepsilon_{i_1,\cdots,i_k,\cdots,i_j,\cdots,i_n}$

$$\text{（添字の入れ替えで符号が変わる）}$$

  (ii) $\varepsilon_{i_1,\cdots,i_j,\cdots,i_j,\cdots,i_n} = 0$ $\qquad\qquad\qquad\qquad \text{（同じ添字で 0）}$

【3.8】付録 2：外積の公式の証明

●成分表記による証明：ややこしそうに見えるが規則性がつかめれば見た目ほどではない[*14]。

○スカラー三重積：$\boldsymbol{a}\cdot(\boldsymbol{b}\times\boldsymbol{c})$ で成り立つ公式

$$\boldsymbol{a}\cdot(\boldsymbol{b}\times\boldsymbol{c}) = \boldsymbol{b}\cdot(\boldsymbol{c}\times\boldsymbol{a}) = \boldsymbol{c}\cdot(\boldsymbol{a}\times\boldsymbol{b})$$

【証明】　3式をそれぞれ成分表記で展開する。

$$
\begin{aligned}
\boldsymbol{a}\cdot(\boldsymbol{b}\times\boldsymbol{c}) &= a_1(b_2c_3 - b_3c_2) + a_2(b_3c_1 - b_1c_3) + a_3(b_1c_2 - b_2c_1) \\
&= a_1b_2c_3 + a_2b_3c_1 + a_3b_1c_2 - a_1b_3c_2 - a_2b_1c_3 - a_3b_2c_1, \\
\boldsymbol{b}\cdot(\boldsymbol{c}\times\boldsymbol{a}) &= b_1(c_2a_3 - c_3a_2) + b_2(c_3a_1 - c_1a_3) + b_3(c_1a_2 - c_2a_1) \\
&= a_1b_2c_3 + a_2b_3c_1 + a_3b_1c_2 - a_1b_3c_2 - a_2b_1c_3 - a_3b_2c_1, \\
\boldsymbol{c}\cdot(\boldsymbol{a}\times\boldsymbol{b}) &= c_1(a_2b_3 - a_3b_2) + c_2(a_3b_1 - a_1b_3) + c_3(a_1b_2 - a_2b_1) \\
&= a_1b_2c_3 + a_2b_3c_1 + a_3b_1c_2 - a_1b_3c_2 - a_2b_1c_3 - a_3b_2c_1
\end{aligned}
$$

よって3式が等しいことが示された。　∎

[*14]　証明そのものよりも、この規則性を掴むことを目的としている。パズル感覚で楽しんでほしい。

【3.8】付録 2：外積の公式の証明　　63

○ベクトル三重積：$\boldsymbol{a} \times (\boldsymbol{b} \times \boldsymbol{c})$ で成り立つ公式[15]

$$\boldsymbol{a} \times (\boldsymbol{b} \times \boldsymbol{c}) = (\boldsymbol{a} \cdot \boldsymbol{c})\boldsymbol{b} - (\boldsymbol{a} \cdot \boldsymbol{b})\boldsymbol{c}$$

【証明】

$$
\begin{aligned}
\boldsymbol{a} \times (\boldsymbol{b} \times \boldsymbol{c}) &= \{a_2(b_1c_2 - b_2c_1) - a_3(b_3c_1 - b_1c_3)\}\boldsymbol{e}_1 \\
&\quad + \{a_3(b_2c_3 - b_3c_2) - a_1(b_1c_2 - b_2c_1)\}\boldsymbol{e}_2 \\
&\quad + \{a_1(b_3c_1 - b_1c_3) - a_2(b_2c_3 - b_3c_2)\}\boldsymbol{e}_3 \\
&= \{(a_2c_2 + a_3c_3)b_1 - (a_2b_2 + a_3b_3)c_1\}\boldsymbol{e}_1 \\
&\quad + \{(a_1c_1 + a_3c_3)b_2 - (a_1b_1 + a_3b_3)c_2\}\boldsymbol{e}_2 \\
&\quad + \{(a_1c_1 + a_2c_2)b_3 - (a_1b_1 + a_2b_2)c_3\}\boldsymbol{e}_3 \\
&= \{(a_1c_1 + a_2c_2 + a_3c_3)b_1 - (a_1b_1 + a_2b_2 + a_3b_3)c_1\}\boldsymbol{e}_1 \\
&\quad + \{(a_1c_1 + a_2c_2 + a_3c_3)b_2 - (a_1b_1 + a_2b_2 + a_3b_3)c_2\}\boldsymbol{e}_2 \\
&\quad + \{(a_1c_1 + a_2c_2 + a_3c_3)b_3 - (a_1b_1 + a_2b_2 + a_3b_3)c_3\}\boldsymbol{e}_3 \\
&= \{(\boldsymbol{a} \cdot \boldsymbol{c})b_1 - (\boldsymbol{a} \cdot \boldsymbol{b})c_1\}\boldsymbol{e}_1 \\
&\quad + \{(\boldsymbol{a} \cdot \boldsymbol{c})b_2 - (\boldsymbol{a} \cdot \boldsymbol{b})c_2\}\boldsymbol{e}_2 + \{(\boldsymbol{a} \cdot \boldsymbol{c})b_3 - (\boldsymbol{a} \cdot \boldsymbol{b})c_3\}\boldsymbol{e}_3 \\
&= (\boldsymbol{a} \cdot \boldsymbol{c})\boldsymbol{b} - (\boldsymbol{a} \cdot \boldsymbol{b})\boldsymbol{c} \qquad\blacksquare
\end{aligned}
$$

○外積同士の内積：$(\boldsymbol{a} \times \boldsymbol{b}) \cdot (\boldsymbol{c} \times \boldsymbol{d})$ で成り立つ公式

$$(\boldsymbol{a} \times \boldsymbol{b}) \cdot (\boldsymbol{c} \times \boldsymbol{d}) = (\boldsymbol{a} \cdot \boldsymbol{c})(\boldsymbol{b} \cdot \boldsymbol{d}) - (\boldsymbol{a} \cdot \boldsymbol{d})(\boldsymbol{b} \cdot \boldsymbol{c})$$

【証明】

$$
\begin{aligned}
&(\boldsymbol{a} \times \boldsymbol{b}) \cdot (\boldsymbol{c} \times \boldsymbol{d}) \\
&= (a_2b_3 - a_3b_2)(c_2d_3 - c_3d_2) \\
&\quad + (a_3b_1 - a_1b_3)(c_3d_1 - c_1d_3) + (a_1b_2 - a_2b_1)(c_1d_2 - c_2d_1) \\
&= (a_2b_3c_2d_3 + a_3b_2c_3d_2 + a_3b_1c_3d_1 + a_1b_3c_1d_3 + a_1b_2c_1d_2 + a_2b_1c_2d_1)
\end{aligned}
$$

---

[15]　基底 $\boldsymbol{e}_1$ の成分のみに着目、残りはサイクリックな添字の入れ替えで成り立つ。

$$- (a_2b_3c_3d_2 + a_3b_2c_2d_3 + a_3b_1c_1d_3 + a_1b_3c_3d_1 + a_1b_2c_2d_1 + a_2b_1c_1d_2)$$
$$= (a_1c_1b_2d_2 + a_1c_1b_3d_3 + a_2c_2b_1d_1 + a_2c_2b_3d_3 + a_3c_3b_1d_1 + a_3c_3b_2d_2)$$
$$- (a_1d_1b_2c_2 + a_1d_1b_3c_3 + a_2d_2b_1c_1 + a_2d_2b_3c_3 + a_3d_3b_1c_1 + a_3d_3b_2c_2)$$
$$= a_1c_1(b_2d_2 + b_3d_3) + a_2c_2(b_1d_1 + b_3d_3) + a_3c_3(b_1d_1 + b_2d_2)$$
$$- \{a_1d_1(b_2c_2 + b_3c_3) + a_2d_2(b_1c_1 + b_3c_3) + a_3d_3(b_1c_1 + b_2c_2)\}$$

この式に以下の式を加える

$$0 = (a_1c_1b_1d_1 + a_2c_2b_2d_2 + a_3c_3b_3d_3)$$
$$- (a_1d_1b_1c_1 + a_2d_2b_2c_2 + a_3d_3b_3c_3)$$

$$(左辺) = \{a_1c_1(b_1d_1 + b_2d_2 + b_3d_3)$$
$$+ a_2c_2(b_1d_1 + b_2d_2 + b_3d_3) + a_3c_3(b_1d_1 + b_2d_2 + b_3d_3)\}$$
$$- \{a_1d_1(b_1c_1 + b_2c_2 + b_3c_3)$$
$$+ a_2d_2(b_1c_1 + b_2c_2 + b_3c_3) + a_3d_3(b_1c_1 + b_2c_2 + b_3c_3)\}$$
$$= (a_1c_1 + a_2c_2 + a_3c_3)(b_1d_1 + b_2d_2 + b_3d_3)$$
$$- (a_1d_1 + a_2d_2 + a_3d_3)(b_1c_1 + b_2c_2 + b_3c_3)$$
$$= (\boldsymbol{a} \cdot \boldsymbol{c})(\boldsymbol{b} \cdot \boldsymbol{d}) - (\boldsymbol{a} \cdot \boldsymbol{d})(\boldsymbol{b} \cdot \boldsymbol{c}) \qquad ∎$$

● **Levi-Civita** 記号を用いた証明[16]（各総和記号の添字はすべて 1 から 3 まで動く）

○スカラー三重積：$\boldsymbol{a} \cdot (\boldsymbol{b} \times \boldsymbol{c}) = \boldsymbol{b} \cdot (\boldsymbol{c} \times \boldsymbol{a}) = \boldsymbol{c} \cdot (\boldsymbol{a} \times \boldsymbol{b})$
【証明】

$$\boldsymbol{a} \cdot (\boldsymbol{b} \times \boldsymbol{c}) = \sum_i a_i \sum_{j,k} \varepsilon_{ijk} b_j c_k = \sum_{i,j,k} \varepsilon_{ijk} a_i b_j c_k,$$
$$\boldsymbol{b} \cdot (\boldsymbol{c} \times \boldsymbol{a}) = \sum_j b_j \sum_{k,i} \varepsilon_{jki} c_k a_i = \sum_{i,j,k} \varepsilon_{jki} a_i b_j c_k = \sum_{i,j,k} \varepsilon_{ijk} a_i b_j c_k,$$

（性質 3.7 (iii) による）

---

[16] こういうのが代数の威力の片鱗の片鱗でござる。総和記号に不慣れな場合は、第 2 講の付録 2 を参照。

$$\boldsymbol{c} \cdot (\boldsymbol{a} \times \boldsymbol{b}) = \sum_k c_k \sum_{i,j} \varepsilon_{kij} a_i b_j = \sum_{i,j,k} \varepsilon_{kij} a_i b_j c_k = \sum_{i,j,k} \varepsilon_{ijk} a_i b_j c_k \qquad \blacksquare$$

○ [▼ C] ベクトル三重積：$\boldsymbol{a} \times (\boldsymbol{b} \times \boldsymbol{c}) = (\boldsymbol{a} \cdot \boldsymbol{c})\boldsymbol{b} - (\boldsymbol{a} \cdot \boldsymbol{b})\boldsymbol{c}$

【証明】

$$
\begin{aligned}
\boldsymbol{a} \times (\boldsymbol{b} \times \boldsymbol{c}) &= \sum_{i,j,k} \varepsilon_{ijk} a_j \left(\sum_{l,m} \varepsilon_{klm} b_l c_m \right) \boldsymbol{e}_i \\
&= \sum_{i,j,l,m} \sum_k \varepsilon_{kij} \varepsilon_{klm} a_j b_l c_m \boldsymbol{e}_i \qquad \text{(性質 3.7 (iii) による)} \\
&= \sum_{i,j,l,m} (\delta_{il}\delta_{jm} - \delta_{im}\delta_{jl}) a_j b_l c_m \boldsymbol{e}_i \qquad \text{((3.36) による)} \\
&= \sum_{i,j} \{ (a_j c_j) b_i - (a_j b_j) c_i \} \boldsymbol{e}_i \\
&= (\boldsymbol{a} \cdot \boldsymbol{c})\boldsymbol{b} - (\boldsymbol{a} \cdot \boldsymbol{b})\boldsymbol{c} \qquad \blacksquare
\end{aligned}
$$

○ [▼ C] 外積同士の内積：$(\boldsymbol{a} \times \boldsymbol{b}) \cdot (\boldsymbol{c} \times \boldsymbol{d}) = (\boldsymbol{a} \cdot \boldsymbol{c})(\boldsymbol{b} \cdot \boldsymbol{d}) - (\boldsymbol{a} \cdot \boldsymbol{d})(\boldsymbol{b} \cdot \boldsymbol{c})$

【証明】

$$
\begin{aligned}
(\boldsymbol{a} \times \boldsymbol{b}) \cdot (\boldsymbol{c} \times \boldsymbol{d}) &= \sum_i \left(\sum_{j,k} \varepsilon_{ijk} a_j b_k \right) \left(\sum_{l,m} \varepsilon_{ilm} c_l d_m \right) \\
&= \sum_{j,k,l,m} \sum_i \varepsilon_{ijk} \varepsilon_{ilm} a_j b_k c_l d_m \\
&= \sum_{j,k,l,m} (\delta_{jl}\delta_{km} - \delta_{jm}\delta_{kl}) a_j b_k c_l d_m \qquad \text{((3.36) による)} \\
&= \sum_{j,k} (a_j c_j b_k d_k - a_j d_j b_k c_k) \\
&= (\boldsymbol{a} \cdot \boldsymbol{c})(\boldsymbol{b} \cdot \boldsymbol{d}) - (\boldsymbol{a} \cdot \boldsymbol{d})(\boldsymbol{b} \cdot \boldsymbol{c}) \qquad \blacksquare
\end{aligned}
$$

【3.9】付録 3：置換と転倒数の偶奇性

置換の偶奇性（偶数・奇数のどちらかということ）は、その本来の形で定義し、互換のやり方によらないことを証明しようとすると、n 次の対称群の話となり準備含めそれなりのページ数を要する。線形代数の大半の教科書にも書いてあると思うので、ここでは転倒数というものの偶奇性と置換の偶奇性の関係を調べる。なお対称群とはどういうものなのか一見の価値はあると思うので、

66 【第 3 講】ベクトル

未見の読者は折をみて調べていただきたい[17]。

●転倒数の定義

1 から n までの数字の並び $1, 2, \cdots, n$ を任意に並び替えたものを $i_1, i_2, \cdots,$ i_n としたとき、このなかの i_j, i_k が、$j < k$ にもかかわらず $i_j > i_k$ となるとき、この i_j, i_k は転倒しているといい、すべての転倒している 2 つの数字の組数を、その数字の並びの**転倒数**という。

→要するに左から順にみていきながら、自分の右側に自分より小さな数がいくつあるかを数えたときの合計数のこと。任意の数字の並びに対してその転倒数は一意に定まり、並び替えの手順にはよらないことがわかる。

表 **3.1**　数列と転倒数の例

数列	転倒の組	転倒数	数列	転倒の組	転倒数
1,2,3	なし	0	1,3,2	3 と 2	1
2,3,1	2 と 1, 3 と 1	2	2,1,3	2 と 1	1
3,1,2	3 と 1, 3 と 2	2	3,2,1	3 と 2, 3 と 1, 2 と 1	3

●転倒数の符号の定義

$i_1, i_2, \cdots, i_n$ の転倒数が偶数のときを $+1$、奇数のときを -1 として、転倒数の符号を定義し、$\varepsilon(i_1, i_2, \cdots, i_n)$ と記す。表 3.1 の例では以下のようになる。

$$\varepsilon(1, 2, 3) = \varepsilon(2, 3, 1) = \varepsilon(3, 1, 2) = +1,$$
$$\varepsilon(1, 3, 2) = \varepsilon(2, 1, 3) = \varepsilon(3, 2, 1) = -1$$

●隣り合う 2 つの数字の入れ替え（隣接互換）に対する性質

$i_1, i_2, \cdots, i_n$ に対し、どの隣り合う 2 つの数字を入れ替えても転倒数の符号は変わる。（つまり $\varepsilon(i_1, \cdots, i_{k+1}, i_k, \cdots, i_n) = -\varepsilon(i_1, \cdots, i_k, i_{k+1}, \cdots, i_n)$ となる。）

【証明】　任意の隣り合う数字を i_k, i_{k+1} とする。この 2 つの数字を入れ替

---

[17]　ごく入り口の部分については、次講の付録 2 で触れる。

えるとき、2 つ以外の他の数字に対する転倒数は変わらないことがわかる。この 2 つの数字の組が $i_k < i_{k+1}$ ならば、入れ替えると転倒数は 1 増える。逆に $i_k > i_{k+1}$ ならば、入れ替えると転倒数は 1 減る。以上によりいずれにしても転倒数の符号は変わることがわかる。 ■

●任意の 2 つの数字の入れ替え（互換）に対する性質

$i_1, i_2, \cdots, i_n$ に対し、どの 2 つの数字を入れ替えても転倒数の符号は変わる。（つまり $\varepsilon(i_1, \cdots, i_{j+k}, \cdots, i_j, \cdots, i_n) = -\varepsilon(i_1, \cdots, i_j, \cdots, i_{j+k}, \cdots, i_n)$ となる。）

【証明】　入れ替える数字の組を i_j, i_{j+k}　$(k > 0)$ とする。今 i_j を次々と右隣の数字と入れ替えて

$$\cdots, i_{j-1}, i_j, i_{j+1}, \cdots, i_{j+k-1}, i_{j+k}, i_{j+k+1}, \cdots$$

から以下の (☆) の並びにすると k 回隣接互換したことになる。

$$\cdots, i_{j-1}, i_{j+1}, \cdots, i_{j+k-1}, i_{j+k}, i_j, i_{j+k+1}, \cdots \tag{☆}$$

さらに i_{j+k} を次々と左隣と入れ替えて、以下の (★) の並び

$$\cdots, i_{j-1}, i_{j+k}, i_{j+1}, \cdots, i_{j+k-1}, i_j, i_{j+k+1}, \cdots \tag{★}$$

まで行ったとすると $k - 1$ 回隣接互換したことになる。

これにより i_j, i_{j+k} の互換が達成され、合計で $2k - 1$ 回と奇数回の隣接互換を行ったので転倒数の符号は変わる。また、転倒数は一意に定まるので互換のやり方にはよらないことがわかる。 ■

●置換の偶奇性と転倒数の偶奇性

$i_1, i_2, \cdots, i_n$ が $1, 2, \cdots, n$ の偶／奇置換であるとは、$1, 2, \cdots, n$ に対して互換を繰り返し偶／奇数回で $i_1, i_2, \cdots, i_n$ に到達できる場合のことと定義した。今、この過程を転倒数と比較しながらたどれば、転倒数の定義より $1, 2, \cdots, n$ の転倒数は偶数 (0) で、上記互換に対する性質より、互換のたびに転倒数の偶

68 【第 3 講】ベクトル

奇性も同じように変わっていくことから、任意の $i_1, i_2, \cdots, i_n$ に対する置換の偶奇性と転倒数の偶奇性は一致することがわかる。さらに、$i_1, i_2, \cdots, i_n$ に対する転倒数は一意に定まるので、置換および転倒数の偶奇性は互換のやり方によらないことがわかる。

● $D(\boldsymbol{e}_{i_1}, \cdots, \boldsymbol{e}_{i_n})$ および $\varepsilon_{i_1 \cdots i_n}$ の符号について

「関数」$D(\boldsymbol{e}_{i_1}, \cdots, \boldsymbol{e}_{i_n})$ は、$i_1, \cdots, i_n$ がすべて異なるときに 0 以外の値をもち、$1, \cdots, n$ のときに $+1$ となり、どの $\boldsymbol{e}_i, \boldsymbol{e}_j$ を入れ替えても符号が変わる性質を持っていた。上記の偶奇性の議論を当てはめると、$i_1, \cdots, i_n$ がすべて異なるとき、置換および転倒数の偶奇性による符号の変化と一致することがわかる。また、$D(\boldsymbol{e}_{i_1}, \cdots, \boldsymbol{e}_{i_n})$ と拡張 Levi-Civita 記号 $\varepsilon_{i_1 \cdots i_n}$ を同一視できることになる。

● 演習：4 次の置換・転倒数の偶奇性の具体例による確認

下記は 4 つの数字の並び $4! = 24$ 個を置換・転倒数の符号により組分けしたものであり、( ) 内はそれぞれの転倒数を示す。これを用いた本付録内容の確認を、理解を深めるための演習とする。

$$
+1 : \begin{cases} 1234\ (0) & 1342\ (2) & 1423\ (2) & 2143\ (2) & 2314\ (2) & 2431\ (4) \\ 3124\ (2) & 3241\ (4) & 3412\ (4) & 4132\ (4) & 4213\ (4) & 4321\ (6) \end{cases}
$$

$$
-1 : \begin{cases} 1243\ (1) & 1324\ (1) & 1432\ (3) & 2134\ (1) & 2341\ (3) & 2413\ (3) \\ 3142\ (3) & 3214\ (3) & 3421\ (5) & 4123\ (3) & 4231\ (5) & 4312\ (5) \end{cases}
$$

なお、先頭が 1 である

　　1234 (0), 1342 (2), 1423 (2)　と　1243 (1), 1324 (1), 1432 (3)
の各転倒数とその偶奇性は、先頭の 1 を除いた

　　　234 (0), 342 (2), 423 (2)　と　243 (1), 324 (1), 432 (3)
のものと同じで、さらに各数字から 1 を引いた

　　　123 (0), 231 (2), 312 (2)　と　132 (1), 213 (1), 321 (3)
の各転倒数とその偶奇性とも等しい。次講にて、このことを用いる。

.... 【第4講】 ....

行列I：連立一次方程式

【4.1】 はじめに

本講ではまず連立一次方程式を加減法（消去法）で解くことから始めて、掃き出し法（ガウスの消去法）と呼ばれる系統的な解法を学ぶ。実は線形代数は連立一次方程式を系統的に解く研究に端を発するものであり、そこには線形代数の本質の一端が潜んでいる。本講では、ひたすら連立一次方程式をいじくり回し、前講の最後に用意した「関数」も用い、行列式、行列を定義して考察を続ける。

ちなみに連立一次方程式を効率的に解くことは、現代においても計算科学における重要な研究テーマのひとつであると聞いたら驚く人もいるかと思う。もちろん 2 元や 3 元連立といったことではなく、とてつもなく大規模な話である[*1]。そこで使われる手法はさまざまであるが、掃き出し法はその最初の第一歩にあたる。

【4.2】 掃き出し法

[4.2.1] 連立一次方程式の加減法による解法

以下の三元連立一次方程式を加減法で解く。

（毎回 x や y, z を書く必要ないよね？）

$$\begin{cases} x + y + 2z = 9 \\ 2x + y + 3z = 13 \\ x + 2y + 4z = 17 \end{cases} \qquad \left[\begin{array}{ccc|c} 1 & 1 & 2 & 9 \\ 2 & 1 & 3 & 13 \\ 1 & 2 & 4 & 17 \end{array}\right]$$

[*1] 何億元連立とか。凄っ：偏微分方程式を離散化したものや、「ビッグデータ」の解析手法等々々。

70　【第 4 講】行列 I：連立一次方程式

・第 2 式と第 3 式から第 1 式のそれぞれ 2 倍、1 倍を引く

$$\begin{cases} x + y + 2z = 9 \\ \ \ - y - \ z = -5 \\ \ \ \ \ \ \ y + 2z = 8 \end{cases} \qquad \left[\begin{array}{ccc|c} 1 & 1 & 2 & 9 \\ 0 & -1 & -1 & -5 \\ 0 & 1 & 2 & 8 \end{array}\right]$$

・第 2 式を (-1) 倍する

$$\begin{cases} x + y + 2z = 9 \\ \ \ \ \ \ \ y + \ z = 5 \\ \ \ \ \ \ \ y + 2z = 8 \end{cases} \qquad \left[\begin{array}{ccc|c} 1 & 1 & 2 & 9 \\ 0 & 1 & 1 & 5 \\ 0 & 1 & 2 & 8 \end{array}\right]$$

・第 3 式から第 2 式を引く

$$\begin{cases} x + y + 2z = 9 \\ \ \ \ \ \ \ y + \ z = 5 \\ \ \ \ \ \ \ \ \ \ \ \ \ z = 3 \end{cases} \qquad \left[\begin{array}{ccc|c} 1 & 1 & 2 & 9 \\ 0 & 1 & 1 & 5 \\ 0 & 0 & 1 & 3 \end{array}\right]$$

・第 1 式と第 2 式から第 3 式のそれぞれ 2 倍、1 倍を引く

$$\begin{cases} x + y \ \ \ \ \ \ = 3 \\ \ \ \ \ \ \ y \ \ \ \ \ = 2 \\ \ \ \ \ \ \ \ \ \ \ \ z = 3 \end{cases} \qquad \left[\begin{array}{ccc|c} 1 & 1 & 0 & 3 \\ 0 & 1 & 0 & 2 \\ 0 & 0 & 1 & 3 \end{array}\right]$$

・第 1 式から第 2 式を引く

$$\begin{cases} x \ \ \ \ \ \ \ \ \ = 1 \\ \ \ \ \ \ \ y \ \ \ \ \ = 2 \\ \ \ \ \ \ \ \ \ \ \ \ z = 3 \end{cases} \qquad \left[\begin{array}{ccc|c} 1 & 0 & 0 & 1 \\ 0 & 1 & 0 & 2 \\ 0 & 0 & 1 & 3 \end{array}\right]$$

　左側は加減法を用いて実際に解いたもので、右側はその係数と右辺の定数項のみを書き出したものである。右側はひとまず置いておいて、加減法の解き方を振り返ってみよう。

　連立方程式なので、各式を辺々「加減」しても成り立たなければならない。加減法はこの性質を利用して、各式ごとに担当する変数以外の変数を消去していき、最終的に各式の左辺が単独な変数となるようにすることで、右辺に解を

得る手法である。上記を実現するにあたり、

- ある式の両辺を定数倍（0 以外で負値を含む）する

- ある式の両辺の定数倍（0 以外で負値を含む）を別の式の両辺に加える

の 2 つの式変形が基本となり、これらを駆使しながら解くことになる。

　上記の例をみると、必要な情報は左辺の各式における各変数の係数と、右辺の定数項だということが分かる。その観点で各係数と定数項のみを抽出して書かれたものが右側の表記となり、掃き出し法とは右側の表記で加減法をやることにほかならない。

[4.2.2] 掃き出し法と行基本変形

　右側の表記（例：$\begin{bmatrix} 1 & 1 & 2 & 9 \\ 2 & 1 & 3 & 13 \\ 1 & 2 & 4 & 17 \end{bmatrix}$）において、もとの式の係数が書かれている縦棒の左側部分を係数行列、右辺定数項にあたる縦棒の右側を含めた全体を拡大係数行列という。横に並んだ数字・文字を行、縦に並んだ数字・文字を列と呼ぶ。この例では係数行列のみで見れば第 1 行は 1　1　2、第 3 列は $\begin{smallmatrix} 2 \\ 3 \\ 4 \end{smallmatrix}$ となる。また係数行列の各行で左からみて最初の 0 でない値をもつ成分を主成分という。

　掃き出し法では「式変形」にあたるものは行基本変形と呼ばれ、行基本変形を駆使して実現すべき係数行列を簡約行列といい、この行、列、主成分の用語を使うと以下のように定義される。

●定義 4.1：行基本変形

- ある行を定数倍（0 以外で負値を含む）する

- ある行の定数倍（0 以外で負値を含む）を別の行に加える

- （必要に応じて）ある行と別の行を入れ替える

72 【第 4 講】行列 I：連立一次方程式

●定義 4.2：簡約行列の定義（各主成分は各式に残す各変数の係数にあたる）

- 各主成分の値は 1
- 主成分をもつ列の主成分以外の値は 0
- 各行は下側にいくほど主成分は右側にある
- すべての成分が 0 となる行はそうでない行の下側にある

違う例で掃き出し法を確認してみよう。右側と見比べると何をしているのか
よく分かると思う。

$$\begin{bmatrix} 1 & -1 & 3 & 8 \\ -1 & 1 & -2 & -5 \\ 2 & -3 & 4 & 8 \end{bmatrix} \qquad \begin{cases} x - y + 3z = 8 \\ -x + y - 2z = -5 \\ 2x - 3y + 4z = 8 \end{cases}$$

下記の $r_3 - 2r_1$，$r_2 \leftrightarrow r_3$ などは、それぞれ「3 行目（r_3）から 1 行目（r_1）
の 2 倍を引いた」「2 行目（r_2）と 3 行目（r_3）を入れ替えた」という行基本変
形を意味する[*2]。

$$\begin{bmatrix} 1 & -1 & 3 & 8 \\ 0 & 0 & 1 & 3 \\ 0 & -1 & -2 & -8 \end{bmatrix} \begin{matrix} \\ r_2 + r_1 \\ r_3 - 2r_1 \end{matrix} \qquad \begin{cases} x - y + 3z = 8 \\ z = 3 \\ -y - 2z = -8 \end{cases}$$

$$\begin{bmatrix} 1 & -1 & 3 & 8 \\ 0 & -1 & -2 & -8 \\ 0 & 0 & 1 & 3 \end{bmatrix} \begin{matrix} \\ r_2 \leftrightarrow r_3 \\ \\ \end{matrix} \qquad \begin{cases} x - y + 3z = 8 \\ -y - 2z = -8 \\ z = 3 \end{cases}$$

$$\begin{bmatrix} 1 & -1 & 3 & 8 \\ 0 & 1 & 2 & 8 \\ 0 & 0 & 1 & 3 \end{bmatrix} \begin{matrix} \\ r_2 \times (-1) \\ \\ \end{matrix} \qquad \begin{cases} x - y + 3z = 8 \\ y + 2z = 8 \\ z = 3 \end{cases}$$

[*2] r は行を表す row の意。この書き方はいろいろと流儀があると思う。なお「このように各列の主成
分以外の値を 0 にしていくことを『掃き出す』と称している」という説が有力。

$$\begin{bmatrix} 1 & -1 & 0 & -1 \\ 0 & 1 & 0 & 2 \\ 0 & 0 & 1 & 3 \end{bmatrix} \begin{matrix} r_1 - 3r_3 \\ r_2 - 2r_3 \\ \ \end{matrix} \qquad \begin{cases} x - y & = -1 \\ \quad\ y & = 2 \\ \qquad z & = 3 \end{cases}$$

$$\begin{bmatrix} 1 & 0 & 0 & 1 \\ 0 & 1 & 0 & 2 \\ 0 & 0 & 1 & 3 \end{bmatrix} \begin{matrix} r_1 + r_2 \\ \ \\ \ \end{matrix} \qquad \begin{cases} x & = 1 \\ \quad y & = 2 \\ \qquad z & = 3 \end{cases}$$

[4.2.3] 不定解、解なしとなる場合

　連立一次方程式において方程式が独立でない場合は解は不定となり、連立させる式が共通の解を持たない場合は不能（解なし）となった。例として

$$\begin{cases} x + \ y + 2z = 1 \\ 3x + 2y + 3z = 2 \\ 2x + \ y + \ z = 1 + a \end{cases}$$

を考える。この連立方程式の第 3 式は、第 2 式から第 1 式を引いたものの右辺定数項に a を足したものとなっており、$a = 0$ の場合、独立な式が一つ減るので解は不定となる。

　$a \neq 0$ の場合は連立させる式が共通の解を持たないことになり連立方程式としては解なし、つまり不能となる。掃き出し法ではどのように振る舞うのだろうか。実際に解いてみよう。

$$\begin{bmatrix} 1 & 1 & 2 & 1 \\ 3 & 2 & 3 & 2 \\ 2 & 1 & 1 & 1+a \end{bmatrix} \qquad \begin{cases} x + \ y + 2z = 1 \\ 3x + 2y + 3z = 2 \\ 2x + \ y + \ z = 1 + a \end{cases}$$

$$\begin{bmatrix} 1 & 1 & 2 & 1 \\ 0 & -1 & -3 & -1 \\ 0 & -1 & -3 & -1+a \end{bmatrix} \begin{matrix} \ \\ r_2 - 3r_1 \\ r_3 - 2r_1 \end{matrix} \qquad \begin{cases} x + y + 2z = 1 \\ \ - y - 3z = -1 \\ \ - y - 3z = -1 + a \end{cases}$$

74　【第 4 講】行列 I：連立一次方程式

$$
\left[\begin{array}{ccc|c}
1 & 1 & 2 & 1 \\
0 & 1 & 3 & 1 \\
0 & -1 & -3 & -1+a
\end{array}\right] r_2 \times (-1)
\qquad
\left\{\begin{array}{l}
x + y + 2z = 1 \\
\quad\; y + 3z = 1 \\
\quad -y - 3z = -1+a
\end{array}\right.
$$

$$
\left[\begin{array}{ccc|c}
1 & 1 & 2 & 1 \\
0 & 1 & 3 & 1 \\
0 & 0 & 0 & a
\end{array}\right] r_3 + r_2
\qquad
\left\{\begin{array}{l}
x + y + 2z \quad\;\; = 1 \\
\quad\; y + 3z \quad = 1 \\
\qquad\qquad 0 = a
\end{array}\right.
$$

となり、3 行目がもとの式で表すと左辺は 0、右辺は a となった。さらに続けると

$$
\left[\begin{array}{ccc|c}
1 & 0 & -1 & 0 \\
0 & 1 & 3 & 1 \\
0 & 0 & 0 & a
\end{array}\right] r_1 - r_2
\qquad
\left\{\begin{array}{l}
x \quad\;\; - z \quad = 0 \\
\quad\; y + 3z \quad = 1 \\
\qquad\qquad 0 = a
\end{array}\right.
$$

と簡約行列となる。

　ここで $a \neq 0$ の場合、不能（連立方程式としては解無し）となる。

　$a = 0$ の場合、解は不定となりパラメータ t を用いることで、例えば $z = t$ とした場合は

$$
\left\{\begin{array}{l}
x = t \\
y = -3t + 1 \\
z = t
\end{array}\right.
$$

あるいはパラメータを消去して

$$
\left\{\begin{array}{l}
x = z \\
y = -3z + 1
\end{array}\right.
$$

という解となる。このようなパラメータの数（この場合は 1 ）は解の自由度と呼ばれる。

　以上のように簡約行列となった時点での「主成分の数」（＝「主成分がある行の数」＝「主成分がある列の数」＝「成分がすべて 0 となった行以外の行の数」）を（係数行列の）**rank**（階数）といい上記の例では 2 となる。

連立方程式が解を持つ場合（不能とならない場合）、この係数行列の rank はもとの連立方程式で独立な式の数を意味することになる。もとの変数の数 (n) に対して同じだけ独立な式の数 (rank) があれば解が定まり（一意性は後程述べる）、少なければ不能か不定となり、不定の場合は解の自由度 = (n−rank) という関係となる（付録 2 参照）。また行基本変形の様子を観察すると直接数値を加減しあうのは同じ列の間だけであり、係数行列の rank は係数行列部分のみで決まり定数項の値によらず同じ手順で掃き出せる構造であることがわかる。

※幾何学的解釈：3元1次方程式 $ax + by + cz = d$ (★) は 3 次元空間における平面の方程式とみることもできた。平面の法線ベクトルを $\bm{n} = (a, b, c)$、平面上のある点を $\bm{r}_0 = (x_0, y_0, z_0)$、平面上の任意の点を $\bm{r} = (x, y, z)$ とすると、平面の方程式は $\bm{n} \cdot (\bm{r} - \bm{r}_0) = 0$ であり、これは $ax + by + cz = ax_0 + by_0 + cz_0$ となり右辺を d として (★) 式を得る。（連立方程式では定数項にあたる）この右辺 d の値が変わると、平面は法線ベクトルの方向（逆向きも含む）に平行移動することがわかる（付録 3 参照）。

図 4.1 は 3 元連立 1 次方程式を 3 平面の交わりとして幾何学的に解釈したもので、図の (a) は 3 平面が一点で交わり、連立方程式の解が定まる場合に相当する。(b) は 1 直線で交わり、上記の例の連立方程式が自由度 1 の不定解を持つ場合に相当する。(c) は 3 平面が共通部分を持たず不能となる例であり上記の例の連立方程式で定数項 $a \neq 0$ に相当する。(d) は独立な式が 1 つ (rank = 1) で解の自由度が 2 に相当する。

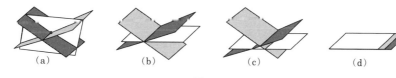

図 **4.1**

このように係数行列の行を（法線）ベクトルとみなした場合、それらの線形独立性が連立方程式の独立性を決めていそうなことが読み取れる。（各面の法線ベクトルを考察せよ。ヒント：2 平面が平行な場合は法線も平行、直線で交

76   【第 4 講】行列 I：連立一次方程式

わる場合は両法線は直線に垂直となる。）　次項ではこれとは違う見かたで連立
一次方程式を考察する。

[4.2.4] 連立一次方程式の違う見かた

簡単のために 2 元連立一次方程式で考えよう。以下の連立方程式をこんな風
にみてみよう。

$$\begin{cases} x + 2y = 5 \\ 2x + 5y = 12 \end{cases} \qquad x \begin{bmatrix} 1 \\ 2 \end{bmatrix} + y \begin{bmatrix} 2 \\ 5 \end{bmatrix} = \begin{bmatrix} 5 \\ 12 \end{bmatrix} \qquad (4.1)$$

連立方程式の解は $x = 1$, $y = 2$ であり、2 式は独立な式である。$\begin{bmatrix} 1 \\ 2 \end{bmatrix}$, $\begin{bmatrix} 2 \\ 5 \end{bmatrix}$,

$\begin{bmatrix} 5 \\ 12 \end{bmatrix}$ は、成分がそれぞれ $(1,2)$, $(2,5)$, $(5,12)$ の数ベクトルであり、それぞれ変
数 x, y の係数と右辺定数項に相当する。変数 x, y を係数のベクトルに対する
スカラー倍とみれば、

$$\begin{bmatrix} x \\ 2x \end{bmatrix} + \begin{bmatrix} 2y \\ 5y \end{bmatrix} = \begin{bmatrix} 5 \\ 12 \end{bmatrix} \qquad \therefore \begin{bmatrix} x + 2y \\ 2x + 5y \end{bmatrix} = \begin{bmatrix} 5 \\ 12 \end{bmatrix}$$

となりもとの連立方程式を再現し、(4.1) 式は<u>係数列のベクトル $\begin{bmatrix} 1 \\ 2 \end{bmatrix}$, $\begin{bmatrix} 2 \\ 5 \end{bmatrix}$ の線</u>
<u>形結合で定数項ベクトルを表せるか？</u> を意味する。解が定まるこの場合はベ
クトルの組は線形独立である。

別の例として独立でない連立方程式も考えてみよう。

$$\begin{cases} x + 2y = 5 \\ 3x + 6y = 15 \end{cases} \qquad x \begin{bmatrix} 1 \\ 3 \end{bmatrix} + y \begin{bmatrix} 2 \\ 6 \end{bmatrix} = \begin{bmatrix} 5 \\ 15 \end{bmatrix} \qquad (4.2)$$

下式は上式の 3 倍で、答えは $x = -2t + 5$, $y = t$ となり、独立ではない
式であることがわかる。また係数の列のベクトル $\begin{bmatrix} 1 \\ 3 \end{bmatrix}$, $\begin{bmatrix} 2 \\ 6 \end{bmatrix}$ は $\begin{bmatrix} 2 \\ 6 \end{bmatrix} = 2 \begin{bmatrix} 1 \\ 3 \end{bmatrix}$ と

なり線形従属であり、実際ベクトルを一つにまとめることができる。方程式は
$(x + 2y)\begin{bmatrix} 1 \\ 3 \end{bmatrix} = \begin{bmatrix} 5 \\ 15 \end{bmatrix}$ となり、たしかに不定解を得ることがわかる。

この見かたでは、一般的な 2 元連立一次方程式

$$\begin{cases} ax + by = e \\ cx + dy = f \end{cases} \quad は \quad x\begin{bmatrix} a \\ c \end{bmatrix} + y\begin{bmatrix} b \\ d \end{bmatrix} = \begin{bmatrix} e \\ f \end{bmatrix} \tag{4.3}$$

と見ることになる。ここでベクトルの講の最後で準備した「関数」$D(\boldsymbol{a}, \boldsymbol{b})$ を登場させよう。

天下り式で恐縮だが、$\begin{bmatrix} e \\ f \end{bmatrix} \left(= x\begin{bmatrix} a \\ c \end{bmatrix} + y\begin{bmatrix} b \\ d \end{bmatrix}\right)$ と $\begin{bmatrix} b \\ d \end{bmatrix}$ を $\boldsymbol{a}, \boldsymbol{b}$ に代入してみると線形性と交代性より

$$\begin{aligned} D\left(\begin{bmatrix} e \\ f \end{bmatrix}, \begin{bmatrix} b \\ d \end{bmatrix}\right) &= D\left(x\begin{bmatrix} a \\ c \end{bmatrix} + y\begin{bmatrix} b \\ d \end{bmatrix}, \begin{bmatrix} b \\ d \end{bmatrix}\right) \\ &= xD\left(\begin{bmatrix} a \\ c \end{bmatrix}, \begin{bmatrix} b \\ d \end{bmatrix}\right) + yD\left(\begin{bmatrix} b \\ d \end{bmatrix}, \begin{bmatrix} b \\ d \end{bmatrix}\right) = xD\left(\begin{bmatrix} a \\ c \end{bmatrix}, \begin{bmatrix} b \\ d \end{bmatrix}\right) \end{aligned}$$

同様に

$$\begin{aligned} D\left(\begin{bmatrix} a \\ c \end{bmatrix}, \begin{bmatrix} e \\ f \end{bmatrix}\right) &= D\left(\begin{bmatrix} a \\ c \end{bmatrix}, x\begin{bmatrix} a \\ c \end{bmatrix} + y\begin{bmatrix} b \\ d \end{bmatrix}\right) \\ &= xD\left(\begin{bmatrix} a \\ c \end{bmatrix}, \begin{bmatrix} a \\ c \end{bmatrix}\right) + yD\left(\begin{bmatrix} a \\ c \end{bmatrix}, \begin{bmatrix} b \\ d \end{bmatrix}\right) = yD\left(\begin{bmatrix} a \\ c \end{bmatrix}, \begin{bmatrix} b \\ d \end{bmatrix}\right) \end{aligned}$$

となる。これは、$D\left(\begin{bmatrix} a \\ c \end{bmatrix}, \begin{bmatrix} b \\ d \end{bmatrix}\right) \neq 0$ の場合

$$x = \frac{D\left(\begin{bmatrix} e \\ f \end{bmatrix}, \begin{bmatrix} b \\ d \end{bmatrix}\right)}{D\left(\begin{bmatrix} a \\ c \end{bmatrix}, \begin{bmatrix} b \\ d \end{bmatrix}\right)}, \qquad y = \frac{D\left(\begin{bmatrix} a \\ c \end{bmatrix}, \begin{bmatrix} e \\ f \end{bmatrix}\right)}{D\left(\begin{bmatrix} a \\ c \end{bmatrix}, \begin{bmatrix} b \\ d \end{bmatrix}\right)} \tag{4.4}$$

として解が求まるということを意味している。成分で表すと $D(\boldsymbol{a},\boldsymbol{b}) = a_1 b_2 - a_2 b_1$ だった。(4.1) 式 $x\begin{bmatrix}1\\2\end{bmatrix} + y\begin{bmatrix}2\\5\end{bmatrix} = \begin{bmatrix}5\\12\end{bmatrix}$ の例では、

$$D\left(\begin{bmatrix}1\\2\end{bmatrix}, \begin{bmatrix}2\\5\end{bmatrix}\right) = 1 \times 5 - 2 \times 2 = 1$$

であり、0 でない。また

$$D\left(\begin{bmatrix}5\\12\end{bmatrix}, \begin{bmatrix}2\\5\end{bmatrix}\right) = 5 \times 5 - 12 \times 2 = 1,$$

$$D\left(\begin{bmatrix}1\\2\end{bmatrix}, \begin{bmatrix}5\\12\end{bmatrix}\right) = 1 \times 12 - 2 \times 5 = 2$$

なので、たしかに $x=1, y=2$ を得る。また (4.2) 式の例だと列のベクトルは線形従属なので $D\left(\begin{bmatrix}1\\3\end{bmatrix}, \begin{bmatrix}2\\6\end{bmatrix}\right) = 0$ となり、解が不定となる場合、この方法では解を得られないことになる。

※幾何学的解釈（図 4.2）：$\begin{bmatrix}a\\c\end{bmatrix} = \boldsymbol{a}$, $\begin{bmatrix}b\\d\end{bmatrix} = \boldsymbol{b}$, $\begin{bmatrix}e\\f\end{bmatrix} = \boldsymbol{e}$ により、式は $x\boldsymbol{a} + y\boldsymbol{b} = \boldsymbol{e}$ と書け $\boldsymbol{e}$ と $\boldsymbol{b}$ が張る面積 $D(\boldsymbol{e},\boldsymbol{b})$ は $x\boldsymbol{a}$ と $\boldsymbol{b}$ が張る面積 $D(x\boldsymbol{a},\boldsymbol{b})$ と等しく、これは $\boldsymbol{a}$ と $\boldsymbol{b}$ が張る面積 $D(\boldsymbol{a},\boldsymbol{b})$ の x 倍である。よって $D(\boldsymbol{e},\boldsymbol{b}) = D(x\boldsymbol{a},\boldsymbol{b}) = xD(\boldsymbol{a},\boldsymbol{b})$ より $D(\boldsymbol{a},\boldsymbol{b}) \neq 0$ のとき $x = \dfrac{D(\boldsymbol{e},\boldsymbol{b})}{D(\boldsymbol{a},\boldsymbol{b})}$ として求まる。

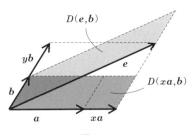

図 4.2

【4.2】掃き出し法　79

　同様に3元連立一次方程式でも各係数の列と定数項をベクトルとみなし

$$\begin{cases} ax + by + cz = j \\ dx + ey + fz = k \\ gx + hy + iz = l \end{cases} \quad だと \quad x\begin{bmatrix} a \\ d \\ g \end{bmatrix} + y\begin{bmatrix} b \\ e \\ h \end{bmatrix} + z\begin{bmatrix} c \\ f \\ i \end{bmatrix} = \begin{bmatrix} j \\ k \\ l \end{bmatrix} \tag{4.5}$$

において

$$D\left(\begin{bmatrix} j \\ k \\ l \end{bmatrix}, \begin{bmatrix} b \\ e \\ h \end{bmatrix}, \begin{bmatrix} c \\ f \\ i \end{bmatrix} \right) = xD\left(\begin{bmatrix} a \\ d \\ g \end{bmatrix}, \begin{bmatrix} b \\ e \\ h \end{bmatrix}, \begin{bmatrix} c \\ f \\ i \end{bmatrix} \right)$$

などがいえて、$D\left(\begin{bmatrix} a \\ d \\ g \end{bmatrix}, \begin{bmatrix} b \\ e \\ h \end{bmatrix}, \begin{bmatrix} c \\ f \\ i \end{bmatrix} \right) \neq 0$ の場合は

$$x = \frac{D\left(\begin{bmatrix} j \\ k \\ l \end{bmatrix}, \begin{bmatrix} b \\ e \\ h \end{bmatrix}, \begin{bmatrix} c \\ f \\ i \end{bmatrix} \right)}{D\left(\begin{bmatrix} a \\ d \\ g \end{bmatrix}, \begin{bmatrix} b \\ e \\ h \end{bmatrix}, \begin{bmatrix} c \\ f \\ i \end{bmatrix} \right)}, \qquad y = \frac{D\left(\begin{bmatrix} a \\ d \\ g \end{bmatrix}, \begin{bmatrix} j \\ k \\ l \end{bmatrix}, \begin{bmatrix} c \\ f \\ i \end{bmatrix} \right)}{D\left(\begin{bmatrix} a \\ d \\ g \end{bmatrix}, \begin{bmatrix} b \\ e \\ h \end{bmatrix}, \begin{bmatrix} c \\ f \\ i \end{bmatrix} \right)},$$

$$z = \frac{D\left(\begin{bmatrix} a \\ d \\ g \end{bmatrix}, \begin{bmatrix} b \\ e \\ h \end{bmatrix}, \begin{bmatrix} j \\ k \\ l \end{bmatrix} \right)}{D\left(\begin{bmatrix} a \\ d \\ g \end{bmatrix}, \begin{bmatrix} b \\ e \\ h \end{bmatrix}, \begin{bmatrix} c \\ f \\ i \end{bmatrix} \right)} \tag{4.6}$$

として解ける。まったく同様にして、n 元連立でもこの「関数」を適用して解くことができる。このような連立一次方程式の解法をクラメルの法則（公式）と

80　　【第 4 講】行列 I：連立一次方程式

いう[3]。本項の見かた「n 元連立一次方程式の各変数を $x_1, \cdots, x_n$ とし、係数行列の各列と右辺定数項をベクトルとみなしたものを $a_1, \cdots, a_n, b$ とすると方程式は $x_1 a_1 + \cdots + x_n a_n = b$ と書ける」に対して、いくつか考察しよう。

○掃き出し法とは $x_1 a_1 + \cdots + x_n a_n = b$ に対し<u>線形結合の係数の組 $x_1, \cdots, x_n$ を不変に保ったまま</u>（線形結合関係を保つという）、行基本変形により $x_1 a_1' + \cdots + x_n a_n' = b'$ のように各ベクトルを変形していき、最終的に $a_1', \cdots, a_n'$ を標準基底に変形することで $x_1 e_1 + \cdots + x_n e_n = x$ として解 x を得る手法といえる。つまり<u>行基本変形は線形結合関係を保つ</u>[4]（だから解になる）。

○この見かたでは簡約行列の rank は線形独立な列のベクトルの最大数と同じとみなせる。実際前項 [4.2.3] 項の例では rank = 2 だが主成分がないため、掃き出せなかった 3 列目は主成分のある 2 列のベクトルの線形結合で表され、簡約行列の構造から一般的に成り立つことがわかる（付録 2 参照）。また上記のように線形結合関係は行基本変形で保たれるので、<u>rank を（係数）行列の線形独立な列のベクトルの最大数と定義し直す</u>ことで、簡約行列でない任意の（係数）行列に対しても rank の概念を拡張できることになる。

○前講 (3.32) の対偶「<u>$D(a_1, \cdots, a_n) \neq 0 \Rightarrow a_1, \cdots, a_n$ は線形独立</u>」および「n 次元のベクトル b の線形独立な n 本のベクトル $(a_1, \cdots, a_n)$ による線形結合での表し方は一意[5]」より、<u>クラメルの法則により得る解は一意な解であることがいえる</u>。また<u>n 本の列のベクトルの組が線形独立な場合、上記より rank は n となり、その際の掃き出し法で定まるの解の一意性もいえる</u>。

　前項の幾何学的解釈でみた、行をベクトルの組とみなしたときの線形独立性と解の一意性、および $D(a_1, \cdots, a_n) \neq 0$ との関係は次講にてまとめて示す。
　$D(a_1, \cdots, a_n) \neq 0$ は連立一次方程式が一意な解を持つことを示す。次節で改めて調べよう。

---

[3]　掃き出し法に比べ計算量が多いため、数値計算には向かず理論的考察等に用いられる。次講にて再登場する。なおクラメルの法則 (公式) は通常行列式を用いて定式化されているものを指す。念のため。
[4]　「だから解になる」ので成立して当然なのだが、付録 3 の「行基本変形と線形結合関係」にて示す。
[5]　【3.2】節の性質 3.2 参照。

【4.3】行列式の導入　81

【4.3】 行列式の導入

[4.3.1] あらためて「関数」$D(a, b, c)$ とは

【3.6】節でみた 4 つの性質で、「関数」D の値が一意に定まった。3 次の場合を以下に再掲する。

$$
\begin{cases}
\text{(i)} \quad D(a_1 + a_2,\ b,\ c) = D(a_1,\ b,\ c) + D(a_2,\ b,\ c) \\
\text{(ii)} \quad D(ka,\ b,\ c) = kD(a,\ b,\ c) \\
\text{(iii)} \quad D(a,\ a,\ b) = 0 \quad \therefore D(b,\ a,\ c) = -D(a,\ b,\ c) \\
\text{(iv)} \quad D(e_1,\ e_2,\ e_3) = 1
\end{cases}
$$

今相手にしているのは連立一次方程式で、その係数行列を列のベクトルの組として見ているのだった。これからこの「関数」を成分表記で表すが、係数行列を列のベクトルの組として見ることを踏まえ $a_j = \sum_{i=1}^{n} a_{ij} e_i$ として成分を定義する。

成分 a_{ij} の左側の添字 i は各ベクトルの上から数えて何番目の成分か（つまり何行目か）を、右側の添え字 j は横に並んだ列のベクトルの組のうち左から数えて何番目か（つまり何列目か）を表している。行はその成分が横に並び、列はその成分が縦に並ぶことを思い出そう。また 3 行 3 列だと以下のようになることに注意しよう。つまり添字は $a_{行列}$ を指す。

$$
\begin{bmatrix}
a_{11} & a_{12} & a_{13} \\
a_{21} & a_{22} & a_{23} \\
a_{31} & a_{32} & a_{33}
\end{bmatrix}
\begin{matrix}
\leftarrow 1\,行 \\
\leftarrow 2\,行 \\
\leftarrow 3\,行
\end{matrix}
$$
$$
\uparrow 1\,列 \quad \uparrow 2\,列 \quad \uparrow 3\,列
$$

感覚を掴むために、まずは 3 次からやると

$$
D(a_1, a_2, a_3) = D\left(\sum_{i=1}^{3} a_{i1} e_i,\ \sum_{j=1}^{3} a_{j2} e_j,\ \sum_{k=1}^{3} a_{k3} e_k \right)
$$
$$
= \sum_{i,j,k=1}^{3} a_{i1} a_{j2} a_{k3} D(e_i, e_j, e_k) \tag{4.7}
$$

(4.7) 式の右辺をじっくり観察してみよう。係数行列の成分は $a_{i1} a_{j2} a_{k3}$ のよう

82 【第 4 講】行列 I：連立一次方程式

に各ベクトルからの積として現れ、右側の添字はベクトルの番号、すなわち列の番号を示し、1, 2, 3 と固定されている。左側の添字 i, j, k は各ベクトルの成分の番号を表し、それぞれ独立に 1, 2, 3 をとるが $D(e_i, e_j, e_k)$ により i, j, k の値がすべて異なる場合のみ残る。

つまり各列から一つずつ、ほかのどの行とも重ならないように成分を選ぶことになる。符号は $D(e_i, e_j, e_k)$ により決まり、$(i, j, k) = (1, 2, 3)$ のときに $+1$ で、どの 2 つの添字を入れ替えても符号が変わるという構造をしている。

3 次の場合、$D(e_i, e_j, e_k)$ は Levi-Civita 記号 ε_{ijk} と同一視できた。

この構造は n 次の場合も同様となる。

$$D(\boldsymbol{a}_1, \boldsymbol{a}_2, \cdots, \boldsymbol{a}_n) = \sum_{i_1, i_2, \cdots, i_n = 1}^{n} a_{i_1 1} a_{i_2 2} \cdots a_{i_n n} D(e_{i_1}, e_{i_2}, \cdots, e_{i_n}) \quad (4.8)$$

係数行列の成分は $a_{i_1 1} a_{i_2 2} \cdots a_{i_n n}$ のように列を表す右側の添字は $1, 2, \cdots, n$ で固定、各成分を表す左側の添字 $i_1, i_2, \cdots, i_n$ は $D(e_{i_1}, e_{i_2}, \cdots, e_{i_n})$ により、添字の値がすべて異なる場合のみ残る。

つまり各列から一つずつ、ほかのどの行とも重ならないように成分を選ぶことになる。符号は $(i_1, i_2, \cdots, i_n) = (1, 2, \cdots, n)$ のときに $+1$ で、どの 2 つの添字を入れ替えても符号が変わる。

n 次の場合も $D(e_{i_1}, e_{i_2}, \cdots, e_{i_n})$ は 拡張 Levi-Civita 記号 $\varepsilon_{i_1 i_2 \cdots i_n}$ と同一視できた。

[4.3.2] 行列式の定義

前節で連立一次方程式の係数を列のベクトルの組とみたときの「関数」$D(\boldsymbol{a}, \boldsymbol{b}, \boldsymbol{c}, \cdots) \neq 0$ が一意な解をもつ条件であることをみた。この指標を行列式という[6]。この後【4.4】節で定義する行列に対しても、固有な特徴を示す重要な指標となる。ここで改めて定義しよう。表記としては (係数) 行列の成分をそのまま並べ、角括弧 [ ] でなく、縦棒 | | で挟んだ形で表す。$D(e_i, e_j, e_k, \cdots)$ の表記は書くのがメンドクサイので、Levi-Civita 記号 $\varepsilon_{ijk\cdots}$ で代用しよう[7]。

---

[6] 歴史的にはこのように連立一次方程式の可解性を判定する指標として導入された。

[7] 一般的な行列式の定義である、ライプニッツの明示公式と同等であり、付録 4 にて言及する。

2次だと以下のように定義される。

$$\begin{vmatrix} a_{11} & a_{12} \\ a_{21} & a_{22} \end{vmatrix} \equiv \sum_{i,j=1}^{2} \varepsilon_{ij} a_{i1} a_{j2} = a_{11}a_{22} - a_{21}a_{12} \tag{4.9}$$

$$\varepsilon_{ij} \equiv \begin{cases} +1 & ((i,j)=(1,2)) \\ -1 & ((i,j)=(2,1)) \\ 0 & \text{その他} \end{cases} \tag{4.10}$$

簡単な覚え方としてよく使われるのは図 4.3 (a) で、左上から右下へ掛ける場合は + の、右上から左下へ掛ける場合は − の符号がつく。

3次だと

$$\begin{vmatrix} a_{11} & a_{12} & a_{13} \\ a_{21} & a_{22} & a_{23} \\ a_{31} & a_{32} & a_{33} \end{vmatrix} \equiv \sum_{i,j,k=1}^{3} \varepsilon_{ijk} a_{i1} a_{j2} a_{k3} \tag{4.11}$$

$$= a_{11}a_{22}a_{33} + a_{21}a_{32}a_{13} + a_{31}a_{12}a_{23}$$
$$- a_{31}a_{22}a_{13} - a_{11}a_{32}a_{23} - a_{21}a_{12}a_{33}$$

簡単な覚え方としてよく使われるのは、図 4.3 (b) で、サラスの方法とも呼ばれる。いずれも各列から一つずつ、ほかのどの行とも重ならないように成分を選んでいることに再度注意。

n 次の場合以下のように定義される。

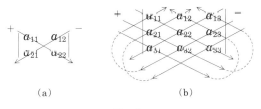

図 **4.3**

$$
\begin{vmatrix} a_{11} & \cdots & a_{1n} \\ \vdots & \ddots & \vdots \\ a_{n1} & \cdots & a_{nn} \end{vmatrix} \equiv \sum_{i_1,\cdots i_n=1}^{n} \varepsilon_{i_1 \cdots i_n} a_{i_1 1} \cdots a_{i_n n} \tag{4.12}
$$

4 次以上では、サラスの方法のような簡易的な覚え方は適用できない[*8]。また n 次の行列式は展開すると $i_1,\cdots,i_n$ の順列の個数、すなわち $n!$ 個の項数となり、計算量も膨大となっていく。なにかしら計算量を減らす方法が望まれる。次項にて行列式の性質をさらに深掘りしよう。

[4.3.3] 行列式の性質 I

以下にまとめて列挙するが、【3.6】節でみた「関数」 $D(\boldsymbol{a},\boldsymbol{b},\cdots)$ の（列の）ベクトルに関する性質はそのまま引き継ぐ。3 次の場合を具体例として示す。高次も同様となる。

(i) 各列のベクトルの多重線形性：ベクトルの和

$$
\begin{vmatrix} a_1 & b_1+c_1 & d_1 \\ a_2 & b_2+c_2 & d_2 \\ a_3 & b_3+c_3 & d_3 \end{vmatrix} = \begin{vmatrix} a_1 & b_1 & d_1 \\ a_2 & b_2 & d_2 \\ a_3 & b_3 & d_3 \end{vmatrix} + \begin{vmatrix} a_1 & c_1 & d_1 \\ a_2 & c_2 & d_2 \\ a_3 & c_3 & d_3 \end{vmatrix} \tag{4.13}
$$

(ii) 各列のベクトルの多重線形性：スカラー倍

$$
\begin{vmatrix} a_1 & kb_1 & c_1 \\ a_2 & kb_2 & c_2 \\ a_3 & kb_3 & c_3 \end{vmatrix} = k \begin{vmatrix} a_1 & b_1 & c_1 \\ a_2 & b_2 & c_2 \\ a_3 & b_3 & c_3 \end{vmatrix} \tag{4.14}
$$

(iii) 列のベクトル間の交代性

$$
\begin{vmatrix} a_1 & a_1 & b_1 \\ a_2 & a_2 & b_2 \\ a_3 & a_3 & b_3 \end{vmatrix} = 0 \quad \therefore \begin{vmatrix} b_1 & a_1 & c_1 \\ b_2 & a_2 & c_2 \\ b_3 & a_3 & c_3 \end{vmatrix} = - \begin{vmatrix} a_1 & b_1 & c_1 \\ a_2 & b_2 & c_2 \\ a_3 & b_3 & c_3 \end{vmatrix} \tag{4.15}
$$

[*8] なぜか？ 4 次を例に同じような図を書いてみて理由を考えてみよう。

(iv) 標準基底を順に列のベクトルにもつ行列式の値は 1

$$\begin{vmatrix} 1 & 0 & 0 \\ 0 & 1 & 0 \\ 0 & 0 & 1 \end{vmatrix} = 1 \tag{4.16}$$

(v) ある列のスカラー倍を別の列に加えても行列式の値は変わらない

$$\begin{vmatrix} a_1 & b_1 + kc_1 & c_1 \\ a_2 & b_2 + kc_2 & c_2 \\ a_3 & b_3 + kc_3 & c_3 \end{vmatrix} = \begin{vmatrix} a_1 & b_1 & c_1 \\ a_2 & b_2 & c_2 \\ a_3 & b_3 & c_3 \end{vmatrix} \tag{4.17}$$

(vi) 列のベクトルの組が線形従属 $\Longrightarrow$ 行列式の値は 0

（対偶：行列式の値が 0 でない $\Longrightarrow$ 列のベクトルの組は線形独立）

(vi′) 列のベクトルの組は線形独立である $\Longleftrightarrow$ 行列式の値は 0 でない（【5.3】節で示す）

　これ以外の重要な性質として、行列式は行と列が完全に対等であることを示すことができ、上記を含め列に対して成立する性質がそのまま行に対しても成立することがわかる。付録 1 に記載する。

　またこれを用いると、具体的には 3 次の場合だと

$$\begin{bmatrix} a_{11} & a_{12} & a_{13} \\ a_{21} & a_{22} & a_{23} \\ a_{31} & a_{32} & a_{33} \end{bmatrix} \Longleftrightarrow \begin{bmatrix} a_{11} & a_{21} & a_{31} \\ a_{12} & a_{22} & a_{32} \\ a_{13} & a_{23} & a_{33} \end{bmatrix}$$

のように行と列を入れ替えた（つまり $a_{ij} \Longleftrightarrow a_{ji}$ となる）（係数）行列を転置行列というが、転置してもその行列式は変化しない（値は等しい）ことが示せる。証明を同様に付録 1 に記載する。

(vii) 転置行列の行列式は元の行列の行列式と等しい

　さらに上記の列に対する性質 (i)〜(vi) は行に対しても成り立つため、掃き出し法での行基本変形を当てはめて考えると次が成り立つ。

(viii) 行基本変形に対する性質

(A) ある行の定数倍を別の行に加えても、行列式の値は変わらない（性質 (v) より）

(B) ある行を（0 以外で）定数倍すると、行列式の値も定数倍される（性質 (ii) より）

(C) ある行と別の行を入れ替えると、行列式の符号が変わる（性質 (iii) より）

行基本変形を適用して、以下のように行列式の 1 列目を 1 行目以外 0 にできたとしよう。4 次を例として考えてみる。$a_{21} = a_{31} = a_{41} = 0$ に注意し、行列式の定義より 1 列目を表す添字 i で展開すると

$$\begin{vmatrix} a_{11} & a_{12} & a_{13} & a_{14} \\ 0 & a_{22} & a_{23} & a_{24} \\ 0 & a_{32} & a_{33} & a_{34} \\ 0 & a_{42} & a_{43} & a_{44} \end{vmatrix} = \sum_{i,j,k,l=1}^{4} \varepsilon_{ijkl} a_{i1} a_{j2} a_{k3} a_{l4}$$

$$= \sum_{j,k,l=1}^{4} \varepsilon_{1jkl} a_{11} a_{j2} a_{k3} a_{l4} = a_{11} \sum_{j,k,l=1}^{4} \varepsilon_{1jkl} a_{j2} a_{k3} a_{l4}$$

と i が 1 以外の項は残らない。最右辺は ε_{1jkl} と最初の添字が 1 に確定し、j, k, l が 1 になる項も残らなくなり、a_{11} 以外の 1 列目だけでなく 1 行目も除いた成分だけが残ることになる。また置換 $(1, 2, 3, 4) \to (1, j, k, l)$ の偶奇性は先頭の 1 が不動なので置換 $(2, 3, 4) \to (j, k, l)$ の偶奇性と等しく、これは各数字を -1 した（各数字の名前をつけ直した）置換 $(1, 2, 3) \to (j - 1, k - 1, l - 1)$ の偶奇性とも等しい (前講付録 3 演習参照)。

つまり新たな添字を $(J, K, L) = (j - 1, k - 1, l - 1)$ と定義すれば $\varepsilon_{1jkl} = \varepsilon_{JKL}$ と書ける（要するに <u>2, 3, 4 と 1, 2, 3 の並び替え方は同じ</u>ということ）。

そこで 1 行目と 1 列目を除いた係数行列を

$$\begin{bmatrix} a'_{11} & a'_{12} & a'_{13} \\ a'_{21} & a'_{22} & a'_{23} \\ a'_{31} & a'_{32} & a'_{33} \end{bmatrix} = \begin{bmatrix} a_{22} & a_{23} & a_{24} \\ a_{32} & a_{33} & a_{34} \\ a_{42} & a_{43} & a_{44} \end{bmatrix}$$

として a_{11} 以外の最右辺は

$$\sum_{j,k,l=1}^{4} \varepsilon_{1jkl} a_{j2} a_{k3} a_{l4} = \sum_{j,k,l=2}^{4} \varepsilon_{1jkl} a_{j2} a_{k3} a_{l4}$$

$$= \sum_{J,K,L=1}^{3} \varepsilon_{JKL} a'_{J1} a'_{K2} a'_{L3} = \begin{vmatrix} a'_{11} & a'_{12} & a'_{13} \\ a'_{21} & a'_{22} & a'_{23} \\ a'_{31} & a'_{32} & a'_{33} \end{vmatrix}$$

と書けることになり、この a'_{JK} のように成分（添字）を定義し直した場合の行列式という意味で

$$\begin{vmatrix} a_{11} & a_{12} & a_{13} & a_{14} \\ 0 & a_{22} & a_{23} & a_{24} \\ 0 & a_{32} & a_{33} & a_{34} \\ 0 & a_{42} & a_{43} & a_{44} \end{vmatrix} = a_{11} \begin{vmatrix} a_{22} & a_{23} & a_{24} \\ a_{32} & a_{33} & a_{34} \\ a_{42} & a_{43} & a_{44} \end{vmatrix}$$

となる。以上の議論は、より高次にもまったく同様に適用でき以下が成り立つことがわかる。

(ix) 行列式の次数下げ

$$\begin{vmatrix} a_{11} & a_{12} & \cdots & a_{1n} \\ 0 & a_{22} & \cdots & a_{2n} \\ \vdots & \vdots & \ddots & \vdots \\ 0 & a_{n2} & \cdots & a_{nn} \end{vmatrix} = a_{11} \begin{vmatrix} a_{22} & \cdots & a_{2n} \\ \vdots & \ddots & \vdots \\ a_{n2} & \cdots & a_{nn} \end{vmatrix} \tag{4.18}$$

※幾何学的解釈（次ページ図 4.4）：3 次の場合 $\begin{vmatrix} a_1 & b_1 & c_1 \\ 0 & b_2 & c_2 \\ 0 & b_3 & c_3 \end{vmatrix} = a_1 \begin{vmatrix} b_2 & c_2 \\ b_3 & c_3 \end{vmatrix}$ を例とする。左辺は 3 本のベクトル a, b, c が張る平行六面体の体積を表し、右辺は b, c を 2-3 平面に射影した b', c' が張る平行四辺形の面積に高さ a_1 を掛けたものとなる。このように n 次の場合

$$(n \text{ 次元体積}) = (n \text{ 次元目の高さ}) \times (n-1 \text{ 次元体積})$$

と解釈できる。

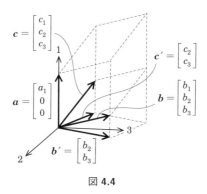

図 4.4

(x) 上三角行列の行列式

成分 $a_{ij} = 0\ (i > j)$ となる（係数）行列を上三角行列といい、次数下げを繰り返し適用できる。

$$\begin{vmatrix} a_{11} & a_{12} & \cdots & a_{1n} \\ 0 & a_{22} & \cdots & a_{2n} \\ \vdots & \vdots & \ddots & \vdots \\ 0 & 0 & \cdots & a_{nn} \end{vmatrix} = a_{11}a_{22}\cdots a_{nn} \tag{4.19}$$

ほかにも重要な行列式の性質があるが続きは次講としよう。そして行列を導入するときが来た（ようやく（笑））。

【4.4】行列の導入

[4.4.1] 導入小噺：もしかすると行列って…

拡大係数行列は、連立一次方程式を以下のように表示していた（とりあえず2行2列で）。

$$\left[\begin{array}{cc|c} a & b & e \\ c & d & f \end{array}\right] \qquad \begin{cases} ax + by = e \\ cx + dy = f \end{cases}$$

係数や定数項の値だけでなく、方程式そのものを表示するにはどうすればよいだろうか？

【4.4】行列の導入　89

　方程式なので両辺を等号で結ぶ形にしたい。連立方程式の定数項はセットにして等号の右辺に置きたい。変数も同じようにセットにして、係数行列とともに左辺に置きたい。こんな感じで。

$$\begin{bmatrix} a & b \\ c & d \end{bmatrix} \begin{bmatrix} x \\ y \end{bmatrix} = \begin{bmatrix} e \\ f \end{bmatrix}$$

左辺を係数行列と変数の積とみて、積を定義しよう。方程式を再現させるには、左辺の係数のそれぞれの行と変数の列の積が、右辺定数項のそれぞれの値になるように、

$$\begin{bmatrix} a & b \\ c & d \end{bmatrix} \begin{bmatrix} x \\ y \end{bmatrix} \equiv \begin{bmatrix} ax + by \\ cx + dy \end{bmatrix} \tag{4.20}$$

という演算を定義すればよいだろう。

　ついでに連立方程式が変数変換しても成り立つようにしておこう。$(x, y) \rightarrow (u, v)$ となる

$$\begin{cases} x = \alpha u + \beta v \\ y = \gamma u + \delta v \end{cases} \tag{4.21}$$

という変数変換[*9]を行うと、連立方程式の左辺は

$$\begin{cases} ax + by = a(\alpha u + \beta v) + b(\gamma u + \delta v) = (a\alpha + b\gamma)u + (a\beta + b\delta)v \\ cx + dy = c(\alpha u + \beta v) + d(\gamma u + \delta v) = (c\alpha + d\gamma)u + (c\beta + d\delta)v \end{cases} \tag{4.22}$$

となるが、(4.20) 式で定義した積を使うと、(4.21) 式と (4.22) 式はそれぞれ

$$\begin{bmatrix} x \\ y \end{bmatrix} = \begin{bmatrix} \alpha & \beta \\ \gamma & \delta \end{bmatrix} \begin{bmatrix} u \\ v \end{bmatrix}, \qquad \begin{bmatrix} ax + by \\ cx + dy \end{bmatrix} = \begin{bmatrix} a\alpha + b\gamma & a\beta + b\delta \\ c\alpha + d\gamma & c\beta + d\delta \end{bmatrix} \begin{bmatrix} u \\ v \end{bmatrix}$$

と書ける。これを (4.20) 式の両辺に代入すると

$$\begin{bmatrix} a & b \\ c & d \end{bmatrix} \begin{bmatrix} \alpha & \beta \\ \gamma & \delta \end{bmatrix} \begin{bmatrix} u \\ v \end{bmatrix} = \begin{bmatrix} a\alpha + b\gamma & a\beta + b\delta \\ c\alpha + d\gamma & c\beta + d\delta \end{bmatrix} \begin{bmatrix} u \\ v \end{bmatrix}$$

となるので、

[*9]　一次変換であることに注意。

90 　【第 4 講】行列 I：連立一次方程式

$$
\begin{bmatrix} a & b \\ c & d \end{bmatrix}
\begin{bmatrix} \alpha & \beta \\ \gamma & \delta \end{bmatrix}
\equiv
\begin{bmatrix} a\alpha + b\gamma & a\beta + b\delta \\ c\alpha + d\gamma & c\beta + d\delta \end{bmatrix}
\tag{4.23}
$$

という積を定義すればよいだろう。ん？　この積もしかして逆に掛けると

$$
\begin{bmatrix} \alpha & \beta \\ \gamma & \delta \end{bmatrix}
\begin{bmatrix} a & b \\ c & d \end{bmatrix}
=
\begin{bmatrix} a\alpha + c\beta & b\alpha + d\beta \\ a\gamma + c\delta & b\gamma + d\delta \end{bmatrix}
$$

となって、非可換[*10]だな。ま、しょうがないか。これを行列と呼ぶことにしよう。

　……という感じで発見されたのかも。知らないけど。

[4.4.2] 行列と演算の定義

●**行列**：数や変数・定数・式などを表す文字を n 個 × m 個 の形に縦横に並べて、括弧でくくったものを行列といい、数や文字をその成分という。本講座では、成分は実数のみ、行列は $n = m$ の場合（**正方行列**という）のみを対象とする。例外は後述する $1 \times n$ または $n \times 1$ 行列。

●**行と列**（例：2×2 行列 $\begin{bmatrix} a & b \\ c & d \end{bmatrix}$、　以降、この行列を例にとって説明する）：横に並んだ a　b や c　d を行、縦に並んだ $\begin{smallmatrix} a \\ c \end{smallmatrix}$ や $\begin{smallmatrix} b \\ d \end{smallmatrix}$ を列という[*11]。行と列に関わるあらゆるものは、行が先、列が後の順番になる。例えば、2×1 行列は 2 行 1 列の行列を意味し $\begin{bmatrix} a \\ c \end{bmatrix}$ のように書く。列のみの行列であり、**列ベクトル**（縦ベクトル）ともいう。同様に 1×2 行列は 1 行 2 列の行列を意味し $\begin{bmatrix} a & b \end{bmatrix}$ のように書く。行のみの行列であり、**行ベクトル**（横ベクトル）ともいう。

●**成分**：成分も行と列の順で表す。例えば $(1, 2)$ 成分は 1 行 2 列目のことを指し、例では b を指す。添字を使って a_{ij} のように表記することもあり、i 行 j

---

[*10]　可換：交換則が成り立つ（$ab = ba$）、非可換：交換則が成り立たない（$ab \neq ba$）ということ。

[*11]　日本語は本来縦書きなので混同しやすいが、西洋では行とは横に並んだ文字列を指す。

列目の成分を意味する。この場合、行列として表記すると $\begin{bmatrix} a_{11} & a_{12} \\ a_{21} & a_{22} \end{bmatrix}$ となる。混同しやすいので注意。$a_{行列}$：行、列の順。

●表記：これまでの例のように括弧で成分をくくった表記以外に、A のように（通常）大文字のアルファベットで表すこともある。その際、列ベクトルはベクトルの表記に習い x のように太文字で表す。またこの場合、行列式[*12]は $\det(A)$ とも書かれる。ちなみに行列の括弧も角括弧 [ ] と丸括弧 () どちらもあるが、本講座では角括弧を採用する。

●対角成分と対角行列、単位行列、零行列：例だと a や d のように行と列が一致した対角線上に並んだ成分を対角成分という。対角成分以外の成分が 0 の行列を対角行列、特に対角成分がすべて 1 となる行列を単位行列という。例：$\begin{bmatrix} a & 0 \\ 0 & d \end{bmatrix}$, $\begin{bmatrix} 1 & 0 \\ 0 & 1 \end{bmatrix}$。単位行列は E または I と表記される。本講座では E を採用する。また、成分がすべて 0 の行列を零行列という。通常アルファベット大文字の O と表記される。

●転置行列：$\begin{bmatrix} a & b \\ c & d \end{bmatrix} \rightarrow \begin{bmatrix} a & c \\ b & d \end{bmatrix}$ のように行と列の成分を入れ替えた行列を転置行列といい、行列 A の転置行列は $A^{\top}$ のように右肩に $\top$（top：コマ）を載せて表記する。成分の添字で表わすと $(A^{\top})_{ij} = (A)_{ji}$ ということになる。（左肩に t を載せ ^{t}A とする表記などもある。）

●行列の和とスカラー倍：ベクトルの和やスカラー倍と同様に、成分同士の和、全成分に対する積と定義される。

和
$$\begin{bmatrix} a & b \\ c & d \end{bmatrix} + \begin{bmatrix} e & f \\ g & h \end{bmatrix} \equiv \begin{bmatrix} a+e & b+f \\ c+g & d+h \end{bmatrix}$$

スカラー倍
$$k \begin{bmatrix} a & b \\ c & d \end{bmatrix} \equiv \begin{bmatrix} ka & kb \\ kc & kd \end{bmatrix} \tag{4.24}$$

[*12] 英語では determinant といい、「決定因子」くらいの意味となる。

92 【第 4 講】行列 I : 連立一次方程式

●行列と列ベクトル、行ベクトルと行列の積

○ $n \times n$ 行列と $n \times 1$ 行列である列ベクトルとの積が $n \times 1$ 行列の列ベクトルとなる。n が 2, 3 の場合は以下のように定義される。

$$\begin{bmatrix} a & b \\ c & d \end{bmatrix} \begin{bmatrix} x \\ y \end{bmatrix} \equiv \begin{bmatrix} ax + by \\ cx + dy \end{bmatrix}, \qquad \begin{bmatrix} a & b & c \\ d & e & f \\ g & h & i \end{bmatrix} \begin{bmatrix} x \\ y \\ z \end{bmatrix} \equiv \begin{bmatrix} ax + by + cz \\ dx + ey + fz \\ gx + hy + iz \end{bmatrix} \quad (4.25)$$

理論的な話の場合、添字での表記が用いられることが多く、規則性が分かりやすくなる。

$$\boldsymbol{y} = A\boldsymbol{x} \quad \text{に対し} \quad y_i = \sum_{j=1}^{n} a_{ij} x_j \tag{4.26}$$

$\underline{\boldsymbol{y} \text{ の } i \text{ 行目の成分は、} A \text{ の } i \text{ 行と } \boldsymbol{x} \text{ との成分同士の積の和となっている}}$ ことが分かる。

○ $1 \times n$ 行列である行ベクトルと $n \times n$ 行列との積が $1 \times n$ 行列の行ベクトルとなる。n が 2, 3 の場合は以下のように定義される。

$$\begin{bmatrix} x & y \end{bmatrix} \begin{bmatrix} a & b \\ c & d \end{bmatrix} \equiv \begin{bmatrix} ax + cy & bx + dy \end{bmatrix},$$

$$\begin{bmatrix} x & y & z \end{bmatrix} \begin{bmatrix} a & b & c \\ d & e & f \\ g & h & i \end{bmatrix} \equiv \begin{bmatrix} ax + dy + gz & bx + ey + hz & cx + fy + iz \end{bmatrix}$$

$$(4.27)$$

添字での表記では(列ベクトルの転置行列でもある行ベクトルを $\boldsymbol{x}^\top$ のように表記して)

$$\boldsymbol{y}^\top = \boldsymbol{x}^\top A \quad \text{に対し} \quad y_j = \sum_{i=1}^{n} x_i a_{ij} \tag{4.28}$$

$\underline{\boldsymbol{y}^\top \text{ の } j \text{ 列目の成分は、} \boldsymbol{x}^\top \text{ と } A \text{ の } j \text{ 列との成分同士の積の和となっている}}$ ことが分かる。

●行ベクトルと列ベクトル、列ベクトルと行ベクトルの積

○ $1 \times n$ 行列である行ベクトルと $n \times 1$ 行列である列ベクトルとの積が 1×1

【4.4】行列の導入　93

行列であるスカラー値となる。

$$\begin{bmatrix} a_1 & \cdots & a_n \end{bmatrix} \begin{bmatrix} b_1 \\ \vdots \\ b_n \end{bmatrix} \equiv a_1 b_1 + \cdots + a_n b_n \tag{4.29}$$

○ $n \times 1$ 行列である列ベクトルと $1 \times n$ 行列である行ベクトルとの積が $n \times n$ 行列となる。

$$\begin{bmatrix} a_1 \\ \vdots \\ a_n \end{bmatrix} \begin{bmatrix} b_1 & \cdots & b_n \end{bmatrix} \equiv \begin{bmatrix} a_1 b_1 & \cdots & a_1 b_n \\ \vdots & \ddots & \vdots \\ a_n b_1 & \cdots & a_n b_n \end{bmatrix} \tag{4.30}$$

●行列と行列との積：$n \times n$ 行列と $n \times n$ 行列との積が $n \times n$ 行列となる。n が $2, 3$ の場合は以下のように定義される。

$$\begin{bmatrix} a & b \\ c & d \end{bmatrix} \begin{bmatrix} w & x \\ y & z \end{bmatrix} \equiv \begin{bmatrix} aw + by & ax + bz \\ cw + dy & cx + dz \end{bmatrix},$$

$$\begin{bmatrix} a & b & c \\ d & e & f \\ g & h & i \end{bmatrix} \begin{bmatrix} r & s & t \\ u & v & w \\ x & y & z \end{bmatrix} \equiv \begin{bmatrix} ar + bu + cx & as + bv + cy & at + bw + cz \\ dr + eu + fx & ds + ev + fy & dt + ew + fz \\ gr + hu + ix & gs + hv + iy & gt + hw + iz \end{bmatrix}$$

$$\tag{4.31}$$

添字での表記では

$$C = AB \quad \text{に対し} \quad c_{ij} = \sum_{k=1}^{n} a_{ik} b_{kj} \tag{4.32}$$

この場合、C の (i, j) 成分は、A の i 行と B の j 列との成分同士の積の和となる。行列の積は一般に交換則を満たさない。つまり一般的には $AB \neq BA$ となることに注意。

94　【第 4 講】行列 I：連立一次方程式

[4.4.3] 行列の基本性質

任意の正方行列 A, B, C、単位行列 E、零行列 O、スカラー k, l に対して以下が成り立つ（確かめよう）。

●和とスカラー倍の基本性質：ベクトル空間の公理を満たす

(i) $\quad A + B = B + A$ 　　　 (ii) $\quad (A + B) + C = A + (B + C)$

(iii) $\quad A + O = O + A = A$ 　　 (iv) $\quad A + (-A) = (-A) + A = O$

(v) $\quad k(A + B) = kA + kB$ 　　 (vi) $\quad (k + l)A = kA + lA$

(vii) $\quad k(lA) = (kl)A$ 　　　 (viii) $\quad 1A = A, \ (-1)A = -A$

(ix) $\quad 0A = O, \ kO = O$

●積の基本性質

(i) $\quad (AB)C = A(BC)$ 　　 (ii) $\quad (A + B)C = AC + BC,$
$$A(B + C) = AB + AC$$

(iii) $\quad AE = EA = A$ 　　 (iv) $\quad OA = AO = O$

[4.4.4] 連立一次方程式の行列による表示

行列とその積が定義されたので、行列を使って連立一次方程式を表してみよう。

例えば 3 元連立一次方程式の場合、

$$\begin{cases} a_{11}x_1 + a_{12}x_2 + a_{13}x_3 = b_1 \\ a_{21}x_1 + a_{22}x_2 + a_{23}x_3 = b_2 \\ a_{31}x_1 + a_{32}x_2 + a_{33}x_3 = b_3 \end{cases}$$

に対して、

$$\begin{bmatrix} a_{11} & a_{12} & a_{13} \\ a_{21} & a_{22} & a_{23} \\ a_{31} & a_{32} & a_{33} \end{bmatrix} \begin{bmatrix} x_1 \\ x_2 \\ x_3 \end{bmatrix} = \begin{bmatrix} b_1 \\ b_2 \\ b_3 \end{bmatrix} \quad \text{あるいは} \quad \sum_{j=1}^{3} a_{ij}x_j = b_i$$

また、以下のようにも書ける。

$$A = \begin{bmatrix} a_{11} & a_{12} & a_{13} \\ a_{21} & a_{22} & a_{23} \\ a_{31} & a_{32} & a_{33} \end{bmatrix}, \quad \boldsymbol{x} = \begin{bmatrix} x_1 \\ x_2 \\ x_3 \end{bmatrix}, \quad \boldsymbol{b} = \begin{bmatrix} b_1 \\ b_2 \\ b_3 \end{bmatrix} \quad \text{とすれば} \quad A\boldsymbol{x} = \boldsymbol{b}$$

最後の式 $A\boldsymbol{x} = \boldsymbol{b}$ は、まるで一次方程式 $ax = b$ のようにもみえる。$ax = b$ が $a \neq 0$ のときに $x = \dfrac{1}{a}b$ と解くことができたように、連立一次方程式も解けないのだろうか？ この 1 次方程式の可解条件 $a \neq 0$ は、行列式 $|A| \neq 0$ に対応しているのではないか？

そもそも $\dfrac{1}{a}$ とは何だろう？ a の逆数である $\dfrac{1}{a}$ は一次方程式 $ax' = 1$ の解とみることもでき、この解 x' を右辺 b に掛けた $x'b$ が元の一次方程式 $ax = b$ の解とみることもできる。

このことを行列形式で書いた連立一次方程式に拡張してみよう。$ax' = 1$ の右辺の 1 にあたるものは積の基本性質 (iii) から単位行列 E としてよいだろう。左辺の a に相当するものは係数行列 A なので、x' に相当するものも行列となり、$AX' = E$ となりそうだ。標語的に書けば：

$$ax = b: ax' = 1 \ \rightarrow \ x = x'b \quad \Longrightarrow \quad A\boldsymbol{x} = \boldsymbol{b}: AX' = E \ \rightarrow \ \boldsymbol{x} = X'\boldsymbol{b} ?$$

実際 $\boldsymbol{x} = X'\boldsymbol{b}$ として左から A を掛けると $A\boldsymbol{x} = AX'\boldsymbol{b} = E\boldsymbol{b} = \boldsymbol{b}$ となり式を満たすことになる。この $AX' = E$ を満たす X' は、行列 A の逆数に相当するものといえるかも知れない。

3 次を例に具体的に考えてみよう。$AX' = E$ を成分で書くと

$$\begin{bmatrix} a_{11} & a_{12} & a_{13} \\ a_{21} & a_{22} & a_{23} \\ a_{31} & a_{32} & a_{33} \end{bmatrix} \begin{bmatrix} x'_{11} & x'_{12} & x'_{13} \\ x'_{21} & x'_{22} & x'_{23} \\ x'_{31} & x'_{32} & x'_{33} \end{bmatrix} = \begin{bmatrix} 1 & 0 & 0 \\ 0 & 1 & 0 \\ 0 & 0 & 1 \end{bmatrix}$$

となる。よく見ればこれは

$$\boldsymbol{x}'_1 = \begin{bmatrix} x'_{11} \\ x'_{21} \\ x'_{31} \end{bmatrix}, \qquad \boldsymbol{x}'_2 = \begin{bmatrix} x'_{12} \\ x'_{22} \\ x'_{32} \end{bmatrix}, \qquad \boldsymbol{x}'_3 = \begin{bmatrix} x'_{13} \\ x'_{23} \\ x'_{33} \end{bmatrix}$$

$$\boldsymbol{e}_1 = \begin{bmatrix} 1 \\ 0 \\ 0 \end{bmatrix}, \qquad \boldsymbol{e}_2 = \begin{bmatrix} 0 \\ 1 \\ 0 \end{bmatrix}, \qquad \boldsymbol{e}_3 = \begin{bmatrix} 0 \\ 0 \\ 1 \end{bmatrix}$$

としたときの

$$A\boldsymbol{x}'_1 = \boldsymbol{e}_1, \qquad A\boldsymbol{x}'_2 = \boldsymbol{e}_2, \qquad A\boldsymbol{x}'_3 = \boldsymbol{e}_3$$

という連立一次方程式 3 セットとみることもでき、$\boldsymbol{x}'_1$, $\boldsymbol{x}'_2$, $\boldsymbol{x}'_3$ をそれぞれ求めることができる。

もはや興味の対象は連立一次方程式を解くことから行列の逆数に相当するものに移っているが、$\boldsymbol{x}'_1$, $\boldsymbol{x}'_2$, $\boldsymbol{x}'_3$ を掃き出し法で求めてみよう。

掃き出し法とは連立一次方程式 $A\boldsymbol{x} = \boldsymbol{b}$ に対して行基本変形を用いて $[A|\boldsymbol{b}] \to [E|\boldsymbol{x}]$ として解く手法だった。行基本変形は直接加減し合うのは同じ列の間だけであり、係数行列が同じ場合は定数項である列ベクトルを並べ $[A|\boldsymbol{e}_1\boldsymbol{e}_2\boldsymbol{e}_3] \to [E|\boldsymbol{x}'_1\boldsymbol{x}'_2\boldsymbol{x}'_3]$ として 3 つの連立方程式を一度に解けることになる。この場合の拡大係数行列は

$$\left[\begin{array}{ccc|ccc} a_{11} & a_{12} & a_{13} & 1 & 0 & 0 \\ a_{21} & a_{22} & a_{23} & 0 & 1 & 0 \\ a_{31} & a_{32} & a_{33} & 0 & 0 & 1 \end{array} \right]$$

となる。実際に【4.2】節で解いた、以下の 2 例の連立一次方程式に対してやってみてみよう。

$$\begin{bmatrix} 1 & 1 & 2 \\ 2 & 1 & 3 \\ 1 & 2 & 4 \end{bmatrix} \begin{bmatrix} x_1 \\ x_2 \\ x_3 \end{bmatrix} = \begin{bmatrix} 9 \\ 13 \\ 17 \end{bmatrix}, \qquad \begin{bmatrix} 1 & -1 & 3 \\ -1 & 1 & -2 \\ 2 & -3 & 4 \end{bmatrix} \begin{bmatrix} x_1 \\ x_2 \\ x_3 \end{bmatrix} = \begin{bmatrix} 8 \\ -5 \\ 8 \end{bmatrix}$$

それぞれの拡大係数行列に行基本変形を適応させ、X' を求めることになる。掃き出す手順は冒頭とまったく同じことに注意。まず前者の場合

$$
\begin{bmatrix}
1 & 1 & 2 & 1 & 0 & 0 \\
2 & 1 & 3 & 0 & 1 & 0 \\
1 & 2 & 4 & 0 & 0 & 1
\end{bmatrix}
$$

$$
\rightarrow
\begin{bmatrix}
1 & 1 & 2 & 1 & 0 & 0 \\
0 & -1 & -1 & -2 & 1 & 0 \\
0 & 1 & 2 & -1 & 0 & 1
\end{bmatrix}
\begin{matrix}
\\ r_2 - 2r_1 \\ r_3 - r_1
\end{matrix}
$$

$$
\rightarrow
\begin{bmatrix}
1 & 1 & 2 & 1 & 0 & 0 \\
0 & 1 & 1 & 2 & -1 & 0 \\
0 & 1 & 2 & -1 & 0 & 1
\end{bmatrix}
\begin{matrix}
\\ r_2 \times (-1) \\ \\
\end{matrix}
$$

$$
\rightarrow
\begin{bmatrix}
1 & 1 & 2 & 1 & 0 & 0 \\
0 & 1 & 1 & 2 & -1 & 0 \\
0 & 0 & 1 & -3 & 1 & 1
\end{bmatrix}
\begin{matrix}
\\ \\ r_3 - r_2
\end{matrix}
$$

$$
\rightarrow
\begin{bmatrix}
1 & 1 & 0 & 7 & -2 & -2 \\
0 & 1 & 0 & 5 & -2 & -1 \\
0 & 0 & 1 & -3 & 1 & 1
\end{bmatrix}
\begin{matrix}
r_1 - 2r_3 \\ r_2 - r_3 \\ \\
\end{matrix}
$$

$$
\rightarrow
\begin{bmatrix}
1 & 0 & 0 & 2 & 0 & -1 \\
0 & 1 & 0 & 5 & -2 & -1 \\
0 & 0 & 1 & -3 & 1 & 1
\end{bmatrix}
\begin{matrix}
r_1 - r_2 \\ \\ \\
\end{matrix}
$$

同様に後者の場合

$$
\begin{bmatrix}
1 & -1 & 3 & 1 & 0 & 0 \\
-1 & 1 & -2 & 0 & 1 & 0 \\
2 & -3 & 4 & 0 & 0 & 1
\end{bmatrix}
$$

98　【第 4 講】行列 I：連立一次方程式

$$\rightarrow \left[\begin{array}{ccc|ccc} 1 & -1 & 3 & 1 & 0 & 0 \\ 0 & 0 & 1 & 1 & 1 & 0 \\ 0 & -1 & -2 & -2 & 0 & 1 \end{array}\right] \begin{array}{l} r_2 + r_1 \\ r_2 - 2r_1 \end{array}$$

$$\rightarrow \left[\begin{array}{ccc|ccc} 1 & -1 & 3 & 1 & 0 & 0 \\ 0 & -1 & -2 & -2 & 0 & 1 \\ 0 & 0 & 1 & 1 & 1 & 0 \end{array}\right] r_2 \leftrightarrow r_3$$

$$\rightarrow \left[\begin{array}{ccc|ccc} 1 & -1 & 3 & 1 & 0 & 0 \\ 0 & 1 & 2 & 2 & 0 & -1 \\ 0 & 0 & 1 & 1 & 1 & 0 \end{array}\right] r_2 \times (-1)$$

$$\rightarrow \left[\begin{array}{ccc|ccc} 1 & -1 & 0 & -2 & -3 & 0 \\ 0 & 1 & 0 & 0 & -2 & -1 \\ 0 & 0 & 1 & 1 & 1 & 0 \end{array}\right] \begin{array}{l} r_1 - 3r_3 \\ r_2 - 2r_3 \end{array}$$

$$\rightarrow \left[\begin{array}{ccc|ccc} 1 & 0 & 0 & -2 & -5 & -1 \\ 0 & 1 & 0 & 0 & -2 & -1 \\ 0 & 0 & 1 & 1 & 1 & 0 \end{array}\right] r_1 + r_2$$

　これらの X' は実際に $AX' = E$ を満たすのか、$X'\boldsymbol{b}$ はもとの連立方程式の解になるのか確かめよう。

　もとの連立方程式（$A\boldsymbol{x} = \boldsymbol{b}$）

$$\begin{bmatrix} 1 & 1 & 2 \\ 2 & 1 & 3 \\ 1 & 2 & 4 \end{bmatrix} \begin{bmatrix} x_1 \\ x_2 \\ x_3 \end{bmatrix} = \begin{bmatrix} 9 \\ 13 \\ 17 \end{bmatrix}, \quad \begin{bmatrix} 1 & -1 & 3 \\ -1 & 1 & -2 \\ 2 & -3 & 4 \end{bmatrix} \begin{bmatrix} x_1 \\ x_2 \\ x_3 \end{bmatrix} = \begin{bmatrix} 8 \\ -5 \\ 8 \end{bmatrix}$$

に対して得られた行列（$AX' = E$ となるはずの X'）はそれぞれ

$$\begin{bmatrix} 2 & 0 & -1 \\ 5 & -2 & -1 \\ -3 & 1 & 1 \end{bmatrix}, \quad \begin{bmatrix} -2 & -5 & -1 \\ 0 & -2 & -1 \\ 1 & 1 & 0 \end{bmatrix}$$

であり、実際に積 (AX') をとってみると（確かめよう）

$$
\begin{bmatrix} 1 & 1 & 2 \\ 2 & 1 & 3 \\ 1 & 2 & 4 \end{bmatrix} \begin{bmatrix} 2 & 0 & -1 \\ 5 & -2 & -1 \\ -3 & 1 & 1 \end{bmatrix} = \begin{bmatrix} 1 & 0 & 0 \\ 0 & 1 & 0 \\ 0 & 0 & 1 \end{bmatrix},
$$

$$
\begin{bmatrix} 1 & -1 & 3 \\ -1 & 1 & -2 \\ 2 & -3 & 4 \end{bmatrix} \begin{bmatrix} -2 & -5 & -1 \\ 0 & -2 & -1 \\ 1 & 1 & 0 \end{bmatrix} = \begin{bmatrix} 1 & 0 & 0 \\ 0 & 1 & 0 \\ 0 & 0 & 1 \end{bmatrix}
$$

たしかに積は単位行列となった。さらにもとの連立方程式の右辺定数項との積 $(X'b)$ は

$$
\begin{bmatrix} 2 & 0 & -1 \\ 5 & -2 & -1 \\ -3 & 1 & 1 \end{bmatrix} \begin{bmatrix} 9 \\ 13 \\ 17 \end{bmatrix} = \begin{bmatrix} 1 \\ 2 \\ 3 \end{bmatrix}, \quad \begin{bmatrix} -2 & -5 & -1 \\ 0 & -2 & -1 \\ 1 & 1 & 0 \end{bmatrix} \begin{bmatrix} 8 \\ -5 \\ 8 \end{bmatrix} = \begin{bmatrix} 1 \\ 2 \\ 3 \end{bmatrix}
$$

となり、たしかに冒頭で解いた解と一致するではないか（確かめよう）。行列の逆数にあたるものを掃き出し法で求められそうなことがわかった。もしこの $AX' = E$ となる X' が $X'A = E$ でもあれば、$Ax = b$ の左から X' を掛けて $x = X'b$ が直接いえ、まさに逆数に相当するといえそうだ。実は上記の例の X' は $X'A = E$ でもある（確かめよう）。このことは偶然なのだろうか？　次講でこの行列の逆数にあたるものを含め、さらに深く探っていこう。

【4.5】付録 1：行列式の重要な性質

●行列式の重要な性質

3 次を例として以下を考える。行列式は列をベクトルとしてみなし $a_j = \sum_{i=1}^{3} a_{ij}e_i$ としたとき

$$
|A| = \begin{vmatrix} a_{11} & a_{12} & a_{13} \\ a_{21} & a_{22} & a_{23} \\ a_{31} & a_{32} & a_{33} \end{vmatrix} = D(a_1, a_2, a_3) = \sum_{i,j,k=1}^{3} \varepsilon_{ijk} a_{i1} a_{j2} a_{k3}
$$

として定義された。ここで $D(a_l, a_m, a_n)$ $(1 \leqq l, m, n \leqq 3)$ を考えてみよう。

100 　【第 4 講】行列 I：連立一次方程式

まず $D(\boldsymbol{a}_l, \boldsymbol{a}_m, \boldsymbol{a}_n)$ のベクトルの入れ替えに対する交代性により (l, m, n) の値がすべて異なる場合のみ 0 以外の値を持ちえる。$(l, m, n) = (1, 2, 3)$ のときは定義より行列式 $|A|$ となり、それ以外は同様にベクトルの入れ替えにより符号が変わるだけで (l, m, n) が $(1, 2, 3)$ の偶／奇置換のとき $\pm|A|$ となる。以上をまとめると

$$
\begin{aligned}
&D(\boldsymbol{a}_l, \boldsymbol{a}_m, \boldsymbol{a}_n) \\
&= \begin{cases} +|A| & ((l, m, n) \text{ が } (1, 2, 3) \text{ の偶置換：} (1, 2, 3), (2, 3, 1), (3, 1, 2)) \\ -|A| & ((l, m, n) \text{ が } (1, 2, 3) \text{ の奇置換：} (1, 3, 2), (2, 1, 3), (3, 2, 1)) \\ 0 & \text{その他} \end{cases}
\end{aligned}
$$

となり、これは $|A|$ を掛けた ε_{lmn} そのものである。よって以下のように書けることになる。

$$
D(\boldsymbol{a}_l, \boldsymbol{a}_m, \boldsymbol{a}_n) = |A| \varepsilon_{lmn}
$$

一方、左辺は $\boldsymbol{a}_l = \sum_{i=1}^{3} a_{il} \boldsymbol{e}_i$ 等により

$$
\sum_{i,j,k=1}^{3} a_{il} a_{jm} a_{kn} D(\boldsymbol{e}_i, \boldsymbol{e}_j, \boldsymbol{e}_k) = \sum_{i,j,k=1}^{3} \varepsilon_{ijk} a_{il} a_{jm} a_{kn}
$$

とも書けるため、結果として以下が成り立つ。

$$
\sum_{i,j,k=1}^{3} \varepsilon_{ijk} a_{il} a_{jm} a_{kn} = |A| \varepsilon_{lmn} \tag{4.33}
$$

この両辺に ε_{lmn} を掛けて添字 l, m, n の総和をとると（$\sum_{l,m,n=1}^{3} \varepsilon_{lmn} \varepsilon_{lmn} = \sum_{l \neq m \neq n} 1 = 3!$ より）

$$
\sum_{i,j,k=1}^{3} \sum_{l,m,n=1}^{3} \varepsilon_{ijk} \varepsilon_{lmn} a_{il} a_{jm} a_{kn} = |A| \sum_{l,m,n=1}^{3} \varepsilon_{lmn} \varepsilon_{lmn} = 3! |A|
$$

よって、

$$
|A| = \frac{1}{3!} \sum_{i,j,k=1}^{3} \sum_{l,m,n=1}^{3} \varepsilon_{ijk} \varepsilon_{lmn} a_{il} a_{jm} a_{kn} \tag{4.34}
$$

【4.5】付録 1：行列式の重要な性質　　101

が成り立つ。まったく同様の議論により、n 次の行列式に対して以下が成り立つ。

$$\sum_{i_1,\cdots,i_n=1}^{n} \varepsilon_{i_1\cdots i_n} a_{i_1 j_1} \cdots a_{i_n j_n} = |A|\varepsilon_{j_1\cdots j_n}, \tag{4.35}$$

$$|A| = \frac{1}{n!}\sum_{i_1,\cdots,i_n=1}^{n}\sum_{j_1,\cdots,j_n=1}^{n} \varepsilon_{i_1\cdots i_n}\varepsilon_{j_1\cdots j_n} a_{i_1 j_1} \cdots a_{i_n j_n} \tag{4.36}$$

これにより、行列式の行と列は完全に対等である（したがって同等の性質を持つ）ことがわかる。

　3 次を例に説明すると、(4.34) 式を添字 l, m, n について展開し ε_{ijk} の交代性に着目し整理するともとの行列式の定義 $|A| = \sum_{i,j,k=1}^{3} \varepsilon_{ijk} a_{i1} a_{j2} a_{k3}$ に帰着するが、逆に添字 i, j, k について展開して整理することで $|A| = \sum_{l,m,n=1}^{3} \varepsilon_{lmn} a_{1l} a_{2m} a_{3n}$ を得る。前者が行列を列ベクトルの組として捉えているのに対し、後者は行ベクトルの組とした場合に相当し、行列式として両者は代数的にまったく同じようにふるまい、列ベクトルとみなした場合に持つ（列に対する）性質は行ベクトルとみなした場合も（行に対しても）同様に成り立つ。

　(4.34) 式、(4.36) 式はそう主張している。

●転置行列の行列式：$|A^\top| = |A|$ （総和記号に不慣れな場合は、第 2 講の付録 2 を参照）

　【証明】　3 次の場合でみてみると (4.34) 式および $a_{ij}^\top = a_{ji}$ より

$$\begin{aligned}
|A^\top| &= \frac{1}{3!}\sum_{i,j,k=1}^{3}\sum_{l,m,n=1}^{3} \varepsilon_{ijk}\varepsilon_{lmn} a_{il}^\top a_{jm}^\top a_{kn}^\top \\
&= \frac{1}{3!}\sum_{i,j,k=1}^{3}\sum_{l,m,n=1}^{3} \varepsilon_{ijk}\varepsilon_{lmn} a_{li} a_{mj} a_{nk} \\
&= \frac{1}{3!}\sum_{l,m,n=1}^{3}\sum_{i,j,k=1}^{3} \varepsilon_{lmn}\varepsilon_{ijk} a_{li} a_{mj} a_{nk} = |A|
\end{aligned}$$

n 次の場合も同様となる。

102　【第 4 講】行列 I：連立一次方程式

●行列の積の行列式：$|AB| = |A||B|$（ついでに示す。本編での登場は【5.3】節にて）

【証明】　$C = AB$ として 3 次の場合でみてみると、$c_{ij} = \sum_{k=1}^{3} a_{ik}b_{kj}$ と (4.33) 式より

$$
\begin{aligned}
|AB| = |C| &= \sum_{i,j,k=1}^{3} \varepsilon_{ijk} c_{i1} c_{j2} c_{k3} = \sum_{i,j,k=1}^{3} \sum_{l,m,n=1}^{3} \varepsilon_{ijk} a_{il} b_{l1} a_{jm} b_{m2} a_{kn} b_{n3} \\
&= \sum_{l,m,n=1}^{3} \sum_{i,j,k=1}^{3} \varepsilon_{ijk} a_{il} a_{jm} a_{kn} b_{l1} b_{m2} b_{n3} = \sum_{l,m,n=1}^{3} |A| \varepsilon_{lmn} b_{l1} b_{m2} b_{n3} \\
&= |A||B|
\end{aligned}
$$

n 次の場合も同様となる。　∎

【4.6】付録 2：簡約行列の構造

簡約行列は、定義に従うと rank に応じてとり得るパターンは限られ、例として行列の次数 $2, 3, 4$ に対して列挙すると以下のようになり、より高次も同様となる。（＊の成分は任意の値、丸括弧内の数字は（rank, 解の自由度）を表す）

○ 2 次

$$
(2,0):\begin{bmatrix} 1 & 0 \\ 0 & 1 \end{bmatrix}, \quad (1,1):\begin{bmatrix} 1 & * \\ 0 & 0 \end{bmatrix}, \begin{bmatrix} 0 & 1 \\ 0 & 0 \end{bmatrix}, \quad (0,2):\begin{bmatrix} 0 & 0 \\ 0 & 0 \end{bmatrix}
$$

○ 3 次

$$
(3,0):\begin{bmatrix} 1 & 0 & 0 \\ 0 & 1 & 0 \\ 0 & 0 & 1 \end{bmatrix}, \quad (2,1):\begin{bmatrix} 1 & 0 & * \\ 0 & 1 & * \\ 0 & 0 & 0 \end{bmatrix}, \begin{bmatrix} 1 & * & 0 \\ 0 & 0 & 1 \\ 0 & 0 & 0 \end{bmatrix}, \begin{bmatrix} 0 & 1 & 0 \\ 0 & 0 & 1 \\ 0 & 0 & 0 \end{bmatrix},
$$

$$
(1,2):\begin{bmatrix} 1 & * & * \\ 0 & 0 & 0 \\ 0 & 0 & 0 \end{bmatrix}, \begin{bmatrix} 0 & 1 & * \\ 0 & 0 & 0 \\ 0 & 0 & 0 \end{bmatrix}, \begin{bmatrix} 0 & 0 & 1 \\ 0 & 0 & 0 \\ 0 & 0 & 0 \end{bmatrix}, \quad (0,3):\begin{bmatrix} 0 & 0 & 0 \\ 0 & 0 & 0 \\ 0 & 0 & 0 \end{bmatrix}
$$

【4.6】付録 2：簡約行列の構造　　103

○ 4 次

$$
(4,0): \begin{bmatrix} 1 & 0 & 0 & 0 \\ 0 & 1 & 0 & 0 \\ 0 & 0 & 1 & 0 \\ 0 & 0 & 0 & 1 \end{bmatrix},
$$

$$
(3,1): \begin{bmatrix} 1 & 0 & 0 & * \\ 0 & 1 & 0 & * \\ 0 & 0 & 1 & * \\ 0 & 0 & 0 & 0 \end{bmatrix}, \begin{bmatrix} 1 & 0 & * & 0 \\ 0 & 1 & * & 0 \\ 0 & 0 & 0 & 1 \\ 0 & 0 & 0 & 0 \end{bmatrix}, \begin{bmatrix} 1 & * & 0 & 0 \\ 0 & 0 & 1 & 0 \\ 0 & 0 & 0 & 1 \\ 0 & 0 & 0 & 0 \end{bmatrix}, \begin{bmatrix} 0 & 1 & 0 & 0 \\ 0 & 0 & 1 & 0 \\ 0 & 0 & 0 & 1 \\ 0 & 0 & 0 & 0 \end{bmatrix},
$$

$$
(2,2): \begin{bmatrix} 1 & 0 & * & * \\ 0 & 1 & * & * \\ 0 & 0 & 0 & 0 \\ 0 & 0 & 0 & 0 \end{bmatrix}, \begin{bmatrix} 1 & * & 0 & * \\ 0 & 0 & 1 & * \\ 0 & 0 & 0 & 0 \\ 0 & 0 & 0 & 0 \end{bmatrix}, \begin{bmatrix} 1 & * & * & 0 \\ 0 & 0 & 0 & 1 \\ 0 & 0 & 0 & 0 \\ 0 & 0 & 0 & 0 \end{bmatrix},
$$

$$
\begin{bmatrix} 0 & 1 & 0 & * \\ 0 & 0 & 1 & * \\ 0 & 0 & 0 & 0 \\ 0 & 0 & 0 & 0 \end{bmatrix}, \begin{bmatrix} 0 & 1 & * & 0 \\ 0 & 0 & 0 & 1 \\ 0 & 0 & 0 & 0 \\ 0 & 0 & 0 & 0 \end{bmatrix}, \begin{bmatrix} 0 & 0 & 1 & 0 \\ 0 & 0 & 0 & 1 \\ 0 & 0 & 0 & 0 \\ 0 & 0 & 0 & 0 \end{bmatrix},
$$

$$
(1,3): \begin{bmatrix} 1 & * & * & * \\ 0 & 0 & 0 & 0 \\ 0 & 0 & 0 & 0 \\ 0 & 0 & 0 & 0 \end{bmatrix}, \begin{bmatrix} 0 & 1 & * & * \\ 0 & 0 & 0 & 0 \\ 0 & 0 & 0 & 0 \\ 0 & 0 & 0 & 0 \end{bmatrix}, \begin{bmatrix} 0 & 0 & 1 & * \\ 0 & 0 & 0 & 0 \\ 0 & 0 & 0 & 0 \\ 0 & 0 & 0 & 0 \end{bmatrix}, \begin{bmatrix} 0 & 0 & 0 & 1 \\ 0 & 0 & 0 & 0 \\ 0 & 0 & 0 & 0 \\ 0 & 0 & 0 & 0 \end{bmatrix},
$$

$$
(0,4): \begin{bmatrix} 0 & 0 & 0 & 0 \\ 0 & 0 & 0 & 0 \\ 0 & 0 & 0 & 0 \\ 0 & 0 & 0 & 0 \end{bmatrix}
$$

○主成分がない行：連立させる方程式がすべて独立でない場合は行基本変形により掃き出され、その式に対応する行はすべて 0 となり、行の入れ替えにより下の方に集められていく。連立方程式の解が不定となる場合、この全成分が 0

の行の数は、解の自由度を意味することになる。

○主成分がある行：残った主成分のある行の数が独立な式の数を意味する rank となる。（主成分の定義より）この行の 1 である主成分の左側はすべて 0 となり、右側は任意の値 (∗) をとり得る。各主成分は行列の上から行を降りるごとに右側にすなわち階段状に配置され、配置される列の選び方：（次数）n 列の中から（rank）r 列を選ぶ組み合わせの数 $_nC_r$ だけパターンがあることになる。

○主成分がある列：この列の主成分の下側はもちろん、上側の各成分の各行の左側に別の主成分があって任意の値をとり得る成分 (∗) も掃き出されて 0 となる。

○主成分がない列：この列の左側の列に主成分があれば、任意の値を持ちうるその行の成分 (∗) は掃き出すことができずに残る。左側のどの列にも主成分がなければ、定義より主成分の左側は 0 なので、この主成分がない列はすべて 0 となることになる。行基本変形は同じ列の間だけで直接加減しあうので、この列は最初からすべて 0 すなわち該当する変数の係数が最初からすべて 0 である特殊な場合となる。

【4.7】付録 3：補足説明

● 3 次元空間における平面の方程式 (本編：[4.2.3] 項の幾何学的解釈)

3 次元空間における平面をベクトルで表そう（図 4.5）。平面の法線ベクトルを $\boldsymbol{n} = (a, b, c)$、平面の代表点の位置ベクトルを $\boldsymbol{r}_0 = (x_0, y_0, z_0)$、平面上の任意の点の位置ベクトルを $\boldsymbol{r} = (x, y, z)$ とすると、ベクトル $\boldsymbol{r} - \boldsymbol{r}_0$ は法線ベクトル $\boldsymbol{n}$ と直交するので平面の方程式は $\boldsymbol{n} \cdot (\boldsymbol{r} - \boldsymbol{r}_0) = 0$ と書ける。これは $ax + by + cz = ax_0 + by_0 + cz_0$ となり、右辺を d とすれば 3 元一次方程式 $ax + by + cz = d$ と解釈できる。

今、$\boldsymbol{r}_0$ を動かすことを考えよう。$\boldsymbol{r}_0 \to \boldsymbol{r}_0' = \boldsymbol{r}_0 + \boldsymbol{\Delta}_\perp + \boldsymbol{\Delta}_{//}$ とし、変位量を平面に垂直な方向 $\boldsymbol{\Delta}_\perp$ と平行な方向 $\boldsymbol{\Delta}_{//}$ に分解して考えると、$\boldsymbol{n}$ と $\boldsymbol{\Delta}_{//}$ は直交するので、一次方程式の右辺

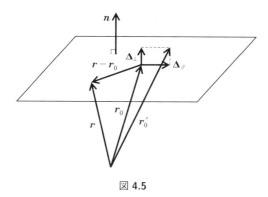

図 4.5

$$d \to d' = \bm{n} \cdot \bm{r}_0' = \bm{n} \cdot (\bm{r}_0 + \bm{\Delta}_\perp + \bm{\Delta}_{/\!/}) = \bm{n} \cdot \bm{r}_0 + \bm{n} \cdot \bm{\Delta}_\perp = d + \bm{n} \cdot \bm{\Delta}_\perp$$

となり、平面に平行な変位は d の変化に寄与しない。

つまり同じ平面上の代表点 $\bm{r}_0$ のとり方にはよらないことを意味する。逆に右辺 d が変化すると、平面全体は法線ベクトルの方向（逆向きを含む）に平行移動することになる。

●行基本変形と線形結合関係（本編：[4.2.4] 項の考察）

行基本変形が線形結合関係を保つことを、2 次を例として示す。

【証明】　2 元連立一次方程式 $x \begin{bmatrix} a_1 \\ a_2 \end{bmatrix} + y \begin{bmatrix} b_1 \\ b_2 \end{bmatrix} = \begin{bmatrix} c_1 \\ c_2 \end{bmatrix}$ が成り立つとき、行基本変形

$$\left[\begin{array}{cc|c} a_1 & b_1 & c_1 \\ a_2 & b_2 & c_2 \end{array} \right] \to \left[\begin{array}{cc|c} a_1' & b_1' & c_1' \\ a_2' & b_2' & c_2' \end{array} \right]$$

を行っても $x \begin{bmatrix} a_1' \\ a_2' \end{bmatrix} + y \begin{bmatrix} b_1' \\ b_2' \end{bmatrix} = \begin{bmatrix} c_1' \\ c_2' \end{bmatrix}$ が成り立つことを示すことになる。

(A)　$r_1 \leftrightarrow r_2$: $\left[\begin{array}{cc|c} a_1 & b_1 & c_1 \\ a_2 & b_2 & c_2 \end{array} \right] \to \left[\begin{array}{cc|c} a_2 & b_2 & c_2 \\ a_1 & b_1 & c_1 \end{array} \right]$

$$x \begin{bmatrix} a_1' \\ a_2' \end{bmatrix} + y \begin{bmatrix} b_1' \\ b_2' \end{bmatrix} = x \begin{bmatrix} a_2 \\ a_1 \end{bmatrix} + y \begin{bmatrix} b_2 \\ b_1 \end{bmatrix} = \begin{bmatrix} xa_2 + yb_2 \\ xa_1 + yb_1 \end{bmatrix} = \begin{bmatrix} c_2 \\ c_1 \end{bmatrix} = \begin{bmatrix} c_1' \\ c_2' \end{bmatrix}$$

(B) $r_2 \times k$:
$\left[\begin{array}{cc|c} a_1 & b_1 & c_1 \\ a_2 & b_2 & c_2 \end{array} \right] \rightarrow \left[\begin{array}{cc|c} a_1 & b_1 & c_1 \\ ka_2 & kb_2 & kc_2 \end{array} \right]$ (ほかも同様)

$$x \begin{bmatrix} a_1' \\ a_2' \end{bmatrix} + y \begin{bmatrix} b_1' \\ b_2' \end{bmatrix} = x \begin{bmatrix} a_1 \\ ka_2 \end{bmatrix} + y \begin{bmatrix} b_1 \\ kb_2 \end{bmatrix}$$
$$= \begin{bmatrix} xa_1 + yb_1 \\ k(xa_2 + yb_2) \end{bmatrix} = \begin{bmatrix} c_1 \\ kc_2 \end{bmatrix} = \begin{bmatrix} c_1' \\ c_2' \end{bmatrix}$$

(C) $r_2 + kr_1$:
$\left[\begin{array}{cc|c} a_1 & b_1 & c_1 \\ a_2 & b_2 & c_2 \end{array} \right] \rightarrow \left[\begin{array}{cc|c} a_1 & b_1 & c_1 \\ a_2 + ka_1 & b_2 + kb_1 & c_2 + kc_1 \end{array} \right]$

(ほかも同様)

$$x \begin{bmatrix} a_1' \\ a_2' \end{bmatrix} + y \begin{bmatrix} b_1' \\ b_2' \end{bmatrix} = x \begin{bmatrix} a_1 \\ a_2 + ka_1 \end{bmatrix} + y \begin{bmatrix} b_1 \\ b_2 + kb_1 \end{bmatrix}$$
$$= \begin{bmatrix} xa_1 + yb_1 \\ xa_2 + yb_2 + k(xa_1 + yb_1) \end{bmatrix} = \begin{bmatrix} c_1 \\ c_2 + kc_1 \end{bmatrix} = \begin{bmatrix} c_1' \\ c_2' \end{bmatrix}$$

高次も同様となる。 ∎

【4.8】付録 4：行列式の定義について

本講での行列式の定義が、線形代数の教科書によく載っているいわゆる行列式に対するライプニッツの明示公式

$$\begin{vmatrix} a_{11} & \cdots & a_{1n} \\ \vdots & \ddots & \vdots \\ a_{n1} & \cdots & a_{nn} \end{vmatrix} \equiv \sum_{\sigma \in S_n} \mathrm{sgn}(\sigma) a_{1,\sigma(1)} \cdots a_{n,\sigma(n)}$$

(S_n は n 次対称群、$\mathrm{sgn}(\sigma)$ は置換 σ の符号を表す) と同等であることを、3 次を例として解説する。まず置換 σ とは何かをごく簡単に説明する。

前講の [3.7.2] 拡張 Levi-Civita 記号の説明で、「(1,2,3) の数字の並びの順列

【4.8】付録 4：行列式の定義について　107

は 3! = 6 通りあり、(1,2,3) から 2 つの数字の入れ替えである互換の組み合わせで変換するとき、偶数回の互換で到達できる場合を偶置換、奇数回の互換で到達できる場合を奇置換といい、この偶奇性は互換のやり方によらない。」という話をした。この「置換」は本来以下のよう定式化される。

(1,2,3) を (3,2,1) に変換する置換 σ を $\sigma = \begin{pmatrix} 1 & 2 & 3 \\ 3 & 2 & 1 \end{pmatrix}$ と書く。この場合、1 と 3 の互換 1 回で変換ができるので、この置換 σ は奇置換となる。またこの置換 σ を各要素に注目して 1 が 3 に、2 が 2 に、3 が 1 に変換されることを $\sigma(1) = 3$, $\sigma(2) = 2$, $\sigma(3) = 1$ と表記する。

この (1,2,3) の置換の集合は 3 次の対称群 S_3 とよばれ、その要素は 3 の順列の数と等しく 6 つある。S_3 の元である 6 通りの置換をすべて書き下すと、

$$\text{偶置換：} \begin{pmatrix} 1 & 2 & 3 \\ 1 & 2 & 3 \end{pmatrix}, \begin{pmatrix} 1 & 2 & 3 \\ 2 & 3 & 1 \end{pmatrix}, \begin{pmatrix} 1 & 2 & 3 \\ 3 & 1 & 2 \end{pmatrix}$$

$$\text{奇置換：} \begin{pmatrix} 1 & 2 & 3 \\ 1 & 3 & 2 \end{pmatrix}, \begin{pmatrix} 1 & 2 & 3 \\ 2 & 1 & 3 \end{pmatrix}, \begin{pmatrix} 1 & 2 & 3 \\ 3 & 2 & 1 \end{pmatrix}$$

となり、符号を表す $\text{sgn}(\sigma)$ は 置換 σ が偶置換の場合は +1、奇置換の場合は -1 を表す。

以上を用いて 3 次の行列式のライプニッツの明示公式は「3 次のすべての置換に対してその置換の符号付きで、行列の各行から置換に対応した列の要素を選んで積を作ったものの総和を取る」という手続きにより行列式を求めることとなる。具体的には、

$$\sum_{\sigma \in S_n} \text{sgn}(\sigma) a_{1,\sigma(1)} \cdots a_{n,\sigma(n)}$$
$$= \text{sgn} \begin{pmatrix} 1 & 2 & 3 \\ 1 & 2 & 3 \end{pmatrix} a_{1,\sigma(1)} a_{2,\sigma(2)} a_{3,\sigma(3)} + \text{sgn} \begin{pmatrix} 1 & 2 & 3 \\ 2 & 3 & 1 \end{pmatrix} a_{1,\sigma(1)} a_{2,\sigma(2)} a_{3,\sigma(3)}$$

$$+ \operatorname{sgn} \begin{pmatrix} 1 & 2 & 3 \\ 3 & 1 & 2 \end{pmatrix} a_{1,\sigma(1)} a_{2,\sigma(2)} a_{3,\sigma(3)} + \operatorname{sgn} \begin{pmatrix} 1 & 2 & 3 \\ 1 & 3 & 2 \end{pmatrix} a_{1,\sigma(1)} a_{2,\sigma(2)} a_{3,\sigma(3)}$$

$$+ \operatorname{sgn} \begin{pmatrix} 1 & 2 & 3 \\ 2 & 1 & 3 \end{pmatrix} a_{1,\sigma(1)} a_{2,\sigma(2)} a_{3,\sigma(3)} + \operatorname{sgn} \begin{pmatrix} 1 & 2 & 3 \\ 3 & 2 & 1 \end{pmatrix} a_{1,\sigma(1)} a_{2,\sigma(2)} a_{3,\sigma(3)}$$

$$= a_{11} a_{22} a_{33} + a_{12} a_{23} a_{31} + a_{13} a_{21} a_{32} - a_{11} a_{23} a_{32} - a_{12} a_{21} a_{33} - a_{13} a_{22} a_{31}$$

本講での定義では行列の要素は列番号を 1 から n に固定し、行番号を動かして総和を取る形式だった。付録 1 で示したように、行列式は行と列の性質が同等であるため両者は一致する。

.... 【第5講】 ....

行列II：線形変換

【5.1】 はじめに

前講では連立一次方程式をテーマとしてきた。一次方程式 $ax = b$ の見かたを変えて $y = ax$ として1次関数と見ることができたように、行列形式で書かれた連立一次方程式 $Ax = b$ を $y = Ax$ として見てみると、これはベクトル x で表された点が行列 A で別のベクトル y で示される点に写されるものだと考えることができる。本講ではこの視点で行列や行列式、ベクトルがもつ性質を掘り下げていこう。最後に線形写像という一段高い位置から俯瞰することで理解を深め、次講に繋げていく。

【5.2】 線形変換（一次変換）

[5.2.1] 線形変換の例

式 $y = Ax$ のようにベクトル x を行列 A によってベクトル y に写す（対応させる）ことを線形変換（一次変換）という。例として下記の2次の行列 A で考えてみる。

$$A = \begin{bmatrix} a_{11} & a_{12} \\ a_{21} & a_{22} \end{bmatrix}$$

この行列による変換は、$\begin{bmatrix} y_1 \\ y_2 \end{bmatrix} = \begin{bmatrix} a_{11} & a_{12} \\ a_{21} & a_{22} \end{bmatrix} \begin{bmatrix} x_1 \\ x_2 \end{bmatrix}$、あるいは

$$\begin{cases} y_1 = a_{11}x_1 + a_{12}x_2 \\ y_2 = a_{21}x_1 + a_{22}x_2 \end{cases} \tag{5.1}$$

110 【第5講】行列 II：線形変換

という変換（まさに一次変換）となる。この式は、座標値 (x_1, x_2) の点が $(a_{11}x_1 + a_{12}x_2, a_{21}x_1 + a_{22}x_2)$ に写されることを意味しているが、これを以下のようにとらえることもできる。

変換前の任意の点を表す位置ベクトル $\boldsymbol{x} = x_1\boldsymbol{e}_1 + x_2\boldsymbol{e}_2$ は

$$\boldsymbol{y} = A\boldsymbol{x} = A(x_1\boldsymbol{e}_1 + x_2\boldsymbol{e}_2) = x_1 A\boldsymbol{e}_1 + x_2 A\boldsymbol{e}_2 = x_1\boldsymbol{e}_1' + x_2\boldsymbol{e}_2' \tag{5.2}$$

と写されるとみることができる。これは標準基底 $\boldsymbol{e}_1 = \begin{bmatrix} 1 \\ 0 \end{bmatrix}, \boldsymbol{e}_2 = \begin{bmatrix} 0 \\ 1 \end{bmatrix}$ が別の基底 $\boldsymbol{e}_1', \boldsymbol{e}_2'$ に

$$\boldsymbol{e}_1' = A\boldsymbol{e}_1 : \begin{bmatrix} a_{11} \\ a_{21} \end{bmatrix} = \begin{bmatrix} a_{11} & a_{12} \\ a_{21} & a_{22} \end{bmatrix}\begin{bmatrix} 1 \\ 0 \end{bmatrix}, \quad \boldsymbol{e}_2' = A\boldsymbol{e}_2 : \begin{bmatrix} a_{12} \\ a_{22} \end{bmatrix} = \begin{bmatrix} a_{11} & a_{12} \\ a_{21} & a_{22} \end{bmatrix}\begin{bmatrix} 0 \\ 1 \end{bmatrix}$$
$$\tag{5.3}$$

として写され（対応させられ）、このとき写された基底をもとの標準基底で表すと

$$\begin{bmatrix} a_{11} \\ a_{21} \end{bmatrix} = a_{11}\begin{bmatrix} 1 \\ 0 \end{bmatrix} + a_{21}\begin{bmatrix} 0 \\ 1 \end{bmatrix}, \qquad \begin{bmatrix} a_{12} \\ a_{22} \end{bmatrix} = a_{12}\begin{bmatrix} 1 \\ 0 \end{bmatrix} + a_{22}\begin{bmatrix} 0 \\ 1 \end{bmatrix} \tag{5.4a}$$

$$\text{もしくは} \quad \begin{cases} \boldsymbol{e}_1' = a_{11}\boldsymbol{e}_1 + a_{21}\boldsymbol{e}_2 \\ \boldsymbol{e}_2' = a_{12}\boldsymbol{e}_1 + a_{22}\boldsymbol{e}_2 \end{cases} \tag{5.4b}$$

となり、座標値の変換 (5.1) 式と異なる変換をしていると解釈できる。この意味は後ほど述べる[1]こととして、(5.2) 式で変換された点は

$$\begin{bmatrix} y_1 \\ y_2 \end{bmatrix} = \boldsymbol{y} = x_1\boldsymbol{e}_1' + x_2\boldsymbol{e}_2' = x_1\begin{bmatrix} a_{11} \\ a_{21} \end{bmatrix} + x_2\begin{bmatrix} a_{12} \\ a_{22} \end{bmatrix} = \begin{bmatrix} a_{11}x_1 + a_{12}x_2 \\ a_{21}x_1 + a_{22}x_2 \end{bmatrix}$$

となり、当然 (5.1) 式と一致する。

以上の話を具体的に 2 次の行列で可視化してみよう。例として以下の行列で考えてみる。

---

[1] 本講【5.5】節にて。

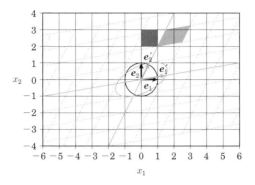

図 **5.1**

$$A = \begin{bmatrix} \dfrac{3}{2} & \dfrac{1}{2} \\ \dfrac{1}{4} & 1 \end{bmatrix}$$

図 5.1 は変換前の黒色実線で描かれた直交座標系を張る標準基底 e_1, e_2 が、灰色破線で描かれた斜交座標系を張る基底 e'_1, e'_2 に

$$e'_1 = Ae_1 : \begin{bmatrix} \dfrac{3}{2} \\ \dfrac{1}{4} \end{bmatrix} = \begin{bmatrix} \dfrac{3}{2} & \dfrac{1}{2} \\ \dfrac{1}{4} & 1 \end{bmatrix} \begin{bmatrix} 1 \\ 0 \end{bmatrix},$$

$$e'_2 = Ae_2 : \begin{bmatrix} \dfrac{1}{2} \\ 1 \end{bmatrix} = \begin{bmatrix} \dfrac{3}{2} & \dfrac{1}{2} \\ \dfrac{1}{4} & 1 \end{bmatrix} \begin{bmatrix} 0 \\ 1 \end{bmatrix}$$

として写されたものを重ねて描いたものであり、変換前の任意の点 $\boldsymbol{x} = x_1 \boldsymbol{e}_1 + x_2 \boldsymbol{e}_2$ は (5.2) 式

$$\boldsymbol{y} = A\boldsymbol{x} = A(x_1 \boldsymbol{e}_1 + x_2 \boldsymbol{e}_2) = x_1 A\boldsymbol{e}_1 + x_2 A\boldsymbol{e}_2 = x_1 \boldsymbol{e}'_1 + x_2 \boldsymbol{e}'_2$$

より直交座標のある座標値の点が、斜交座標での同じ座標値の点に写されることがわかる。この様子は、図で変換前の直交座標での正方形の各頂点 $(0, 3), (1, 3), (1, 2), (0, 2)$ が変換後の斜交座標での該当する各頂点に写されていることからもわかる。また原点を中心とした半径 1 の円が対応する「斜交座標で原点から ± 1 の範囲内」に写されていることもわかる。

112　【第 5 講】行列 II：線形変換

　線形変換の特徴として、まず写された後の基底 e_1', e_2' を列ベクトルとして並べたものが、線形変換の行列となっていることがあげられる。高次でも同様となり、これの意味は【5.5】節で詳しく述べる。

　次に変換による面積の変化は、基底により張られる面積の変化によりわかるが、これはまさに我らが $D(\boldsymbol{a}, \boldsymbol{b}, \boldsymbol{c}, \cdots)$「関数」の出発点で行列式の値となり、高次でも成り立つ。この例では、$|A| = \dfrac{3}{2} \times 1 - \dfrac{1}{4} \times \dfrac{1}{2} = \dfrac{11}{8} = 1.375$ となり、変換前の標準基底が張る面積 1 に対して、1.375 倍となり、四角形や円の面積も 1.375 倍となる。

　図 5.2 (a) は行列が $\begin{bmatrix} 1.2 & 0 \\ 0 & 0.8 \end{bmatrix}$ の例で、行列式の値は 0.96 となる。縦 0.8 倍、横 1.2 倍のスケール変換となっていることがわかる。

　図 5.2 (b) は行列が $\begin{bmatrix} 1 & 0.8 \\ 0 & 1 \end{bmatrix}$ の例で、行列式の値は 1 となる。$\begin{bmatrix} 1 & k \\ 0 & 1 \end{bmatrix}$ の形の変換は剪断（せんだん：shear）と呼ばれ面積を保つ変形を表すものとして知られる。

　図 5.2 (c) は行列が $\begin{bmatrix} \cos\dfrac{\pi}{3} & -\sin\dfrac{\pi}{3} \\ \sin\dfrac{\pi}{3} & \cos\dfrac{\pi}{3} \end{bmatrix}$ の例で、原点を中心とした角度 $\dfrac{\pi}{3}$ の回転を表し、行列式の値は 1 となる。【5.4】節で詳しくみることになる。

　図 5.2 (d), (e) は行列が

$$\begin{bmatrix} 1 & 0.8 \\ 0 & 1 \end{bmatrix} \begin{bmatrix} \cos\dfrac{\pi}{3} & -\sin\dfrac{\pi}{3} \\ \sin\dfrac{\pi}{3} & \cos\dfrac{\pi}{3} \end{bmatrix}$$

$$\begin{bmatrix} \cos\dfrac{\pi}{3} & -\sin\dfrac{\pi}{3} \\ \sin\dfrac{\pi}{3} & \cos\dfrac{\pi}{3} \end{bmatrix} \begin{bmatrix} 1 & 0.8 \\ 0 & 1 \end{bmatrix}$$

の例で、「回転」「せん断」の合成変換を表している。このように線形変換を連続して行う場合、対応する行列の積が合成した変換を表すことになるが行列の

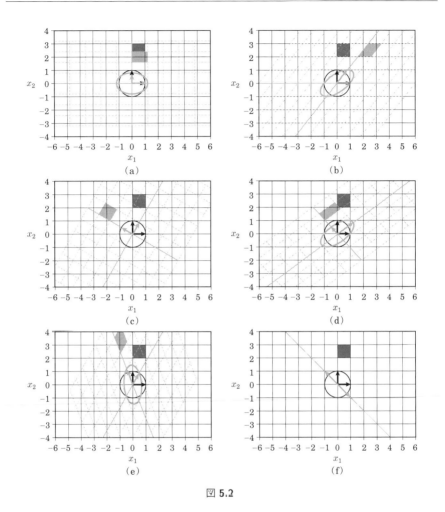

図 5.2

積は非可換なので、その結果も一般的には異なる。この違いも【5.5】節で詳しく述べる。

図 5.2 (f) は行列式が 0 となる例で、行列が $\begin{bmatrix} 1 & -1 \\ -1 & 1 \end{bmatrix}$ のときを示している。写された基底は $\begin{bmatrix} 1 \\ -1 \end{bmatrix}, \begin{bmatrix} -1 \\ 1 \end{bmatrix}$ となり真逆を向いて線形従属となり、平面上の点はすべて直線上に写されていること（つまり面積は 0）が見て取れる。変換は

$$\begin{bmatrix} y_1 \\ y_2 \end{bmatrix} = \begin{bmatrix} 1 & -1 \\ -1 & 1 \end{bmatrix} \begin{bmatrix} x_1 \\ x_2 \end{bmatrix} = \begin{bmatrix} x_1 - x_2 \\ -x_1 + x_2 \end{bmatrix}$$

となり、直線 $x_2 = x_1 + a$ 上の点はすべて点 $(-a, a)$ 上に、特に直線 $x_1 = x_2$ 上の点はすべて原点に写されることになる。

　前講の最後に行列の逆数に相当する行列を掃き出し法で求めた。これは線形変換では逆変換に当たるのではないか？　また上記の行列式が 0 で、ある直線上の点がすべて同じ点に写されるような場合には逆変換は存在しなさそうだが、それと行列式が 0 とは繋がっているのではないか？

　ここらで課題となっていた行列の逆数にあたる行列について調べてみよう。

【5.3】 逆行列

[5.3.1] 行列式の性質 II：余因子展開と積の行列式

　行列の逆数にあたる逆行列を求める上でまず必要となる行列式の性質をみてみよう。3 次を例として行列式に対し以下のことを考えてみる。

$D(\boldsymbol{a}_1, \boldsymbol{a}_2, \boldsymbol{a}_3)$ は $\boldsymbol{a}_1 = \sum\limits_{i=1}^{3} a_{i1} \boldsymbol{e}_i$ より

$$D(\boldsymbol{a}_1, \boldsymbol{a}_2, \boldsymbol{a}_3) = a_{11} D(\boldsymbol{e}_1, \boldsymbol{a}_2, \boldsymbol{a}_3) + a_{21} D(\boldsymbol{e}_2, \boldsymbol{a}_2, \boldsymbol{a}_3) + a_{31} D(\boldsymbol{e}_3, \boldsymbol{a}_2, \boldsymbol{a}_3)$$

として 1 列目で展開できる。行列式の表記では

$$\begin{vmatrix} a_{11} & a_{12} & a_{13} \\ a_{21} & a_{22} & a_{23} \\ a_{31} & a_{32} & a_{33} \end{vmatrix} = a_{11} \begin{vmatrix} 1 & a_{12} & a_{13} \\ 0 & a_{22} & a_{23} \\ 0 & a_{32} & a_{33} \end{vmatrix} + a_{21} \begin{vmatrix} 0 & a_{12} & a_{13} \\ 1 & a_{22} & a_{23} \\ 0 & a_{32} & a_{33} \end{vmatrix} + a_{31} \begin{vmatrix} 0 & a_{12} & a_{13} \\ 0 & a_{22} & a_{23} \\ 1 & a_{32} & a_{33} \end{vmatrix}$$

となるが、右辺第 1 項は行列式の次数下げ (4.18) 式を 3 次に適用すると、以下のようになる。

$$a_{11} \begin{vmatrix} 1 & a_{12} & a_{13} \\ 0 & a_{22} & a_{23} \\ 0 & a_{32} & a_{33} \end{vmatrix} = a_{11} \begin{vmatrix} a_{22} & a_{23} \\ a_{32} & a_{33} \end{vmatrix}$$

ここで第 2 項は 1 度、第 3 項は 2 度、行を入れ換えて 1 行目に持っていけば

$$\begin{vmatrix} a_{11} & a_{12} & a_{13} \\ a_{21} & a_{22} & a_{23} \\ a_{31} & a_{32} & a_{33} \end{vmatrix} = a_{11} \begin{vmatrix} 1 & a_{12} & a_{13} \\ 0 & a_{22} & a_{23} \\ 0 & a_{32} & a_{33} \end{vmatrix} - a_{21} \begin{vmatrix} 1 & a_{22} & a_{23} \\ 0 & a_{12} & a_{13} \\ 0 & a_{32} & a_{33} \end{vmatrix} + a_{31} \begin{vmatrix} 1 & a_{32} & a_{33} \\ 0 & a_{12} & a_{13} \\ 0 & a_{22} & a_{23} \end{vmatrix}$$

と書ける（入れ換え時の符号の反転に注意）ので、行列式の次数下げを同様に適用すると

$$(左辺) = a_{11} \begin{vmatrix} a_{22} & a_{23} \\ a_{32} & a_{33} \end{vmatrix} - a_{21} \begin{vmatrix} a_{12} & a_{13} \\ a_{32} & a_{33} \end{vmatrix} + a_{31} \begin{vmatrix} a_{12} & a_{13} \\ a_{22} & a_{23} \end{vmatrix}$$

と書けることになる。この 2 次の行列式の部分は、それぞれ以下のように

$$\begin{vmatrix} (a_{11}) & \cdots & \cdots \\ \vdots & a_{22} & a_{23} \\ \vdots & a_{32} & a_{33} \end{vmatrix}, \quad \begin{vmatrix} \vdots & a_{12} & a_{13} \\ (a_{21}) & \cdots & \cdots \\ \vdots & a_{32} & a_{33} \end{vmatrix}, \quad \begin{vmatrix} \vdots & a_{12} & a_{13} \\ \vdots & a_{22} & a_{23} \\ (a_{31}) & \cdots & \cdots \end{vmatrix}$$

a_{11}, a_{21}, a_{31} のそれぞれの行と列の成分を除いた残りを詰めた形になっていることがわかる。

このような成分 a_{ij} の行と列の成分を除いて詰めた行列を小行列、その行列式を小行列式といい M_{ij} と表すことが多い。上記の例ではそれぞれ M_{11}, M_{21}, M_{31} となる。

同様に、2 列目でも展開できる。$\boldsymbol{a}_2 = \sum_{i=1}^{3} a_{i2}\boldsymbol{e}_i$ より展開し行列式で表すと

$$D\left(\boldsymbol{a}_1, \boldsymbol{a}_2, \boldsymbol{a}_3\right) = a_{12}D(\boldsymbol{a}_1, \boldsymbol{e}_1, \boldsymbol{a}_3) + a_{22}D(\boldsymbol{a}_1, \boldsymbol{e}_2, \boldsymbol{a}_3) + a_{32}D(\boldsymbol{a}_1, \boldsymbol{e}_3, \boldsymbol{a}_3),$$

$$\begin{vmatrix} a_{11} & a_{12} & a_{13} \\ a_{21} & a_{22} & a_{23} \\ a_{31} & a_{32} & a_{33} \end{vmatrix} = a_{12} \begin{vmatrix} a_{11} & 1 & a_{13} \\ a_{21} & 0 & a_{23} \\ a_{31} & 0 & a_{33} \end{vmatrix} + a_{22} \begin{vmatrix} a_{11} & 0 & a_{13} \\ a_{21} & 1 & a_{23} \\ a_{31} & 0 & a_{33} \end{vmatrix} + a_{32} \begin{vmatrix} a_{11} & 0 & a_{13} \\ a_{21} & 0 & a_{23} \\ a_{31} & 1 & a_{33} \end{vmatrix}$$

となり、それぞれ 1 列目と入れ換えて

$$(左辺) = -a_{12} \begin{vmatrix} 1 & a_{11} & a_{13} \\ 0 & a_{21} & a_{23} \\ 0 & a_{31} & a_{33} \end{vmatrix} - a_{22} \begin{vmatrix} 0 & a_{11} & a_{13} \\ 1 & a_{21} & a_{23} \\ 0 & a_{31} & a_{33} \end{vmatrix} - a_{32} \begin{vmatrix} 0 & a_{11} & a_{13} \\ 0 & a_{21} & a_{23} \\ 1 & a_{31} & a_{33} \end{vmatrix}$$

さらに 1 列目のときと同様に第 2 項は 1 度の、第 3 項は 2 度の入れ換えで 1 行目に移して

$$（左辺）= -a_{12}\begin{vmatrix} 1 & a_{11} & a_{13} \\ 0 & a_{21} & a_{23} \\ 0 & a_{31} & a_{33} \end{vmatrix} + a_{22}\begin{vmatrix} 1 & a_{21} & a_{23} \\ 0 & a_{11} & a_{13} \\ 0 & a_{31} & a_{33} \end{vmatrix} - a_{32}\begin{vmatrix} 1 & a_{31} & a_{33} \\ 0 & a_{11} & a_{13} \\ 0 & a_{21} & a_{23} \end{vmatrix}$$

$$= -a_{12}\begin{vmatrix} a_{21} & a_{23} \\ a_{31} & a_{33} \end{vmatrix} + a_{22}\begin{vmatrix} a_{11} & a_{13} \\ a_{31} & a_{33} \end{vmatrix} - a_{32}\begin{vmatrix} a_{11} & a_{13} \\ a_{21} & a_{23} \end{vmatrix}$$

となる。この 2 次の行列式の部分も同様に以下のようにそれぞれ小行列式となる。

$$M_{12} : \begin{vmatrix} \cdots & (a_{12}) & \cdots \\ a_{21} & \vdots & a_{23} \\ a_{31} & \vdots & a_{33} \end{vmatrix}, \quad M_{22} : \begin{vmatrix} a_{11} & \vdots & a_{13} \\ \cdots & (a_{22}) & \cdots \\ a_{31} & \vdots & a_{33} \end{vmatrix}, \quad M_{32} : \begin{vmatrix} a_{11} & \vdots & a_{13} \\ a_{21} & \vdots & a_{23} \\ \cdots & (a_{32}) & \cdots \end{vmatrix}$$

また展開の際につく符号は、入れ換えの回数：$(i-1)+(j-1)=(i+j-2)$ 回より $(-1)^{i+j-2}=(-1)^{i+j}$ と書けることがわかる。

この入れ換えによる符号 $(-1)^{i+j}$ を小行列の行列式 M_{ij} に付けた $(-1)^{i+j}M_{ij}$ を成分 a_{ij} の **余因子**といい、$\tilde{a}_{ij}$（あるいは C_{ij}）と書かれることが多い。

同様に 3 列目の展開は

$$D(\boldsymbol{a}_1, \boldsymbol{a}_2, \boldsymbol{a}_3) = a_{13}D(\boldsymbol{a}_1, \boldsymbol{a}_2, \boldsymbol{e}_1) + a_{23}D(\boldsymbol{a}_1, \boldsymbol{a}_2, \boldsymbol{e}_2) + a_{33}D(\boldsymbol{a}_1, \boldsymbol{a}_2, \boldsymbol{e}_3),$$

$$\begin{vmatrix} a_{11} & a_{12} & a_{13} \\ a_{21} & a_{22} & a_{23} \\ a_{31} & a_{32} & a_{33} \end{vmatrix} = a_{13}\begin{vmatrix} a_{11} & a_{12} & 1 \\ a_{21} & a_{22} & 0 \\ a_{31} & a_{32} & 0 \end{vmatrix} + a_{23}\begin{vmatrix} a_{11} & a_{12} & 0 \\ a_{21} & a_{22} & 1 \\ a_{31} & a_{32} & 0 \end{vmatrix} + a_{33}\begin{vmatrix} a_{11} & a_{12} & 0 \\ a_{21} & a_{22} & 0 \\ a_{31} & a_{32} & 1 \end{vmatrix}$$

$$= (-1)^{1+3}a_{13}\begin{vmatrix} a_{21} & a_{22} \\ a_{31} & a_{32} \end{vmatrix} + (-1)^{2+3}a_{23}\begin{vmatrix} a_{11} & a_{12} \\ a_{31} & a_{32} \end{vmatrix} + (-1)^{3+3}a_{33}\begin{vmatrix} a_{11} & a_{12} \\ a_{21} & a_{22} \end{vmatrix}$$

となり、小行列式・余因子で表すと以下のように書ける。

$$\text{(左辺)} = (-1)^{1+3}a_{13}M_{13} + (-1)^{2+3}a_{23}M_{23} + (-1)^{3+3}a_{33}M_{33}$$
$$= a_{13}\widetilde{a}_{13} + a_{23}\widetilde{a}_{23} + a_{33}\widetilde{a}_{33}$$

もとの展開式と比較すれば、余因子 $\widetilde{a}_{ij}$ とは j 列目が標準基底の i 番目 $\boldsymbol{e}_i$ となる $D(\boldsymbol{a}_1, \boldsymbol{a}_2, \boldsymbol{a}_3)$ のことでもあり、同じことだが j 列目が標準基底の i 番目となる行列式のことでもある。

これまでの話はそのまま n 次へ拡張されることもわかる。このような展開を余因子展開という。

以下、前講 [4.3.3] 項 行列式の性質 I の続きとしてまとめる。

(xi) 列に対する余因子展開（j 列目による展開）

$$\begin{vmatrix} a_{11} & \cdots & a_{1n} \\ \vdots & \ddots & \vdots \\ a_{n1} & \cdots & a_{nn} \end{vmatrix} = \sum_{i=1}^{n} (-1)^{i+j}a_{ij}M_{ij} = \sum_{i=1}^{n} a_{ij}\widetilde{a}_{ij} \tag{5.5}$$

行列式は列に対して成り立つ性質は行に対しても成り立つ。余因子展開は以下のようになる。

(xii) 行に対する余因子展開（i 行目による展開）

$$\begin{vmatrix} a_{11} & \cdots & a_{1n} \\ \vdots & \ddots & \vdots \\ a_{n1} & \cdots & a_{nn} \end{vmatrix} = \sum_{j=1}^{n} (-1)^{i+j}a_{ij}M_{ij} = \sum_{j=1}^{n} a_{ij}\widetilde{a}_{ij} \tag{5.6}$$

同様に余因子 $\widetilde{a}_{ij}$ は i 行目が標準基底の j 番目となる行列式でもあることになる（次項も参照）。

(xiii) 正方行列 A, B の積の行列式は、それぞれの行列式の積

$$|AB| = |A|\,|B| \tag{5.7}$$

証明は前講の付録 1 を参照。

なお証明をたどれば $|A| = 0$ もしくは $|B| = 0$ のときも成り立つことに注意。

118 　【第 5 講】行列 II：線形変換

┌─ 積の行列式 ─────────────────────────

　　行列式の積になるわけだが、これは行列式すなわち「D 関数」が意味す
る「基底が張る n 次元体積（線形変換としてはその変化率）」を考えれば、
線形変換を続けて行うと、全体の変化率が各変換での変化率の積となるこ
とは当然の結果といえる。

─────────────────────────────────┘

[5.3.2] 逆行列の定義と余因子行列による表示

　前講の最後に考えた行列 A の逆数にあたる行列は $AX' = E$ を満たすもの
で、もしこれが $X'A = E$ でもあれば $A\boldsymbol{x} = \boldsymbol{b}$ の両辺に左から X' を掛けるこ
とで $\boldsymbol{x} = X'\boldsymbol{b}$ を得て実際に解を得た結果に結びつくのだった。また線形変換
$\boldsymbol{y} = A\boldsymbol{x}$ も同様に左から X' を掛けることで $\boldsymbol{x} = X'\boldsymbol{y}$ と書けることになり逆
変換となりそうだ。これらを踏まえ、逆行列を以下のように定義しよう。

●逆行列と正則行列の定義

　正方行列 A に対して行列 X が $AX = XA = E$ を満たすとき、X を A の逆
行列であるといい A^{-1} と表記する。逆行列を持つ行列を正則行列という。（定
義から A は A^{-1} の逆行列でもあることに注意。）

　3 次を例として、それぞれ $AX = E, YA = E$ を満たす X, Y を考えてみ
よう。
　まず以下の式を満たす行列 X を求める。

$$
AX = E, \quad
\begin{bmatrix} a_{11} & a_{12} & a_{13} \\ a_{21} & a_{22} & a_{23} \\ a_{31} & a_{32} & a_{33} \end{bmatrix}
\begin{bmatrix} x_{11} & x_{12} & x_{13} \\ x_{21} & x_{22} & x_{23} \\ x_{31} & x_{32} & x_{33} \end{bmatrix}
=
\begin{bmatrix} 1 & 0 & 0 \\ 0 & 1 & 0 \\ 0 & 0 & 1 \end{bmatrix}
$$

前講の最後にやったように、行列 A, X, E を列ベクトルが並んだものとみなし

$$
\boldsymbol{a}_1 = \begin{bmatrix} a_{11} \\ a_{21} \\ a_{31} \end{bmatrix}, \qquad
\boldsymbol{a}_2 = \begin{bmatrix} a_{12} \\ a_{22} \\ a_{32} \end{bmatrix}, \qquad
\boldsymbol{a}_3 = \begin{bmatrix} a_{13} \\ a_{23} \\ a_{33} \end{bmatrix},
$$

$$x_1 = \begin{bmatrix} x_{11} \\ x_{21} \\ x_{31} \end{bmatrix}, \qquad x_2 = \begin{bmatrix} x_{12} \\ x_{22} \\ x_{32} \end{bmatrix}, \qquad x_3 = \begin{bmatrix} x_{13} \\ x_{23} \\ x_{33} \end{bmatrix},$$

$$e_1 = \begin{bmatrix} 1 \\ 0 \\ 0 \end{bmatrix}, \qquad e_2 = \begin{bmatrix} 0 \\ 1 \\ 0 \end{bmatrix}, \qquad e_3 = \begin{bmatrix} 0 \\ 0 \\ 1 \end{bmatrix}$$

を導入すれば、以下の 3 つの連立一次方程式となり

$$A x_1 = e_1, \qquad A x_2 = e_2, \qquad A x_3 = e_3$$

さらにそれぞれを前講 [4.2.4] 項でやったように列ベクトル a_1, a_2, a_3 の線形結合の形に書き直すと

$$x_{11} a_1 + x_{21} a_2 + x_{31} a_3 = e_1,$$
$$x_{12} a_1 + x_{22} a_2 + x_{32} a_3 = e_2,$$
$$x_{13} a_1 + x_{23} a_2 + x_{33} a_3 = e_3$$

と書けて、これを一つにまとめると以下の式になる。

$$x_{1j} a_1 + x_{2j} a_2 + x_{3j} a_3 = e_j$$

クラメルの法則でみたように、これを $D(a_1, a_2, a_3)$ の a_1, a_2, a_3 にそれぞれ代入すれば

$$D(e_j, a_2, a_3) = x_{1j} D(a_1, a_2, a_3) = x_{1j} |A|,$$
$$D(a_1, e_j, a_3) = x_{2j} D(a_1, a_2, a_3) = x_{2j} |A|,$$
$$D(a_1, a_2, e_j) = x_{3j} D(a_1, a_2, a_3) = x_{3j} |A|$$

とそれぞれ x_{1j}, x_{2j}, x_{3j} の項が残る。一方左辺は前項でみたように

$$D(e_j, a_2, a_3) = \tilde{a}_{j1}, \qquad D(a_1, e_j, a_3) = \tilde{a}_{j2}, \qquad D(a_1, a_2, e_j) = \tilde{a}_{j3}$$

として余因子となり、結果 $\tilde{a}_{ji} = x_{ij} |A|$ と書ける。添字の順番が両辺で逆になっていることに注意。

　ここで余因子を成分とする行列の<u>転置行列</u>として以下のように<u>余因子行列</u>を

120 【第 5 講】行列 II：線形変換

定義する：$\widetilde{A} \equiv \begin{bmatrix} \widetilde{a}_{11} & \widetilde{a}_{21} & \widetilde{a}_{31} \\ \widetilde{a}_{12} & \widetilde{a}_{22} & \widetilde{a}_{32} \\ \widetilde{a}_{13} & \widetilde{a}_{23} & \widetilde{a}_{33} \end{bmatrix}$。（転置しないものを余因子行列と定義する場合もあるので注意。） 余因子行列 $\widetilde{A}$ を用いて、行列 A の行列式 $|A| \neq 0$ のとき $X = \dfrac{1}{|A|} \widetilde{A}$ と求まる。

次に以下の式を満たす行列 Y を求める（$AX = E$ のときとほぼ同様となる）。

$$YA = E, \quad \begin{bmatrix} y_{11} & y_{12} & y_{13} \\ y_{21} & y_{22} & y_{23} \\ y_{31} & y_{32} & y_{33} \end{bmatrix} \begin{bmatrix} a_{11} & a_{12} & a_{13} \\ a_{21} & a_{22} & a_{23} \\ a_{31} & a_{32} & a_{33} \end{bmatrix} = \begin{bmatrix} 1 & 0 & 0 \\ 0 & 1 & 0 \\ 0 & 0 & 1 \end{bmatrix}$$

行列 Y, A, E を行ベクトルが並んだものとみなし

$$\boldsymbol{y}_1^\top = [y_{11}\ y_{12}\ y_{13}], \qquad \boldsymbol{y}_2^\top = [y_{21}\ y_{22}\ y_{23}], \qquad \boldsymbol{y}_3^\top = [y_{31}\ y_{32}\ y_{33}]$$
$$\boldsymbol{a}_1^\top = [a_{11}\ a_{12}\ a_{13}], \qquad \boldsymbol{a}_2^\top = [a_{21}\ a_{22}\ a_{23}], \qquad \boldsymbol{a}_3^\top = [a_{31}\ a_{32}\ a_{33}]$$
$$\boldsymbol{e}_1^\top = [1\ 0\ 0], \qquad\qquad\ \boldsymbol{e}_2^\top = [0\ 1\ 0], \qquad\qquad\ \boldsymbol{e}_3^\top = [0\ 0\ 1]$$

を導入すれば、以下の 3 つの連立一次方程式となり

$$\boldsymbol{y}_1^\top A = \boldsymbol{e}_1^\top, \qquad \boldsymbol{y}_2^\top A = \boldsymbol{e}_2^\top, \qquad \boldsymbol{y}_3^\top A = \boldsymbol{e}_3^\top$$

それぞれを行ベクトル $\boldsymbol{a}_1^\top, \boldsymbol{a}_2^\top, \boldsymbol{a}_3^\top$ の線形結合の形に書き直すと

$$y_{11}[a_{11}\ a_{12}\ a_{13}] + y_{12}[a_{21}\ a_{22}\ a_{23}] + y_{13}[a_{31}\ a_{32}\ a_{33}] = [1\ 0\ 0],$$
$$y_{11}\boldsymbol{a}_1^\top + y_{12}\boldsymbol{a}_2^\top + y_{13}\boldsymbol{a}_3^\top = \boldsymbol{e}_1^\top,$$
$$y_{21}[a_{11}\ a_{12}\ a_{13}] + y_{22}[a_{21}\ a_{22}\ a_{23}] + y_{23}[a_{31}\ a_{32}\ a_{33}] = [0\ 1\ 0],$$
$$y_{21}\boldsymbol{a}_1^\top + y_{22}\boldsymbol{a}_2^\top + y_{23}\boldsymbol{a}_3^\top = \boldsymbol{e}_2^\top,$$
$$y_{31}[a_{11}\ a_{12}\ a_{13}] + y_{32}[a_{21}\ a_{22}\ a_{23}] + y_{33}[a_{31}\ a_{32}\ a_{33}] = [0\ 0\ 1],$$
$$y_{31}\boldsymbol{a}_1^\top + y_{32}\boldsymbol{a}_2^\top + y_{33}\boldsymbol{a}_3^\top = \boldsymbol{e}_3^\top$$

と書けて、これを一つにまとめると以下の式になる。

$$y_{i1}\boldsymbol{a}_1^\top + y_{i2}\boldsymbol{a}_2^\top + y_{i3}\boldsymbol{a}_3^\top = \boldsymbol{e}_i^\top$$

これを $D(\boldsymbol{a}_1^\top, \boldsymbol{a}_2^\top, \boldsymbol{a}_3^\top)$ の $\boldsymbol{a}_1^\top, \boldsymbol{a}_2^\top, \boldsymbol{a}_3^\top$ にそれぞれ代入すれば[*2]、それぞれ y_{i1}, y_{i2}, y_{i3} の項が残り

$$D(\boldsymbol{e}_i^\top, \boldsymbol{a}_2^\top, \boldsymbol{a}_3^\top) = y_{i1} D(\boldsymbol{a}_1^\top, \boldsymbol{a}_2^\top, \boldsymbol{a}_3^\top) = y_{i1}\,|A|,$$
$$D(\boldsymbol{a}_1^\top, \boldsymbol{e}_i^\top, \boldsymbol{a}_3^\top) = y_{i2} D(\boldsymbol{a}_1^\top, \boldsymbol{a}_2^\top, \boldsymbol{a}_3^\top) = y_{i2}\,|A|,$$
$$D(\boldsymbol{a}_1^\top, \boldsymbol{a}_2^\top, \boldsymbol{e}_i^\top) = y_{i3} D(\boldsymbol{a}_1^\top, \boldsymbol{a}_2^\top, \boldsymbol{a}_3^\top) = y_{i3}\,|A|$$

となる。また左辺を行列式で表せば、例として以下のようになり余因子となることがわかる。

$$D(\boldsymbol{e}_3^\top, \boldsymbol{a}_2^\top, \boldsymbol{a}_3^\top) = \begin{vmatrix} 0 & 0 & 1 \\ a_{21} & a_{22} & a_{23} \\ a_{31} & a_{32} & a_{33} \end{vmatrix} = \widetilde{a}_{13}, \qquad D\left(\boldsymbol{e}_i^\top, \boldsymbol{a}_2^\top, \boldsymbol{a}_3^\top\right) = \widetilde{a}_{1i}$$

$$D(\boldsymbol{a}_1^\top, \boldsymbol{e}_1^\top, \boldsymbol{a}_3^\top) = \begin{vmatrix} a_{11} & a_{12} & a_{13} \\ 1 & 0 & 0 \\ a_{31} & a_{32} & a_{33} \end{vmatrix} = \widetilde{a}_{21}, \qquad D\left(\boldsymbol{a}_1^\top, \boldsymbol{e}_i^\top, \boldsymbol{a}_3^\top\right) = \widetilde{a}_{2i}$$

$$D\left(\boldsymbol{a}_1^\top, \boldsymbol{a}_2^\top, \boldsymbol{e}_2^\top\right) = \begin{vmatrix} a_{11} & a_{12} & a_{13} \\ a_{21} & a_{22} & a_{23} \\ 0 & 1 & 0 \end{vmatrix} = \widetilde{a}_{32}, \qquad D\left(\boldsymbol{a}_1^\top, \boldsymbol{a}_2^\top, \boldsymbol{e}_i^\top\right) = \widetilde{a}_{3i}$$

左辺を余因子として結果 $\widetilde{a}_{ji} = y_{ij}\,|A|$ と書ける。添字の順番が両辺で逆になっていることに注意。余因子行列を用いて、行列 A の行列式 $|A| \neq 0$ のとき $Y = \dfrac{1}{|A|} \widetilde{A}$ と求まる。

3 次を例とした以上の議論は、より高次にもまったく同様に適用され n 次の正方行列 A に対し $AX = E, YA = E$ を満たす X, Y は、$|A| \neq 0$ のとき $X = Y = \dfrac{1}{|A|} \widetilde{A}$ となり逆行列の定義を満たす。

[*2] $D(\boldsymbol{a}, \boldsymbol{b}, \boldsymbol{c})$ のベクトルは列ベクトルと限られているわけではなく、行ベクトルとみなしても良い。そもそも $D(\boldsymbol{a}, \boldsymbol{b}, \boldsymbol{c})$ 自体には行や列の概念はなく、列をベクトルとみなして定義した場合の行も、列と同じ性質を持つ（逆もしかり）という関係にあること（第 4 講の付録 1 を参照）に注意。

122 【第 5 講】行列 II：線形変換

$$A^{-1} = \frac{1}{|A|}\widetilde{A} \qquad (|A| \neq 0) \tag{5.8}$$

これは逆行列の余因子行列による表示となる。次項でこの逆行列の性質を調べよう。

[5.3.3] 正則行列／逆行列の性質

●性質 5.1

(i) 逆行列は一意（正則な行列がもつ逆行列は一意に定まる）。

(ii) （正則行列の）逆行列の行列式は行列式の逆数となる。

$$|A^{-1}| = \frac{1}{|A|} \tag{5.9}$$

(iii) 正則行列の積も正則で、積の逆行列は逆行列の逆順の積。

$$(AB)^{-1} = B^{-1}A^{-1} \tag{5.10}$$

(iv) 正方行列 A に対し $AX = E$ <u>または</u> $XA = E \Rightarrow X = A^{-1}$。

【証明】

(i) $AX = XA = E, AY = YA = E$ を満たす任意の X, Y に対し $AY = E$ の両辺に左から X を掛けると $XAY = X$ となるが $XA = E$ より $EY = X$。したがって $Y = X$ がいえて、題意は示された。

(ii) $A^{-1}A = E$ の両辺の行列式は $1 = |E| = |A^{-1}A| = |A^{-1}||A|$。よって、$|A^{-1}| = \dfrac{1}{|A|}$。

(iii) AB に $B^{-1}A^{-1}$ を掛ける。

$$左側から：(B^{-1}A^{-1})AB = B^{-1}(A^{-1}A)B = B^{-1}B = E$$
$$右側から：AB(B^{-1}A^{-1}) = A(BB^{-1})A^{-1} = AA^{-1} = E$$

となり、題意を満たす。

(iv) $AX = E$ の場合は、両辺の行列式を求めると、$1 = |E| = |AX| = |A||X|$ となり $|A| \neq 0$ がいえて、$A^{-1}A = AA^{-1} = E$ となる $A^{-1} = \dfrac{1}{|A|}\widetilde{A}$ が

求まる。$AX = E$ の両辺に左側から A^{-1} を掛けると、$A^{-1}AX = A^{-1}$。よって $X = A^{-1}$ となる。$XA = E$ の場合も同様。よって題意は示された。 ■

・性質 (i) により、$Ax = b$ に対し $|A| \neq 0$ のとき $x = A^{-1}b$ として得る解の一意性がいえる。

・性質 (iv) により、前講の最後に掃き出し法で求めた方法でも逆行列が求まることがわかった。

●**性質 5.2**： n 次正方行列 A に対して以下の条件はすべて同値となる。

 (i) A は正則行列である。

 (ii) 行列式 $|A| \neq 0$。

(iii) $Ax = 0$ が自明な解のみをもつ。

(iv) A を列ベクトルの組とみなしたとき、その組は線形独立である。

 (iv′) A を行ベクトルの組とみなしたとき、その組は線形独立である。

 (v) $\mathrm{rank}(A) = n$。

【証明】

 • (i) $\Rightarrow$ (ii)：$A^{-1}A = E$ の両辺の行列式 $1 = |E| = |A^{-1}A| = |A^{-1}||A|$ より $|A| \neq 0$ がいえる。

 • (ii) $\Rightarrow$ (iii)：$|A| \neq 0$ より A^{-1} となる $\dfrac{1}{|A|}\widetilde{A}$ が求まり $Ax = 0$ の両辺に左から掛け　意な解 $x = 0$ を得る。

 • (iii) $\Rightarrow$ (iv)：A を列ベクトルの組 $[a_1 \cdots a_n]$ とみなすと $Ax = 0$ は $x_1 a_1 + \cdots + x_n a_n = 0$ と書けるが、自明な解のみなので $x_1 = \cdots = x_n = 0$ のみとなり、列ベクトルの組 $a_1, \cdots, a_n$ は線形独立となる。

 • (iv) $\Rightarrow$ (v)：前講 [4.2.4] 項の考察でみたように行基本変形は線形結合関係を保ち、簡約行列となっても列は線形独立なままとなる。このとき行 0 ベクトルが生じると、掃き出せない列が生じてその列は主成分をもつ他の列ベクト

124　【第 5 講】行列 II：線形変換

ルの組の線形結合で表されることになり線形従属となって矛盾する。よって行
0 ベクトルは生じず、結果主成分は n 個存在することになり rank(A) は n と
なる。

　● (v) ⇒ (i)：rank が n なので 行列 A に対して掃き出し法で $AX = E$ を
満たす X が求まり、性質 5.1 (iv) より X は逆行列 A^{-1} であることがいえ A
は正則行列といえる。

　以上により、(i), (ii), (iii), (iv), (v) はすべて同値であることが示された[*3]。

　最後に (ii) ⇔ (iv′) を示す。
　(ii) ⇔ (iii) と $|A^\top| = |A|$ より「(iii′) $A^\top \boldsymbol{x} = \boldsymbol{0}$ または $\boldsymbol{x}^\top A = \boldsymbol{0}^\top$ が自明な
解のみをもつ」に対し (ii) ⇔ (iii′) となり、また (iii) ⇒ (iv) と同様に (iii′) ⇒
(iv′) がいえ、逆にたどれば (iv′) ⇒ (iii′) もいえるので (iii′) ⇔ (iv′) がいえる。
よって (ii) ⇔ (iv′) が成り立つ。
　以上により題意は示された。　　　　　　　　　　　　　　　　　　■

・上記において (iv) ⇔ (ii) より前講 [4.3.3] 項の行列式の性質 I (vi′) が示され
た。
・(iv), (iv′) ⇔ (ii), (v) より [4.2.4] 項で考察した係数行列の行・列ベクトルが
線形独立であることと行列式が非零であることとの同値性、また求まる解の一
意性も示された。

　蛇足ながらクラメルの法則で解いた解と逆行列を用いて解いた解との関係を
確認しておこう。
　3 次を例として連立一次方程式 $\sum\limits_{j=1}^{3} a_{ij}x_j = b_i$ または $x_1\boldsymbol{a}_1 + x_2\boldsymbol{a}_2 + x_3\boldsymbol{a}_3 = \boldsymbol{b}$
において、$D(\boldsymbol{b}, \boldsymbol{a}_2, \boldsymbol{a}_3) = x_1 |A|, D(\boldsymbol{a}_1, \boldsymbol{b}, \boldsymbol{a}_3) = x_2 |A|, D(\boldsymbol{a}_1, \boldsymbol{a}_2, \boldsymbol{b}) = x_3 |A|$
の各左辺を $D\left(\sum\limits_{j=1}^{3} b_j\boldsymbol{e}_j, \boldsymbol{a}_2, \boldsymbol{a}_3\right) = \sum\limits_{j=1}^{3} b_j D(\boldsymbol{e}_j, \boldsymbol{a}_2, \boldsymbol{a}_3) = \sum\limits_{j=1}^{3} b_j \tilde{a}_{j1}$ のように余

[*3]　(ii)⇒(iii)⇒(iv)⇒(v)⇒(i) より (ii)⇒(i) がいえて (i)⇒(ii) でもあるので (i) と (ii) は同値。同様
に (iii)⇒(ii) がいえて (ii)⇒(iii) でもあるので (ii) と (iii) も同値となり、さらに同様にして (iii) と
(iv)、(iv) と (v) の同値もいえるので (i), (ii), (iii), (iv), (v) はすべて同値となる。

因子で表すことでまとめて $\sum_{j=1}^{3} b_j \tilde{a}_{ji} = x_i |A|$ と書け、これは $|A| \neq 0$ のとき $x_i = \dfrac{1}{|A|} \sum_{j=1}^{3} \tilde{a}_{ij}^{\top} b_j$ あるいは $\boldsymbol{x} = A^{-1} \boldsymbol{b}$ と逆行列を用いた解となる。

線形変換 $\boldsymbol{y} = A\boldsymbol{x}$ において、行列 A が正則である場合すなわち $|A| \neq 0$ のときは逆行列 A^{-1} を両辺の左側から掛けることにより $\boldsymbol{x} = A^{-1}\boldsymbol{y}$ なる逆変換が求まることがわかった。さらに詳しいことは【5.5】節で述べるとして、次節では重要な線形変換である回転を表す行列を調べよう。

【5.4】 直交行列

[5.4.1] 転置行列の性質

直交行列を議論する前に関係の深い転置行列の性質を簡単にみておこう。

●性質 5.3：転置行列の性質

(i) 積の転置行列は転置行列の逆順の積。

$$(AB)^{\top} = B^{\top} A^{\top} \tag{5.11}$$

(ii) 正則行列の転置行列の逆行列は逆行列の転置行列。

$$\left(A^{\top}\right)^{-1} = \left(A^{-1}\right)^{\top} \tag{5.12}$$

【証明】 (i) $(AB)^{\top}_{ij} = (AB)_{ji} = \sum_{k} a_{jk} b_{ki} = \sum_{k} b_{ik}^{\top} a_{kj}^{\top} = (B^{\top} A^{\top})_{ij}$ よって $(AB)^{\top} = B^{\top} A^{\top}$。

(ii) $A^{-1}A = AA^{-1} = E$ の両辺の転置をとると $E = E^{\top} = (A^{-1}A)^{\top} = A^{\top}(A^{-1})^{\top}$、また $E = E^{\top} = (AA^{-1})^{\top} = (A^{-1})^{\top} A^{\top}$ となり、これは $(A^{-1})^{\top}$ が $A^{\top}$ の逆行列となることを示している。 ■

●内積の表示

列ベクトル $\boldsymbol{x} = \begin{bmatrix} x_1 \\ \vdots \\ x_n \end{bmatrix}$, $\boldsymbol{y} = \begin{bmatrix} y_1 \\ \vdots \\ y_n \end{bmatrix}$ の標準内積を以下のように定義する。

$$\boldsymbol{x} \cdot \boldsymbol{y} \equiv \boldsymbol{x}^\top \boldsymbol{y} = \begin{bmatrix} x_1 & \cdots & x_n \end{bmatrix} \begin{bmatrix} y_1 \\ \vdots \\ y_n \end{bmatrix} = x_1 y_1 + \cdots + x_n y_n$$

[5.4.2] 直交行列の定義と性質

●直交行列の定義

$R^\top R = RR^\top = E$ を満たす正方行列 R を直交行列という。

●性質 5.4：直交行列 R の性質

(i) 直交行列は正則行列であり、R の逆行列は $R^\top$。

(ii) 行列式 $|R| = \pm 1$。

(iii) R_1, R_2 が直交行列のとき、その積 $R_1 R_2$ もまた直交行列となる。

(iv) 正方行列 R において $R^\top R = E$ <u>または</u> $RR^\top = E$ $\Rightarrow$ R は直交行列となる。

【証明】

(i) 定義より明らか。

(ii) $R^\top R = E$ の両辺の行列式を求めると、$|R^\top| = |R|, |E| = 1$ より $|R|^2 = 1$。よって $|R| = \pm 1$。

(iii)

$$(R_1 R_2)^\top (R_1 R_2) = R_2^\top R_1^\top R_1 R_2 = R_2^\top R_2 = E,$$
$$(R_1 R_2)(R_1 R_2)^\top = R_1 R_2 R_2^\top R_1^\top = R_1 R_1^\top = E$$

(iv) 性質 5.1 (iv) から $R^\top R = E$ のとき $R^\top = R^{-1}$ がいえ $RR^\top = E$ も成り立つので R は直交行列といえる。$RR^\top = E$ のときも同様。よって題意は示された。　　　　■

●性質 5.5：n 次正方行列 R に対して以下の条件はすべて同値となる。

【5.4】直交行列　　127

(i) R は直交行列である。

(ii) R による線形変換が内積を不変に保つ。

$$(\forall \boldsymbol{x}, \boldsymbol{y} \in \mathbb{R}^n, \, (R\boldsymbol{x}) \cdot (R\boldsymbol{y}) = \boldsymbol{x} \cdot \boldsymbol{y}.)$$

(iii) R による線形変換がノルムを不変に保つ。($\forall \boldsymbol{x} \in \mathbb{R}^n, \|R\boldsymbol{x}\| = \|\boldsymbol{x}\|$.)

(iv) R を列ベクトルの組とみなしたとき、その組は正規直交基底をなす。

(iv′) R を行ベクトルの組とみなしたとき、その組は正規直交基底をなす。

【証明】

- (i) $\Rightarrow$ (ii)：$(R\boldsymbol{x}) \cdot (R\boldsymbol{y}) = (R\boldsymbol{x})^\top (R\boldsymbol{y}) = (\boldsymbol{x}^\top R^\top)(R\boldsymbol{y}) = \boldsymbol{x}^\top (R^\top R)\boldsymbol{y} = \boldsymbol{x}^\top \boldsymbol{y} = \boldsymbol{x} \cdot \boldsymbol{y}$。よって内積は不変となる。

- (ii) $\Rightarrow$ (iii)：$(R\boldsymbol{x}) \cdot (R\boldsymbol{y}) = \boldsymbol{x} \cdot \boldsymbol{y}$ において、$\boldsymbol{y} = \boldsymbol{x}$ とすると $\|R\boldsymbol{x}\|^2 = \|\boldsymbol{x}\|^2$。よってノルムは不変となる。

- (iii) $\Rightarrow$ (iv)：$R = [\boldsymbol{r}_1 \cdots \boldsymbol{r}_n]$ のとき、標準基底 $\boldsymbol{e}_i$ に対して $R\boldsymbol{e}_i = \boldsymbol{r}_i$ より $\|\boldsymbol{r}_i\| = \|R\boldsymbol{e}_i\| = \|\boldsymbol{e}_i\| = 1$ がいえる。また $R(\boldsymbol{e}_i + \boldsymbol{e}_j) = \boldsymbol{r}_i + \boldsymbol{r}_j$ より $i \neq j$ のとき $\|\boldsymbol{r}_i + \boldsymbol{r}_j\| = \|R(\boldsymbol{e}_i + \boldsymbol{e}_j)\| = \|\boldsymbol{e}_i + \boldsymbol{e}_j\| = \sqrt{2}$ となり、両辺を 2 乗して $\|\boldsymbol{r}_i\|^2 + \|\boldsymbol{r}_j\|^2 + 2\boldsymbol{r}_i \cdot \boldsymbol{r}_j = 2$ より $\boldsymbol{r}_i \cdot \boldsymbol{r}_j = 0$ がいえる。よって $\boldsymbol{r}_i \cdot \boldsymbol{r}_j = \delta_{ij}$ を得る。

- (iv) $\Rightarrow$ (i)：

$$
\begin{aligned}
R^\top R &= \begin{bmatrix} \boldsymbol{r}_1^\top \\ \vdots \\ \boldsymbol{r}_n^\top \end{bmatrix} [\boldsymbol{r}_1 \cdots \boldsymbol{r}_n] = \begin{bmatrix} \boldsymbol{r}_1^\top \boldsymbol{r}_1 & \cdots & \boldsymbol{r}_1^\top \boldsymbol{r}_n \\ \vdots & \ddots & \vdots \\ \boldsymbol{r}_n^\top \boldsymbol{r}_1 & \cdots & \boldsymbol{r}_n^\top \boldsymbol{r}_n \end{bmatrix} \\
&= \begin{bmatrix} \boldsymbol{r}_1 \cdot \boldsymbol{r}_1 & \cdots & \boldsymbol{r}_1 \cdot \boldsymbol{r}_n \\ \vdots & \ddots & \vdots \\ \boldsymbol{r}_n \cdot \boldsymbol{r}_1 & \cdots & \boldsymbol{r}_n \cdot \boldsymbol{r}_n \end{bmatrix} = E
\end{aligned}
$$

がいえて、性質 5.4 (iv) より R は直交行列となる。

- (i) $\Leftrightarrow$ (iv′)：(R の i 行目の行ベクトルをここでは $\check{\boldsymbol{r}}_i$ と書くことにする)

$$RR^\top = \begin{bmatrix} \breve{r}_1 \\ \vdots \\ \breve{r}_n \end{bmatrix} \begin{bmatrix} \breve{r}_1^\top \cdots \breve{r}_n^\top \end{bmatrix} = \begin{bmatrix} \breve{r}_1 \breve{r}_1^\top & \cdots & \breve{r}_1 \breve{r}_n^\top \\ \vdots & \ddots & \vdots \\ \breve{r}_n \breve{r}_1^\top & \cdots & \breve{r}_n \breve{r}_n^\top \end{bmatrix}$$

$$= \begin{bmatrix} \breve{r}_1 \cdot \breve{r}_1 & \cdots & \breve{r}_1 \cdot \breve{r}_n \\ \vdots & \ddots & \vdots \\ \breve{r}_n \cdot \breve{r}_1 & \cdots & \breve{r}_n \cdot \breve{r}_n \end{bmatrix}$$

よって、(性質 5.4 (iv) より) R は直交行列であることと行ベクトルの組が正規直交基底になることとは同値となる。

以上により (i), (ii), (iii), (iv), (iv′) は同値であることが示された。 ■

直交行列による変換（**直交変換**）は 性質 5.5 (ii), (iii) よりベクトルのノルム・内積が不変な（大きさ・角度を保つ）変換となる。このような変換を**等長変換**という（正確には原点を原点に写す等長変換）。

例として 2 次の直交行列で見てみよう（3 次は第 7 講にて詳しくみる）。任意の正規直交基底を e_1', e_2' とし、これを列ベクトルとする行列 $\begin{bmatrix} e_1' & e_2' \end{bmatrix}$ は性質 5.5 (iv) より直交行列となる。標準基底を e_1, e_2 とし、図 5.3 のように e_1, e_1' のなす角を θ とすると、$e_1' = \begin{bmatrix} \cos\theta \\ \sin\theta \end{bmatrix}$ となる。e_2' は e_1' と直交するが、向き付けにより 2 通りとることができる。

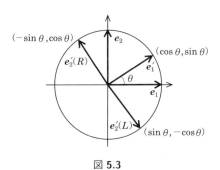

図 **5.3**

図 5.3 の $e_2'(R) = \begin{bmatrix} -\sin\theta \\ \cos\theta \end{bmatrix}$ は e_1' とともに右手系の座標系を張り、直交行列

は $\begin{bmatrix} \cos\theta & -\sin\theta \\ \sin\theta & \cos\theta \end{bmatrix}$ となり 2 次元の回転を表し、行列式は $+1$ となる。$e_2'(L) =$

$\begin{bmatrix} \sin\theta \\ -\cos\theta \end{bmatrix}$ は e_1' とともに左手系の座標系を張り、直交行列は $\begin{bmatrix} \cos\theta & \sin\theta \\ \sin\theta & -\cos\theta \end{bmatrix}$

となる。これは e_1 を軸とした反射を表す直交行列 $\begin{bmatrix} 1 & 0 \\ 0 & -1 \end{bmatrix}$ と回転を表す直交

行列との積：$\begin{bmatrix} \cos\theta & -\sin\theta \\ \sin\theta & \cos\theta \end{bmatrix} \begin{bmatrix} 1 & 0 \\ 0 & -1 \end{bmatrix}$ と解釈でき、2 次元の**鏡映**：座標軸反射

と回転の合成を表すこととなり、行列式は -1 となる。

なお $\theta = \dfrac{\pi}{2}$ の回転に相当する $\begin{bmatrix} 0 & -1 \\ 1 & 0 \end{bmatrix}$ に関する面白い話があるので付録 2

で紹介する。

より高次でも、行列式が $+1$ のとき直交行列は向き付けを変えない等長変換すなわち回転を表し、これを**回転行列**という。n 次の直交行列の条件式 $R^\top R = E$ の独立な式は $n + \dfrac{n^2 - n}{2}$ 個であり、直交行列の独立な成分の個数、すなわち回転の自由度は n^2 からこれを引いて $\dfrac{1}{2}n(n-1)$ となる。（反射等の変換は連続したパラメータを持たず、これを除いても変換の自由度は変わらない。）

【5.5】 線形変換の行列による表示

[5.5.1] この節のねらい

ベクトルは本来基底の取り方にはよらない概念であるが、以下にみるように $n \times 1$ 行列である列ベクトルはある基底（通常は標準基底）に対する成分としての表示であり、それ自体は基底に依存する表示であることに注意を要する。実は行列も同様であり、ここで改めて任意の基底に対する表示として定式化する。最初は「抽象的だ」「回りくどい」と思うかもしれないが、基底の変換や合成変換など、基底が絡む混乱しがちな話を理解しやすくなり、話が進むにつれその

意義がわかってくると思う。

[5.5.2] 必要な諸定義

●写像（関数の概念の一般化）

ある集合のすべての元それぞれをある集合の一意な元に対応させる規則のことを写像 (mapping) という。集合 U の元を集合 V の元に写す写像を f とする（図 5.4 (a)）。これを $f: U \to V$ と書き、また特に元 $x \in U$ が $f(x) \in V$ に写されることを $f: x \mapsto f(x)$ とも書く。

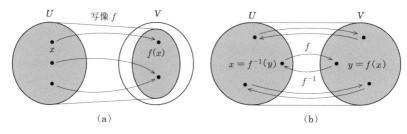

図 5.4

関数と同様に $f(x)$ は一意に定まり（つまり 1 対多の対応はダメ）任意の $x \in U$ に対して $f(x) \in V$ となること（つまり「定義域」は U 全体、「値域」は V の一部でも可）に注意。写像が 1 対 1 で「値域」が V 全体の場合（図 5.4 (b)）逆向きの写像が定まる。これを逆写像といい f^{-1} で表す。

●合成写像

写像 $f: U \ni x \mapsto y = f(x) \in V,\ g: V \ni y \mapsto z = g(y) \in W$ に対し（図 5.5 (a)）U から W への写像 $h: U \ni x \mapsto z \in W$ を $z = g(f(x))$ と定義し、これを $h = g \circ f$ と書いて f, g の合成写像という。

合成写像 $h = g \circ f$ の f, g がそれぞれ逆写像をもつとき（図 5.5 (b)）その合成は $h^{-1} = (g \circ f)^{-1} = f^{-1} \circ g^{-1}$ となることに注意。

●線形写像

ベクトル空間 $U \to V$ への写像 f（ベクトルをベクトルに写す写像）が $\forall \boldsymbol{x}, \boldsymbol{y} \in U,\ \forall k \in \mathbb{R}$ に対し

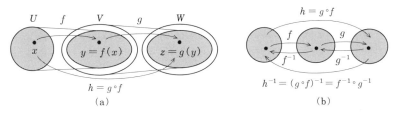

図 5.5

$$f(\bm{x}+\bm{y}) = f(\bm{x}) + f(\bm{y}), \qquad f(k\bm{x}) = kf(\bm{x}) \tag{5.13}$$

を満たすとき、この写像を<u>線形写像</u>という。定義より $f(\bm{x})$ もベクトルである。特にベクトル空間 U,V が同じベクトル空間である場合、この線形写像のことを<u>線形変換</u>ともいう。この線形写像（および線形変換）自体は、ベクトルと同様に<u>基底の取り方によらない概念</u>であることに注意。

[5.5.3] ベクトルの列ベクトルによる表示

任意のベクトルは、ある基底の線形結合として表すことができ、列ベクトルはこの係数の組を各成分として縦に並べて表したものであり、逆に列ベクトルの各成分による基底の線形結合の結果が元の（基底によらない）ベクトルとなると考えることができる。このことを定式化してみよう。

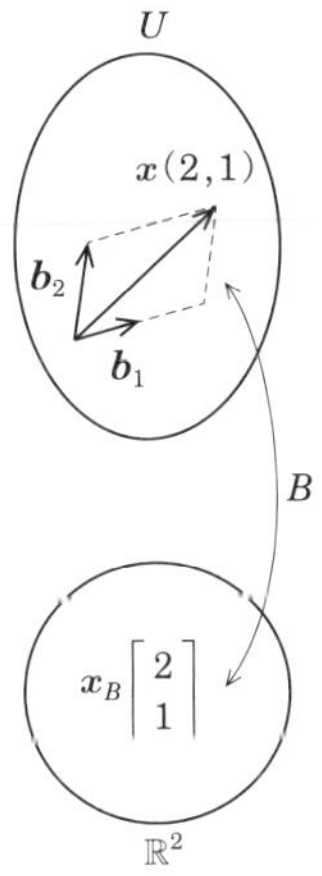

n 次元ベクトル空間 U の任意の元であるベクトル $\bm{x}$ が、U の任意の基底 $B = \{\bm{b}_i\}$（$\bm{b}_i$ の集合）の線形結合として $\bm{x} = \sum_{i=1}^{n} \bm{b}_i x_i^B$ と表されているとき[*4]、この係数 x_i^B を用いてベクトル $\bm{x}$ の基底 $\{\bm{b}_i\}$ に対する列ベクトル表示 $\bm{x}_B = \begin{bmatrix} x_1^B \\ \vdots \\ x_n^B \end{bmatrix} \in \mathbb{R}^n$ を得る（例：図 5.6）。

図 5.6

[*4] 線形結合の係数である成分を基底であるベクトルの右に書くのには理由があり、すぐあとでわかる。

132　【第 5 講】行列 II：線形変換

　逆に基底 $\{\boldsymbol{b}_i\}$ の各ベクトルを各成分にもつ「行ベクトル」$(\boldsymbol{b}_1 \cdots \boldsymbol{b}_n)$ と列ベクトル $\boldsymbol{x}_B$ との積として以下のように基底の線形結合としてのベクトル $\boldsymbol{x}$ を得る。

$$(\boldsymbol{b}_1 \cdots \boldsymbol{b}_n)\boldsymbol{x}_B = (\boldsymbol{b}_1 \cdots \boldsymbol{b}_n)\begin{bmatrix} x_1^B \\ \vdots \\ x_n^B \end{bmatrix} = \sum_{i=1}^{n} \boldsymbol{b}_i x_i^B = \boldsymbol{x} \in U \qquad (5.14)$$

（ここで x_i^B の右肩および $\boldsymbol{x}_B$ の右下の B は基底 B に対する表示を示し、また「U 上のベクトルを成分に持つ行ベクトル」として丸括弧を用いている[*5]。）

　以上により列ベクトル $\boldsymbol{x}_B$ は U 上のベクトル $\boldsymbol{x}$ の基底 $B = \{\boldsymbol{b}_i\}$ に対する $\mathbb{R}^n$ 上での表示となる。

[5.5.4]　ベクトルの組の行列による表示

　n 次元ベクトル空間 U の任意の n 本のベクトル $\boldsymbol{a}_j$ $(j = 1, 2, \cdots, n)$ の組の表示を考える。各 $\boldsymbol{a}_j$ が U の任意の基底 $B = \{\boldsymbol{b}_i\}$ の線形結合として $\boldsymbol{a}_j = \sum_{i=1}^{n} \boldsymbol{b}_i a_{ij}^B$ と表されているとき、この係数 a_{ij}^B を用いてベクトル $\boldsymbol{a}_j$ の基底 $\{\boldsymbol{b}_i\}$ に対する列ベクトル表示 $\boldsymbol{a}_j = (\boldsymbol{b}_1 \cdots \boldsymbol{b}_n)\begin{bmatrix} a_{1j}^B \\ \vdots \\ a_{nj}^B \end{bmatrix} = (\boldsymbol{b}_1 \cdots \boldsymbol{b}_n)\boldsymbol{a}_{j_B}$ を得る。

　この列ベクトル表示を横に並べることでベクトルの組 $\{\boldsymbol{a}_j\}$ を各成分にもつ「行ベクトル」$(\boldsymbol{a}_1 \cdots \boldsymbol{a}_n)$（基底という意味ではない）として

$$(\boldsymbol{a}_1 \cdots \boldsymbol{a}_n) = (\boldsymbol{b}_1 \cdots \boldsymbol{b}_n)\begin{bmatrix} a_{11}^B & \cdots & a_{1n}^B \\ \vdots & \ddots & \vdots \\ a_{n1}^B & \cdots & a_{nn}^B \end{bmatrix} = (\boldsymbol{b}_1 \cdots \boldsymbol{b}_n)A_B \qquad (5.15)$$

と書けることになり、これはベクトルの組 $\{\boldsymbol{a}_j\}$ の基底 $\{\boldsymbol{b}_i\}$ に対する行列 A_B による表示と解釈できる（例：図 5.7）。このベクトルの組 $\{\boldsymbol{a}_j\}$ の線形独立性

[*5]　これらの表記法は特に一般的なものではない。また本節以外で特に必要でない場合は省略される。

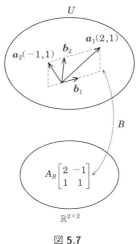

図 5.7

と表示行列 A_B の正則性には以下の関係がある。

●**性質 5.6**：ベクトルの組 $\{a_j\}$ が線形独立 $\iff$ その表示行列 A_B が正則。

【証明】 $\{a_j\}$ の線形結合 $\sum_{j=1}^{n} c_j a_j = \mathbf{0}$ は $a_j = \sum_{i=1}^{n} b_i a_{ij}^B$ より $\sum_{i,j=1}^{n} b_i a_{ij}^B c_j = \mathbf{0}$ と書け $\{b_j\}$ は線形独立なので $\sum_{j=1}^{n} a_{ij}^B c_j = 0$。すなわち、$A_B c = \mathbf{0}$ となり、性質 5.2 の (i)⇔(iii)（(iv) ではない）より示された。 ∎

なお本項の話で $\{u_j\}$ を基底 $\{b_i\}$ 自身とした場合を考えると基底 $\{b_i\}$ の基底 $\{b_i\}$ に対する表示行列は単位行列となり、どの基底 $\{b_i\}$ に対しても表示された列ベクトルの組は<u>常に $\mathbb{R}^n$ の「標準基底」</u>となることがわかる。

[5.5.5] 線形変換の行列による表示

n 次元ベクトル空間 U の任意の元 x がある線形変換 $f : U \to U$ で

$$y = f(x) \tag{5.16}$$

に写されるとする。ベクトル x, y を U の任意の基底 $B = \{b_i\}$ に対する列ベクトルで表示すると

$$x = (b_1 \cdots b_n)x_B, \qquad y = (b_1 \cdots b_n)y_B \tag{5.17}$$

となり、(5.17) 式を (5.16) 式に代入して以下のようになる。

$$(b_1 \cdots b_n)y_B = f\left(\sum_{i=1}^n b_i x_i^B\right) = \sum_{i=1}^n f(b_i)x_i^B = (f(b_1) \cdots f(b_n))x_B \tag{5.18}$$

n 本のベクトルの組である $\{f(b_j)\}$ は基底 $\{b_i\}$ に対する行列で表示でき

$$f(b_j) = \sum_{i=1}^n b_i a_{ij}^B \quad \text{または} \quad (f(b_1) \cdots f(b_n)) = (b_1 \cdots b_n)A_B \tag{5.19}$$

これを (5.18) 式に代入して $(b_1 \cdots b_n)y_B = (b_1 \cdots b_n)A_B x_B$ となり、基底 $\{b_i\}$ は線形独立なので以下を得る。

$$y_B = A_B x_B \quad \text{または} \quad y_i^B = \sum_{j=1}^n a_{ij}^B x_j^B \tag{5.20}$$

以上により<u>行列 A_B は U 上の線形変換 f の基底 $B = \{b_i\}$ に対する $\mathbb{R}^{n\times n}$ 上での表示</u>と解釈できる。

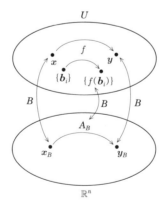

図 **5.8**

またこのことは<u>ベクトル空間の公理を満たすベクトル空間の元が線形変換（写像）されるとき、どんなものでも行列（および列ベクトル）で表示できる</u>

ことを意味する。

例として【5.2】節での線形変換 $y = Ax$ について考察しよう。この $y = Ax$ は、あるベクトル空間 U の標準基底 $E = \{e_i\}$（単位行列ではない）に対し表示された $y_E = A_E x_E$ のことだと解釈でき、x_E, y_E として表示された U のベクトル x, y は $x = (e_1 \cdots e_n)x_E$, $y = (e_1 \cdots e_n)y_E$ のことであり、また行列 A_E として表示された線形変換 f は

$$f(e_j) = \sum_{i=1}^{n} e_i a_{ij}^E = (e_1 \cdots e_n)a_{jE}$$

または

$$(f(e_1) \cdots f(e_n)) = (e_1 \cdots e_n)A_E$$

を満たすものであると考えることができる。

実際、基底 $\{e_j\}$ が写る先を $e_j' = f(e_j)$ として $e_j' = \sum_{i=1}^{n} e_i a_{ij}^E$ と書くと (5.20) 式との違いが、基底を写す (5.4b) 式と座標値の変換 (5.1) 式との違いに相当する。

また (5.18) 式に相当する $y = (f(e_1) \cdots f(e_n))x_E = (e_1' \cdots e_n')x_E$ は、変換先の点を表す y は変換元の座標系での座標値 (x_E) を座標値とした e_j' が張る座標系により示される点であることを示している。さらに行列の各列ベクトルが e_j' の基底 $\{e_j\}$ に対する表示になるということに相当している。

注意すべきは、基底が写る先 $e_j' = f(e_j)$ の組は必ずしも線形独立になるとは限らないという点であり、性質 5.6 より $f(e_j)$ の組の線形独立性と表示行列 A_E の正則性が同値となる。基底が写る先が線形独立であれば、逆変換として元の基底をその線形結合で表すことができ、その表示が逆行列となる。式で書くと $(e_1' \cdots e_n') = (e_1 \cdots e_n)A_E$ に対して逆に $(e_1 \cdots e_n) = (e_1' \cdots e_n')C$ と表せて、これに先の式を代入すると $(e_1 \cdots e_n) = (e_1 \cdots e_n)A_E C$ より $A_E C = E$ つまり $C = A_E^{-1}$ となる。

[5.5.6] 基底の変換と座標変換

n 次元ベクトル空間 U の任意の元 $\boldsymbol{x}$ が 2 組の基底 $B = \{\boldsymbol{b}_i\}$, $C = \{\boldsymbol{c}_i\}$ に対する列ベクトル $\boldsymbol{x}_B, \boldsymbol{x}_C$ として、それぞれ

$$\boldsymbol{x} = (\boldsymbol{b}_1 \cdots \boldsymbol{b}_n)\boldsymbol{x}_B = (\boldsymbol{c}_1 \cdots \boldsymbol{c}_n)\boldsymbol{x}_C \tag{5.21}$$

と表されているとする。$\{\boldsymbol{c}_i\}$ は n 本のベクトルの組なので (5.15) 式のように基底 $\{\boldsymbol{b}_i\}$ に対する行列で表示することができ、

$$(\boldsymbol{c}_1 \cdots \boldsymbol{c}_n) = (\boldsymbol{b}_1 \cdots \boldsymbol{b}_n) P_{B \to C} \quad \text{または} \quad \boldsymbol{c}_j = \sum_{i=1}^{n} \boldsymbol{b}_i p_{ij}^{B \to C} \tag{5.22}$$

と書ける。この $P_{B \to C}$ を基底の変換行列という。これを (5.21) に代入して $\boldsymbol{x}_B = P_{B \to C} \boldsymbol{x}_C$ となる。変換の向きが異なることに注意。基底はそれぞれ線形独立なので 性質5.6 より $P_{B \to C}$ は正則行列となり逆行列を用いて

$$\boldsymbol{x}_C = P_{B \to C}^{-1} \boldsymbol{x}_B \quad \text{または} \quad x_i^C = \sum_{j=1}^{n} p_{ij\,B \to C}^{-1} x_j^B \tag{5.23}$$

を得る。この式を基底の変換に伴う座標変換という（図 5.9 (a)）。

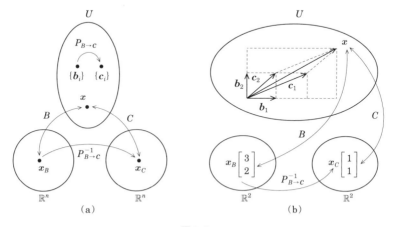

図 **5.9**

【5.5】線形変換の行列による表示　137

例：（図 5.9 (b)）

$$(\boldsymbol{c}_1 \ \ \boldsymbol{c}_2) = (\boldsymbol{b}_1 \ \ \boldsymbol{b}_2) \begin{bmatrix} 2 & 1 \\ 1 & 1 \end{bmatrix}, \ \ \boldsymbol{x} = 3\boldsymbol{b}_1 + 2\boldsymbol{b}_2 : \boldsymbol{x}_B = \begin{bmatrix} 3 \\ 2 \end{bmatrix}$$

$$\rightarrow \ \boldsymbol{x}_C = \begin{bmatrix} 2 & 1 \\ 1 & 1 \end{bmatrix}^{-1} \begin{bmatrix} 3 \\ 2 \end{bmatrix} = \begin{bmatrix} 1 & -1 \\ -1 & 2 \end{bmatrix} \begin{bmatrix} 3 \\ 2 \end{bmatrix} = \begin{bmatrix} 1 \\ 1 \end{bmatrix}$$

この座標変換を線形変換のときの座標値の変換 (5.20) 式と混同しないよう注意。

線形変換の方は U 上のベクトル自体の変換を同じ基底に対して表示した結果であるのに対し、座標変換は U 上のある同じベクトルの異なる基底に対する（異なる $\mathbb{R}^n$ 上での）表示間の変換（つまり<u>異なる座標系</u>で同じモノを見た結果間の変換）という根本的な違いがある。

基底の変換により、ある同じベクトルの表示である列ベクトルが変換を受けたように、ある同じ線形変換の表示行列も基底を変換すると変換される。詳しくみてみよう。

[5.5.7] 線形変換に対する基底の変換と表示行列の変換

n 次元ベクトル空間 U 上のベクトルの線形変換 $f : \boldsymbol{x} \mapsto \boldsymbol{y} = f(\boldsymbol{x})$ の 2 組の基底 $B = \{\boldsymbol{b}_i\}$, $C = \{\boldsymbol{c}_i\}$ に対する表示行列を F_B, F_C、基底の変換行列を $(\boldsymbol{c}_1 \cdots \boldsymbol{c}_n) = (\boldsymbol{b}_1 \cdots \boldsymbol{b}_n)P_{B \to C}$ としたとき変換後のベクトル $f(\boldsymbol{x})$ をそれぞれ表示する。基底と座標の変換を用いて

$$\begin{aligned} f(\boldsymbol{x}) &= (\boldsymbol{b}_1 \cdots \boldsymbol{b}_n)F_B \boldsymbol{x}_B = (\boldsymbol{c}_1 \cdots \boldsymbol{c}_n)F_C \boldsymbol{x}_C \\ &= (\boldsymbol{b}_1 \cdots \boldsymbol{b}_n)P_{B \to C}F_C \boldsymbol{x}_C = (\boldsymbol{b}_1 \cdots \boldsymbol{b}_n)P_{B \to C}F_C P_{B \to C}^{-1} \boldsymbol{x}_B \end{aligned}$$

と書けて、表示行列の変換 $F_B = P_{B \to C}F_C P_{B \to C}^{-1}$ あるいは

$$F_C = P_{B \to C}^{-1} F_B P_{B \to C} \tag{5.24}$$

を得る。この関係は図 5.10（次ページ）からも読み取れる。

基底すなわち座標系は対象の系に対し都合が良いものを選ぶことができ、<u>この表示行列の変換式により行列が単純になる基底があれば応用上重要</u>となる。

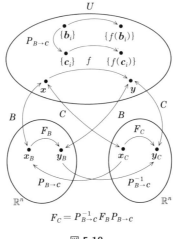

図 5.10

これは次講のテーマの一つとなる。

また (5.24) 式で両辺の行列式を求めると、

$$|F_C| = |P_{B \to C}^{-1} F_B P_{B \to C}| = |P_{B \to C}^{-1}||F_B||P_{B \to C}|$$

となるが (5.9) 式より $|P_{B \to C}^{-1}| = \dfrac{1}{|P_{B \to C}|}$ がいえて、$|F_C| = |F_B|$ となる。

つまり行列式の値は基底の取り方によらず、表示元である線形変換 f に固有な量を表す重要な量であることがわかる。

[5.5.8] 線形変換と座標変換（**Active** と **Passive**）

線形変換による座標値の変換と、基底の変換による座標変換の形式的な類似を利用して、線形変換の結果に相当する座標変換を考えよう。[5.5.6] 項より、座標変換の変換行列は基底の変換行列の逆行列となるので、変換先の基底は実現したい線形変換 f の逆変換による変換先の組 $\{b_i' = f^{-1}(b_i)\}$ とする。そうすれば、基底の変換行列は f の基底 B に対する表示行列 F_B の逆行列 F_B^{-1} となり

$$(b_1' \cdots b_n') = (b_1 \cdots b_n) F_B^{-1} \tag{5.25}$$

と書け、このときの座標変換は

$$x_{B'} = F_B x_B \tag{5.26}$$

と書けることになる。線形変換が実際にベクトルを変換するため **Active** な変換、基底の変換に伴う座標変換ではベクトル自体は実際には変換されないため **Passive** な変換と区別することがある（図 5.11）。混同しないよう改めて注意。

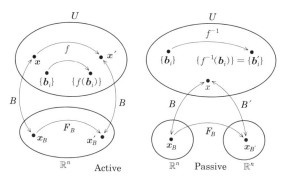

図 **5.11**

例として図 5.12 の 2 次元の回転を考えよう。ベクトル x の線形変換 f による x' への $\frac{\pi}{2}$ 回転を基底 $\{b_1, b_2\}$ で表示すれば

$$x'_B = F_B x_B : \begin{bmatrix} 1 \\ 1 \end{bmatrix} = \begin{bmatrix} 0 & -1 \\ 1 & 0 \end{bmatrix} \begin{bmatrix} 1 \\ -1 \end{bmatrix} \quad \text{(Active)}$$

となる。

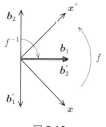

図 **5.12**

これを線形変換 f の逆変換 f^{-1} による基底変換

$$(\boldsymbol{b}_1' \quad \boldsymbol{b}_2') = (\boldsymbol{b}_1 \quad \boldsymbol{b}_2)F_B^{-1} = (\boldsymbol{b}_1 \quad \boldsymbol{b}_2)\begin{bmatrix} 0 & 1 \\ -1 & 0 \end{bmatrix} = (-\boldsymbol{b}_2 \quad \boldsymbol{b}_1)$$

に伴う座標変換で表せば

$$\boldsymbol{x}_{B'} = F_B\boldsymbol{x}_B : \begin{bmatrix} 1 \\ 1 \end{bmatrix} = \begin{bmatrix} 0 & -1 \\ 1 & 0 \end{bmatrix}\begin{bmatrix} 1 \\ -1 \end{bmatrix} \qquad \text{(Passive)}$$

となる。混同しないこと！

[5.5.9] 合成変換の行列による表示

n 次元ベクトル空間 U 上のベクトルの線形変換 $f : \boldsymbol{x} \mapsto \boldsymbol{y} = f(\boldsymbol{x})$, $g : \boldsymbol{y} \mapsto \boldsymbol{z} = g(\boldsymbol{y})$ の基底 $B = \{\boldsymbol{b}_i\}$ に対する行列表示が F_B, G_B のとき、合成変換 $h = g \circ f$ の表示行列 H_B を F_B, G_B で表そう。

$g \circ f : \boldsymbol{x} \mapsto \boldsymbol{z} = g(f(\boldsymbol{x}))$ において $(\boldsymbol{b}_1 \cdots \boldsymbol{b}_n)\boldsymbol{y}_B = (\boldsymbol{b}_1 \cdots \boldsymbol{b}_n)F_B\boldsymbol{x}_B$ より $\boldsymbol{y}_B = F_B\boldsymbol{x}_B$ が言えて、これを $(\boldsymbol{b}_1 \cdots \boldsymbol{b}_n)\boldsymbol{z}_B = (\boldsymbol{b}_1 \cdots \boldsymbol{b}_n)G_B\boldsymbol{y}_B$ に代入して $(\boldsymbol{b}_1 \cdots \boldsymbol{b}_n)\boldsymbol{z}_B = (g \circ f)(\boldsymbol{x}) = (\boldsymbol{b}_1 \cdots \boldsymbol{b}_n)G_BF_B\boldsymbol{x}_B$ となり以下を得る。

$$\boldsymbol{z}_B = H_B\boldsymbol{x}_B, \qquad H_B = G_BF_B \tag{5.27}$$

このように合成変換の同じ基底に対する表示行列は、各変換の表示行列の変換順での積となる（図 5.13）。

このとき、合成される 2 回目以降の変換について注意が必要で、本講【5.2】節の図 5.2 (d) のように「回転」と続く「せん断」の合成変換の場合、せん断変換で平行にずらされる方向は回転しても変わらず横（x_1 軸）方向のままになっている（実際に図を見て欲しい）。一方で「せん断」が先でその後「回転」の場合（図 5.2 (e)）は、せん断で横方向にずらされた状態で全体が回転される。

この後者の合成変換（変換順が逆）の結果は、前者の合成変換でせん断のずらされる方向が回転後の軸とした場合とも解釈できるが、このことは偶然だろうか？ 2 回目以降の変換において、変換固有の向き（例えば 3 次元回転の回転軸なども考えられる）を 1 回目の変換に伴い変えさせたい場合はどうすればよいのだろうか？

実現したい変換は図 5.14 のように 2 回目の変換 g を 1 回目の変換 f の逆変

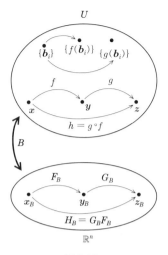

図 **5.13**

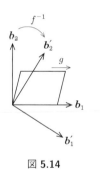

図 **5.14**

換後の基底として見た変換と考えることができるので、Passive 変換により行うのが自然ともいえる。1 回目・2 回目の基底変換と伴う座標変換は

$$(\boldsymbol{b}'_1 \cdots \boldsymbol{b}'_n) = (\boldsymbol{b}_1 \cdots \boldsymbol{b}_n)F_B^{-1}, \qquad \boldsymbol{x}_{B'} = F_B \boldsymbol{x}_B$$

と

$$(\boldsymbol{b}''_1 \cdots \boldsymbol{b}''_n) = (\boldsymbol{b}'_1 \cdots \boldsymbol{b}'_n)G_{B'}^{-1}, \qquad \boldsymbol{x}_{B''} = G_{B'} \boldsymbol{x}_{B'}$$

と書け、このときの $G_{B'}$ は基底 B' による表示、すなわち 1 回目の基底変換に伴う行列の変換であり、(5.24) 式で $P_{B \to C} = F_B^{-1}$ にあたる $G_{B'} = F_B G_B F_B^{-1}$

となる。これにより、以下の合成変換を得る（図 5.15）。

$$x_{B''} = H_B x_B, \qquad H_B = G_{B'} F_B \qquad (G_{B'} = F_B G_B F_B^{-1}) \tag{5.28}$$

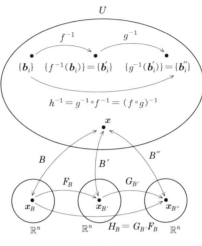

図 **5.15**

このとき基底の変換は実現したい座標変換の逆変換なので、その合成変換としては基底の逆変換の合成 $h^{-1} = g^{-1} \circ f^{-1} = (f \circ g)^{-1}$ なる変換となり、相当する線形変換（Active）は $h = f \circ g$ と変換の順序が逆なので、その表示行列は $F_B G_B$ となることに注意を要する。このことは (5.24) 式にあたる行列の変換式 $G_{B'} = F_B G_B F_B^{-1}$ より $G_{B'} F_B = F_B G_B$ が言えることからもわかる。

先に考察した線形変換での回転とせん断の合成変換での変換順を逆にした結果と解釈できた「からくり」が理解できただろうか。もっと具体例等を知りたい人は、第 7 講【7.2】,【7.3】節で 3 次元の回転にこの方法を応用するのでそちらも参照していただきたい。

【5.6】[▼ C] 付録 1：Levi-Civita 記号の積の性質

宿題となっていた第 3 講 (3.36) 式である $\sum_{i=1}^{3} \varepsilon_{ijk} \varepsilon_{imn} = \delta_{jm} \delta_{kn} - \delta_{jn} \delta_{km}$ の導出を行う。

【証明】 3 次元の列ベクトルの組 $\boldsymbol{a}, \boldsymbol{b}, \boldsymbol{c}$ および $\boldsymbol{x}, \boldsymbol{y}, \boldsymbol{z}$ が成す 3 次正方行列の行列式において、転置行列の行列式はもとの行列式と等しいこと、行列の積の行列式は行列式の積に等しいことにより

$$
\begin{vmatrix} a_1 & b_1 & c_1 \\ a_2 & b_2 & c_2 \\ a_3 & b_3 & c_3 \end{vmatrix} \begin{vmatrix} x_1 & y_1 & z_1 \\ x_2 & y_2 & z_2 \\ x_3 & y_3 & z_3 \end{vmatrix} = \begin{vmatrix} a_1 & a_2 & a_3 \\ b_1 & b_2 & b_3 \\ c_1 & c_2 & c_3 \end{vmatrix} \begin{vmatrix} x_1 & y_1 & z_1 \\ x_2 & y_2 & z_2 \\ x_3 & y_3 & z_3 \end{vmatrix} = \begin{vmatrix} \boldsymbol{a} \cdot \boldsymbol{x} & \boldsymbol{a} \cdot \boldsymbol{y} & \boldsymbol{a} \cdot \boldsymbol{z} \\ \boldsymbol{b} \cdot \boldsymbol{x} & \boldsymbol{b} \cdot \boldsymbol{y} & \boldsymbol{b} \cdot \boldsymbol{z} \\ \boldsymbol{c} \cdot \boldsymbol{x} & \boldsymbol{c} \cdot \boldsymbol{y} & \boldsymbol{c} \cdot \boldsymbol{z} \end{vmatrix}
\tag{5.29}
$$

が成り立つ。ここで標準基底 $\{\boldsymbol{e}_i\}$ において $D(\boldsymbol{e}_i, \boldsymbol{e}_j, \boldsymbol{e}_k) = \varepsilon_{ijk}$ と上式より、以下が成り立つ。

$$
\begin{aligned}
\varepsilon_{ijk}\varepsilon_{lmn} &= D(\boldsymbol{e}_i, \boldsymbol{e}_j, \boldsymbol{e}_k) D(\boldsymbol{e}_l, \boldsymbol{e}_m, \boldsymbol{e}_n) \\
&= \begin{vmatrix} \boldsymbol{e}_i \cdot \boldsymbol{e}_l & \boldsymbol{e}_i \cdot \boldsymbol{e}_m & \boldsymbol{e}_i \cdot \boldsymbol{e}_n \\ \boldsymbol{e}_j \cdot \boldsymbol{e}_l & \boldsymbol{e}_j \cdot \boldsymbol{e}_m & \boldsymbol{e}_j \cdot \boldsymbol{e}_n \\ \boldsymbol{e}_k \cdot \boldsymbol{e}_l & \boldsymbol{e}_k \cdot \boldsymbol{e}_m & \boldsymbol{e}_k \cdot \boldsymbol{e}_n \end{vmatrix} = \begin{vmatrix} \delta_{il} & \delta_{im} & \delta_{in} \\ \delta_{jl} & \delta_{jm} & \delta_{jn} \\ \delta_{kl} & \delta_{km} & \delta_{kn} \end{vmatrix}
\end{aligned}
\tag{5.30}
$$

$$
\begin{aligned}
&= \delta_{il}\delta_{jm}\delta_{kn} + \delta_{im}\delta_{jn}\delta_{kl} + \delta_{in}\delta_{jl}\delta_{km} \\
&\quad - \delta_{il}\delta_{jn}\delta_{km} - \delta_{im}\delta_{jl}\delta_{kn} - \delta_{in}\delta_{jm}\delta_{kl}
\end{aligned}
\tag{5.31}
$$

(5.31) 式において $l = i$ として和をとると、以下のように求める式を得る。

$$
\begin{aligned}
\sum_{i=1}^{3} \varepsilon_{ijk}\varepsilon_{imn} &= \sum_{i=1}^{3} (\delta_{ii}\delta_{jm}\delta_{kn} + \delta_{im}\delta_{jn}\delta_{ki} + \delta_{in}\delta_{ji}\delta_{km} \\
&\qquad - \delta_{ii}\delta_{jn}\delta_{km} - \delta_{im}\delta_{ji}\delta_{kn} - \delta_{in}\delta_{jm}\delta_{ki}) \\
&= 3\delta_{jm}\delta_{kn} + \delta_{jn}\delta_{km} + \delta_{jn}\delta_{km} - 3\delta_{jn}\delta_{km} - \delta_{jm}\delta_{kn} - \delta_{jm}\delta_{kn} \\
&= \delta_{jm}\delta_{kn} - \delta_{jn}\delta_{km} \qquad\qquad\qquad\qquad\blacksquare
\end{aligned}
$$

なお、(5.30) 式はその導き方により n 次においても同様に成り立つことがわかる。

$$
\varepsilon_{i_1 \cdots i_n}\varepsilon_{j_1 \cdots j_n} = \begin{vmatrix} \delta_{i_1 j_1} & \cdots & \delta_{i_1 j_n} \\ \vdots & \ddots & \vdots \\ \delta_{i_n j_1} & \cdots & \delta_{i_n j_n} \end{vmatrix}
\tag{5.32}
$$

【5.7】付録 2：複素数の行列による表現

2 次の回転行列 $\begin{bmatrix} \cos\theta & -\sin\theta \\ \sin\theta & \cos\theta \end{bmatrix}$ において $\theta = \dfrac{\pi}{2}$ とした行列 $I = \begin{bmatrix} 0 & -1 \\ 1 & 0 \end{bmatrix}$ に対して、単位行列 E との線形結合である行列 $Z = xE + yI$ $(x, y \in \mathbb{R})$ を考えよう（以下登場人物は全員が実数）。

$Z = \begin{bmatrix} x & -y \\ y & x \end{bmatrix}$ であり、$Z = O$ となるのは $x = y = 0$ のときのみで、E と I は線形独立となる。

$$Z_1 = x_1 E + y_1 I, \qquad Z_2 = x_2 E + y_2 I$$

とすると、和は

$$Z_1 + Z_2 = (x_1 + x_2)E + (y_1 + y_2)I$$

となり、積は

$$E^2 = E, \qquad IE = I, \qquad EI = I, \qquad I^2 = \begin{bmatrix} -1 & 0 \\ 0 & -1 \end{bmatrix} = -E$$

より

$$\begin{aligned} Z_1 Z_2 &= (x_1 E + y_1 I)(x_2 E + y_2 I) \\ &= (x_1 x_2 - y_1 y_2)E + (x_1 y_2 + y_1 x_2)I = Z_2 Z_1 \end{aligned}$$

となる。また $E^\top = E$, $I^\top = -I$ および $Z^\top = \begin{bmatrix} x & y \\ -y & x \end{bmatrix} = xE^T + yI^T = xE - yI$ により、$ZZ^\top = (x^2 + y^2)E = Z^T Z$ となるので

$$\|Z\|^2 E = ZZ^\top \qquad (\|Z\| = \sqrt{x^2 + y^2})$$

として自然なノルム $\|Z\|$ $(\|Z\| = 0 \Leftrightarrow Z = O)$ が定義できる。

よって $Z \neq O$ のとき

$$Z\left(\frac{1}{\|Z\|^2} Z^\top \right) = \left(\frac{1}{\|Z\|^2} Z^\top \right) Z = E$$

【5.7】付録 2：複素数の行列による表現　145

となり 逆元

$$Z^{-1} = \frac{1}{\|Z\|^2} Z^\top$$

が定まる（実際、行列式 $|Z| = x^2 + y^2 = \|Z\|^2$、余因子行列 $\widetilde{Z} = Z^\top$ よりたしかに逆行列となる）。

また $\cos\theta = \dfrac{x}{\sqrt{x^2+y^2}}$, $\sin\theta = \dfrac{y}{\sqrt{x^2+y^2}}$ と書け、ノルムの定義から

$$Z = \|Z\|\,(\cos\theta E + \sin\theta I) = \|Z\| \begin{bmatrix} \cos\theta & -\sin\theta \\ \sin\theta & \cos\theta \end{bmatrix}$$

となり、大きさ 1 の Z を掛けることは θ 回転させることに相当する（つまり Z はノルムで正規化すると回転行列となる）。

というわけで、対比表としてまとめると表 5.1 となる。

表 **5.1**

	複素数	行列表現
基底・元	$1, i$ $z = x + iy$	E, I $Z = xE + yI$
共役	$\overline{i} = -i$ $\overline{z} = x - iy$	$I^\top = -I$ $Z^\top = xE - yI$
和	$z_1 + z_2 =$ $(x_1+x_2) + i(y_1+y_2)$	$Z_1 + Z_2 =$ $(x_1+x_2)E + (y_1+y_2)I$
積	$1^2 = 1,\ 1i = i$ $i1 - i,\ i^2 = 1$	$E^2 = E,\ EI = I$ $IE = I,\ I^2 = -E$
ノルム	$|z|^2 = z\overline{z}$ $|z| = \sqrt{x^2+y^2}$ $(|z| = 0 \Leftrightarrow z = 0)$	$\|Z\|^2 E = ZZ^\top$ $\|Z\| = \sqrt{x^2+y^2}$ $(\|Z\| = 0 \Leftrightarrow Z = O)$
逆元	$z^{-1} = \dfrac{1}{|z|^2}\overline{z}\quad (z \neq 0)$	$Z^{-1} = \dfrac{1}{\|Z\|^2}Z^\top\quad (Z \neq O)$
極形式	$z = |z|\,(\cos\theta + i\sin\theta)$	$Z = \|Z\|\,(\cos\theta E + \sin\theta I)$

つまり $Z = xE + yI$ は E, I を実数／虚数単位、転置を共役とみなすことで複素数 $z = x + iy$ と同一視できることになる。おもしろいよね。（次講の付録

で、もう一行追加されます…)

................【第**6**講】........................

行列III：固有値・対角化

【6.1】 はじめに

　前講では線形変換を表す行列についてみてきた。ベクトル空間の各点は線形変換により別の点に写されるが、その写り方を点の「向きの流れ」として可視化して見てみることで、変換を示す行列によっては各点の写り方が原点を通るある軸に沿って「流れ」ていることがわかり、その行列に固有な特徴を示しているとみることができる。さらに n 次の行列に対し n 本の線形独立な上記の軸が得られる場合は、基底をその軸の組に変換することで変換された表示行列が単純な形になるという、理工系の諸分野で応用上重要となる性質を学ぶ。また最後の節で簡単な応用事例をいくつかみてみよう。

【6.2】 固有ベクトルと固有値

[6.2.1] 線形変換の点の「向きの流れ」

　次ページ図 6.1 (a) は 2 次の線形変換 $\begin{bmatrix} y_1 \\ y_2 \end{bmatrix} = \begin{bmatrix} \frac{3}{2} & 1 \\ \frac{1}{2} & 1 \end{bmatrix} \begin{bmatrix} x_1 \\ x_2 \end{bmatrix}$ において各点 (x_1, x_2) の変換先を表すベクトルを（そのままでは図が見づらくなるので縮めて）描くことで、変換による点の動きの「向きの流れ」を可視化したものである。観察するとおおまかな流れとしては、左上・右下から原点を通る直線（$x_2 = -x_1$：図の破線）に沿って入ってきて原点を通る右上がりの直線（$x_2 = \frac{1}{2}x_1$：図の破線）に突き当たり、その直線に沿って右上・左下に流れ出るような振る舞いをしていることがわかる。

【第 6 講】行列 III：固有値・対角化

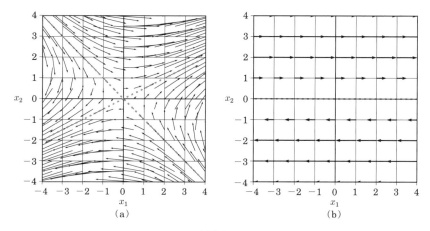

図 **6.1**

図 6.1 (b) は別の例としてせん断を表す行列 $\begin{bmatrix} 1 & 1 \\ 0 & 1 \end{bmatrix}$ の場合であり、原点を通る横軸（図の破線）に平行に流れ、横軸を境に上半分は右側に下半分は左側に流れている。この横軸上の点以外のすべての点は横に移動するので、原点を通る向きを変えない直線は、この横軸のみとなる。

上記いずれの例の場合も<u>流れを分ける軸（図の破線）上の点は、原点からの向きを変えない変換を受けている</u>ことになる。

あと 2 つ別の例をあげよう。

図 6.2 (a) は行列が $\begin{bmatrix} 2 & 0 \\ 0 & 2 \end{bmatrix}$ の例で、この場合は特殊であり、原点を通るすべての直線は向きを変えない変換を受けることになる。したがって該当する直線は無数にあるが、それらが 2 次元空間をなすので、線形独立な 2 本の直線を代表として図には破線で示している。

また図 6.2 (b) は行列が $\begin{bmatrix} \cos\theta & -\sin\theta \\ \sin\theta & \cos\theta \end{bmatrix}$ である回転行列の $\theta = \dfrac{\pi}{8}$ の場合

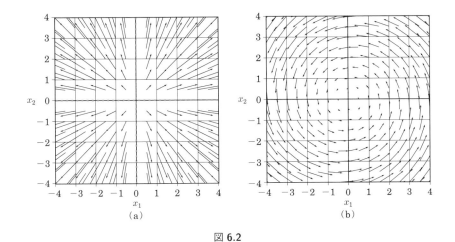

図 **6.2**

で、これも特殊で回転なので原点を通るすべての直線が向きを変える変換を受けることになる。したがって「向きを変えない」に該当する直線は存在しない。これらの例を踏まえて考察してみよう。

[6.2.2] 固有ベクトル・固有値と固有方程式

一般に原点を通る直線はその向きを表すベクトル b のスカラー倍 kb として表され、線形変換 $c = Ab$ により原点を通る直線 kc に写される。したがって一般的には原点を通る直線はその向きを変えることになるが、前項の 2 次の例でみたように、変換によってはその向きが変わらない直線も存在する。この場合その直線上の点 (kb) は一般に同じ直線上の別の点 (kb に平行な kc) に写されることになるが、原点からの距離として直線上の変位を考えるとその比率 ($\frac{\|kc\|}{\|kb\|}$) は一定 ($\frac{\|c\|}{\|b\|}$) となる。この変換により不変となる「向き」と、その向きにおける変位(伸び・縮み)の「比率」は、その線形変換を特徴づけるものと考えられる。不変となる「向き」を表すベクトルを固有ベクトルといい、固有ベクトル上の点の変位の「比率」を固有値という。このことを定式化しよう。

n 次の線形変換の表示行列を A、固有ベクトルを示す列ベクトルを u、固有値を λ とする。Au として変換された u は、向きが変わらず長さの比が一定で

ある λ 倍となるので、

$$Au = \lambda u \tag{6.1}$$

を満たす。この式は自明な解 $u = 0$ を持つが、これはどのような A や λ であっても成り立ち、何らの特徴を示すものでもないので、$u = 0$ は固有ベクトルではないとしよう。式変形をして

$$(A - \lambda E)u = 0 \tag{6.2}$$

において $A' = A - \lambda E$ とすればこの式は $A'u = 0$ となる。もし A' が正則であれば自明な解 $u = 0$ のみを得て固有ベクトルは存在しないことになるので、A' が正則でない：つまりその行列式の値が 0 となることが、固有ベクトルが存在するための λ に対する必要条件となる。よって

$$|A - \lambda E| = 0 \tag{6.3}$$

という式を考えることになる。この式を**固有方程式**（あるいは**特性方程式**）という。

　また左辺の行列式を展開すると λ についての n 次多項式となり、この $g(\lambda) = |A - \lambda E|$ を**固有多項式**という。（$g(\lambda) = |\lambda E - A|$ と定義する場合も多い。次数により全体の符号が異なるだけでどちらでもよい。）

　固有方程式は λ についての n 次方程式となり、その解である固有値それぞれに対して (6.2) 式を満たす u を求めることになるが、この連立一次方程式である (6.2) 式はその行列式が 0 であり、u は一意に定まらず不定解となることに注意。そもそもこれは (6.1) 式で解 u を定数倍してもまた解となることに起因しており、u はその向きにのみ意味があり大きさは不定となるからである。これ以上の考察は後回しとして、まずは前項の例について実際に解いてみよう。

○例 **6.1**：行列 $A = \begin{bmatrix} \dfrac{3}{2} & 1 \\ \dfrac{1}{2} & 1 \end{bmatrix}$ の場合

固有方程式：$\begin{vmatrix} \dfrac{3}{2} - \lambda & 1 \\ \dfrac{1}{2} & 1 - \lambda \end{vmatrix} = 0$ を展開、整理して $\lambda^2 - \dfrac{5}{2}\lambda + 1 = 0$ より

$\lambda = 2, \dfrac{1}{2}$ を得る。

(i) $\lambda = 2$ のとき、(6.2) 式は

$$\begin{bmatrix} \dfrac{3}{2} - 2 & 1 \\ \dfrac{1}{2} & 1 - 2 \end{bmatrix} \begin{bmatrix} u_1 \\ u_2 \end{bmatrix} = \begin{bmatrix} -\dfrac{1}{2} & 1 \\ \dfrac{1}{2} & -1 \end{bmatrix} \begin{bmatrix} u_1 \\ u_2 \end{bmatrix} = \begin{bmatrix} 0 \\ 0 \end{bmatrix}$$

となる。

$$\left[\begin{array}{cc|c} -\dfrac{1}{2} & 1 & 0 \\ \dfrac{1}{2} & -1 & 0 \end{array} \right] \rightarrow \left[\begin{array}{cc|c} -\dfrac{1}{2} & 1 & 0 \\ 0 & 0 & 0 \end{array} \right] r_2 + r_1 \rightarrow \left[\begin{array}{cc|c} 1 & -2 & 0 \\ 0 & 0 & 0 \end{array} \right] r_1 \times (-2)$$

より

$$\begin{cases} u_1 = 2s \\ u_2 = s \end{cases} \qquad (\forall s \in \mathbb{R})$$

となり $\boldsymbol{u} - s \begin{bmatrix} 2 \\ 1 \end{bmatrix}$ を得る。

(ii) $\lambda = \dfrac{1}{2}$ のとき

$$\begin{bmatrix} \dfrac{3}{2} - \dfrac{1}{2} & 1 \\ \dfrac{1}{2} & 1 - \dfrac{1}{2} \end{bmatrix} \begin{bmatrix} u_1 \\ u_2 \end{bmatrix} = \begin{bmatrix} 1 & 1 \\ \dfrac{1}{2} & \dfrac{1}{2} \end{bmatrix} \begin{bmatrix} u_1 \\ u_2 \end{bmatrix} = \begin{bmatrix} 0 \\ 0 \end{bmatrix}$$

となる。

$$\begin{bmatrix} 1 & 1 \\ \dfrac{1}{2} & \dfrac{1}{2} \end{bmatrix} \begin{matrix} 0 \\ 0 \end{matrix} \rightarrow \begin{bmatrix} 1 & 1 \\ 0 & 0 \end{bmatrix} \begin{matrix} 0 \\ 0 \end{matrix} \quad r_2 - r_1 \div 2$$

より

$$\begin{cases} u_1 = -t \\ u_2 = t \end{cases} \qquad (\forall t \in \mathbb{R})$$

となり $\boldsymbol{u} = t \begin{bmatrix} -1 \\ 1 \end{bmatrix}$ を得る。

(6.1) 式は、

$$\begin{bmatrix} \dfrac{3}{2} & 1 \\ \dfrac{1}{2} & 1 \end{bmatrix} \left(s \begin{bmatrix} 2 \\ 1 \end{bmatrix} \right) = s \begin{bmatrix} 4 \\ 2 \end{bmatrix} = 2 \left(s \begin{bmatrix} 2 \\ 1 \end{bmatrix} \right)$$

および

$$\begin{bmatrix} \dfrac{3}{2} & 1 \\ \dfrac{1}{2} & 1 \end{bmatrix} \left(t \begin{bmatrix} -1 \\ 1 \end{bmatrix} \right) = t \begin{bmatrix} -\dfrac{1}{2} \\ \dfrac{1}{2} \end{bmatrix} = \dfrac{1}{2} \left(t \begin{bmatrix} -1 \\ 1 \end{bmatrix} \right)$$

としてたしかに満たされる。なおこの式は

$$\begin{bmatrix} \dfrac{3}{2} & 1 \\ \dfrac{1}{2} & 1 \end{bmatrix} \left(s \begin{bmatrix} 2 \\ 1 \end{bmatrix} + t \begin{bmatrix} -1 \\ 1 \end{bmatrix} \right) = 2 \left(s \begin{bmatrix} 2 \\ 1 \end{bmatrix} \right) + \dfrac{1}{2} \left(t \begin{bmatrix} -1 \\ 1 \end{bmatrix} \right)$$

と、まとめて書ける。また図を改めてみると、固有ベクトル $s \begin{bmatrix} 2 \\ 1 \end{bmatrix}$ 上の点は 2 倍されて原点から遠ざかり、$t \begin{bmatrix} -1 \\ 1 \end{bmatrix}$ 上の点は $\dfrac{1}{2}$ 倍されて原点方向に近づくことが読み取れる。

【6.2】固有ベクトルと固有値　153

○例 **6.2**：行列 $A = \begin{bmatrix} 1 & 1 \\ 0 & 1 \end{bmatrix}$ の場合

固有方程式：$\begin{vmatrix} 1 - \lambda & 1 \\ 0 & 1 - \lambda \end{vmatrix} = 0$ を展開して $(\lambda - 1)^2 = 0$ より $\lambda = 1$（重解）を得る。

$\lambda = 1$（重解）のとき (6.2) 式は

$$\begin{bmatrix} 1 - 1 & 1 \\ 0 & 1 - 1 \end{bmatrix} \begin{bmatrix} u_1 \\ u_2 \end{bmatrix} = \begin{bmatrix} 0 & 1 \\ 0 & 0 \end{bmatrix} \begin{bmatrix} u_1 \\ u_2 \end{bmatrix} = \begin{bmatrix} 0 \\ 0 \end{bmatrix}$$

より $u_2 = 0$ となり $\boldsymbol{u} = s \begin{bmatrix} 1 \\ 0 \end{bmatrix}$ $(\forall s \in \mathbb{R})$ を得る。

(6.1) 式は、$\begin{bmatrix} 1 & 1 \\ 0 & 1 \end{bmatrix} \left(s \begin{bmatrix} 1 \\ 0 \end{bmatrix} \right) = 1 \left(s \begin{bmatrix} 1 \\ 0 \end{bmatrix} \right)$ としてたしかに満たされる。また図を改めてみると、固有ベクトル $s \begin{bmatrix} 1 \\ 0 \end{bmatrix}$ 上の点は変換後も同じ座標値をとり、変換で不変な直線となることが読み取れる。

○例 **6.3**：行列 $A = \begin{bmatrix} 2 & 0 \\ 0 & 2 \end{bmatrix}$ の場合

固有方程式：$\begin{vmatrix} 2 - \lambda & 0 \\ 0 & 2 - \lambda \end{vmatrix} = 0$ を展開して $(\lambda - 2)^2 = 0$ より $\lambda = 2$（重解）を得る。

$\lambda = 2$（重解）のとき、(6.2) 式は

$$\begin{bmatrix} 2 - 2 & 0 \\ 0 & 2 - 2 \end{bmatrix} \begin{bmatrix} u_1 \\ u_2 \end{bmatrix} = \begin{bmatrix} 0 & 0 \\ 0 & 0 \end{bmatrix} \begin{bmatrix} u_1 \\ u_2 \end{bmatrix} = \begin{bmatrix} 0 \\ 0 \end{bmatrix}$$

となり、任意の u_1, u_2 で成り立つ特殊な場合であるが、$\boldsymbol{u} = s \begin{bmatrix} 1 \\ 0 \end{bmatrix} + t \begin{bmatrix} 0 \\ 1 \end{bmatrix}$ $(\forall s, t \in \mathbb{R})$ として解を表すことができる。解の自由度は 2 であり、解を表す 2 本のベク

154 【第 6 講】行列 III：固有値・対角化

トルは線形独立であれば、その選び方は自由であることに注意。

(6.1) 式は、$\begin{bmatrix} 2 & 0 \\ 0 & 2 \end{bmatrix} \left(s \begin{bmatrix} 1 \\ 0 \end{bmatrix} + t \begin{bmatrix} 0 \\ 1 \end{bmatrix} \right) = 2 \left(s \begin{bmatrix} 1 \\ 0 \end{bmatrix} + t \begin{bmatrix} 0 \\ 1 \end{bmatrix} \right)$ としてたしかに満たされる。また図を改めてみると、すべての直線が向きを変えずに 2 倍されていることが読み取れる。

○例 **6.4**：行列 $A = \begin{bmatrix} \cos\theta & -\sin\theta \\ \sin\theta & \cos\theta \end{bmatrix}$ の場合

固有方程式：$\begin{vmatrix} \cos\theta - \lambda & -\sin\theta \\ \sin\theta & \cos\theta - \lambda \end{vmatrix} = 0$ を展開、整理して $\lambda^2 - 2\cos\theta\lambda + 1 = 0$ となる。

判別式 $D = \cos^2\theta - 1 = -\sin^2\theta$ よりこの 2 次方程式は $\theta \neq n\pi \ (n \in \mathbb{Z})$ で実数解を持たない。実際、回転行列なので図の解釈でも述べたように原点を通るすべての直線は回転させられ、向きを保つ直線は存在しないという観察と一致する。が、2 次方程式で簡単に解けるし、$\theta \neq n\pi$ つまり $\sin\theta \neq 0$ として進めるところまで進んでみよう。解としては、$\lambda = \cos\theta \pm i\sin\theta$ を得る。

(i) $\lambda = \cos\theta + i\sin\theta$ のとき、(6.2) 式は

$$\begin{bmatrix} \cos\theta - (\cos\theta + i\sin\theta) & -\sin\theta \\ \sin\theta & \cos\theta - (\cos\theta + i\sin\theta) \end{bmatrix} \begin{bmatrix} u_1 \\ u_2 \end{bmatrix}$$

$$= \begin{bmatrix} -i\sin\theta & -\sin\theta \\ \sin\theta & -i\sin\theta \end{bmatrix} \begin{bmatrix} u_1 \\ u_2 \end{bmatrix} = \sin\theta \begin{bmatrix} -i & -1 \\ 1 & -i \end{bmatrix} \begin{bmatrix} u_1 \\ u_2 \end{bmatrix} = \begin{bmatrix} 0 \\ 0 \end{bmatrix}$$

となる。$u_1 = iu_2$ となり $\boldsymbol{u} = s \begin{bmatrix} i \\ 1 \end{bmatrix} \ (\forall s \in \mathbb{C})$ を得る。

(ii) $\lambda = \cos\theta - i\sin\theta$ のとき、

$$\begin{bmatrix} \cos\theta - (\cos\theta - i\sin\theta) & -\sin\theta \\ \sin\theta & \cos\theta - (\cos\theta - i\sin\theta) \end{bmatrix} \begin{bmatrix} u_1 \\ u_2 \end{bmatrix}$$

$$= \begin{bmatrix} i\sin\theta & -\sin\theta \\ \sin\theta & i\sin\theta \end{bmatrix} \begin{bmatrix} u_1 \\ u_2 \end{bmatrix} = \sin\theta \begin{bmatrix} i & -1 \\ 1 & i \end{bmatrix} \begin{bmatrix} u_1 \\ u_2 \end{bmatrix} = \begin{bmatrix} 0 \\ 0 \end{bmatrix}$$

となる。$u_1 = -iu_2$ となり $\boldsymbol{u} = t \begin{bmatrix} -i \\ 1 \end{bmatrix}$ $(\forall t \in \mathbb{C})$ を得る。(スカラー値として複素数をとるので、パラメータ s, t は複素数となる。)

(6.1) 式は、

$$\begin{bmatrix} \cos\theta & -\sin\theta \\ \sin\theta & \cos\theta \end{bmatrix} \left(s \begin{bmatrix} i \\ 1 \end{bmatrix} + t \begin{bmatrix} -i \\ 1 \end{bmatrix} \right) = s \begin{bmatrix} i\cos\theta - \sin\theta \\ i\sin\theta + \cos\theta \end{bmatrix} + t \begin{bmatrix} -i\cos\theta - \sin\theta \\ -i\sin\theta + \cos\theta \end{bmatrix}$$

$$= (\cos\theta + i\sin\theta)s \begin{bmatrix} i \\ 1 \end{bmatrix} + (\cos\theta - i\sin\theta)t \begin{bmatrix} -i \\ 1 \end{bmatrix}$$

として式の上ではたしかに成り立つ。

この例 6.4 のように、実正方行列であっても固有値の解が複素数となる場合がある。第 1 講で触れた「代数学の基本定理」として、n 次の代数方程式に対し（重複解の場合はその重複数も含めて）複素数の範囲で n 個の解が存在することが知られている。したがって固有値・固有ベクトルを考える際は、解となる固有値や固有ベクトルの成分を複素数まで範囲を広げた方がよさそうだ。ベクトルや行列は、内積や関連して転置が絡むときに実数と複素数との違いが出てくる。概要は付録1で述べるが、しばらくは上記程度の拡張で済む。

もう少し複雑な例として、3 次の行列の例をみてみよう。

○例 6.5：行列 $A = \begin{bmatrix} 0 & 1 & 1 \\ 1 & 0 & 1 \\ 1 & 1 & 0 \end{bmatrix}$ の場合

固有方程式 $\begin{vmatrix} -\lambda & 1 & 1 \\ 1 & -\lambda & 1 \\ 1 & 1 & -\lambda \end{vmatrix} = 0$ を余因子展開して $(-\lambda)(\lambda^2 - 1) - (-\lambda -$

$1) + (1 + \lambda) = 0$ となり、これを因数分解して $(\lambda - 2)(\lambda + 1)^2 = 0$ より $\lambda = 2$

156 【第6講】行列 III：固有値・対角化

と $\lambda = -1$（重解）を得る。

(i) $\lambda = 2$ のとき、

$$\begin{bmatrix} -2 & 1 & 1 \\ 1 & -2 & 1 \\ 1 & 1 & -2 \end{bmatrix} \begin{bmatrix} u_1 \\ u_2 \\ u_3 \end{bmatrix} = \begin{bmatrix} 0 \\ 0 \\ 0 \end{bmatrix}$$

を解く。

$$\begin{bmatrix} -2 & 1 & 1 & \bigg| & 0 \\ 1 & -2 & 1 & \bigg| & 0 \\ 1 & 1 & -2 & \bigg| & 0 \end{bmatrix} \rightarrow \begin{bmatrix} 1 & 1 & -2 & \bigg| & 0 \\ 1 & -2 & 1 & \bigg| & 0 \\ -2 & 1 & 1 & \bigg| & 0 \end{bmatrix} \begin{matrix} r_1 \leftrightarrow r_3 \\ \\ \end{matrix}$$

$$\rightarrow \begin{bmatrix} 1 & 1 & -2 & \bigg| & 0 \\ 0 & -3 & 3 & \bigg| & 0 \\ 0 & 3 & -3 & \bigg| & 0 \end{bmatrix} \begin{matrix} \\ r_2 - r_1 \\ r_3 + 2r_1 \end{matrix} \rightarrow \begin{bmatrix} 1 & 1 & -2 & \bigg| & 0 \\ 0 & -3 & 3 & \bigg| & 0 \\ 0 & 0 & 0 & \bigg| & 0 \end{bmatrix} \begin{matrix} \\ \\ r_3 + r_2 \end{matrix}$$

$$\rightarrow \begin{bmatrix} 1 & 1 & -2 & \bigg| & 0 \\ 0 & 1 & -1 & \bigg| & 0 \\ 0 & 0 & 0 & \bigg| & 0 \end{bmatrix} \begin{matrix} \\ r_2 \div (-3) \\ \end{matrix} \rightarrow \begin{bmatrix} 1 & 0 & -1 & \bigg| & 0 \\ 0 & 1 & -1 & \bigg| & 0 \\ 0 & 0 & 0 & \bigg| & 0 \end{bmatrix} \begin{matrix} r_1 - r_2 \\ \\ \end{matrix}$$

より

$$\begin{cases} u_1 = r \\ u_2 = r \qquad (\forall r \in \mathbb{R}) \\ u_3 = r \end{cases}$$

となり、$\boldsymbol{u} = r \begin{bmatrix} 1 \\ 1 \\ 1 \end{bmatrix}$ を得る。

(ii) $\lambda = -1$ （重解）のとき、

$$\begin{bmatrix} 1 & 1 & 1 \\ 1 & 1 & 1 \\ 1 & 1 & 1 \end{bmatrix} \begin{bmatrix} u_1 \\ u_2 \\ u_3 \end{bmatrix} = \begin{bmatrix} 0 \\ 0 \\ 0 \end{bmatrix}$$

を解く。

$$\left[\begin{array}{ccc|c} 1 & 1 & 1 & 0 \\ 1 & 1 & 1 & 0 \\ 1 & 1 & 1 & 0 \end{array}\right] \rightarrow \begin{array}{l} \\ r_2 - r_1 \\ r_3 - r_1 \end{array} \left[\begin{array}{ccc|c} 1 & 1 & 1 & 0 \\ 0 & 0 & 0 & 0 \\ 0 & 0 & 0 & 0 \end{array}\right] \begin{array}{l} \\ r_2 - r_1 \\ r_3 - r_1 \end{array}$$

より

$$\begin{cases} u_1 = -s - t \\ u_2 = s \qquad\qquad (\forall s, t \in \mathbb{R}) \\ u_3 = t \end{cases}$$

となり、$\boldsymbol{u} = s \begin{bmatrix} -1 \\ 1 \\ 0 \end{bmatrix} + t \begin{bmatrix} -1 \\ 0 \\ 1 \end{bmatrix}$ を得る。

　線形独立な $\begin{bmatrix} -1 \\ 1 \\ 0 \end{bmatrix}, \begin{bmatrix} -1 \\ 0 \\ 1 \end{bmatrix}$ の線形結合の組（例：$\begin{bmatrix} -1 \\ 1 \\ 0 \end{bmatrix}, \begin{bmatrix} -1 \\ -1 \\ 2 \end{bmatrix}$）の任意の線形結合もまた解であり（確認しよう）、例 6.3 と同様に解の自由度は 2 で <u>同じ解空間（2 次元）を張る 2 本の固有ベクトルは自由に選べる</u>ことに注意が必要となる。

　(6.1) 式は、以下のようにたしかに満たされる。

$$\begin{bmatrix} 0 & 1 & 1 \\ 1 & 0 & 1 \\ 1 & 1 & 0 \end{bmatrix} \left(r \begin{bmatrix} 1 \\ 1 \\ 1 \end{bmatrix} + s \begin{bmatrix} -1 \\ 1 \\ 0 \end{bmatrix} + t \begin{bmatrix} -1 \\ 0 \\ 1 \end{bmatrix} \right) = \left(r \begin{bmatrix} 2 \\ 2 \\ 2 \end{bmatrix} + s \begin{bmatrix} 1 \\ -1 \\ 0 \end{bmatrix} + t \begin{bmatrix} 1 \\ 0 \\ -1 \end{bmatrix} \right)$$

$$= 2 \left(r \begin{bmatrix} 1 \\ 1 \\ 1 \end{bmatrix} \right) - 1 \left(s \begin{bmatrix} -1 \\ 1 \\ 0 \end{bmatrix} \right) + t \begin{bmatrix} -1 \\ 0 \\ 1 \end{bmatrix}$$

　ここまでのまとめ：n 次の行列に対する固有方程式は、複素数の範囲まで広げれば重複度を含めて n 個の解としての固有値を持つ。各固有値に対する固有ベクトルを (6.2) 式を解いて求めるが、その数は解の自由度すなわち $n-$rank$(A - \lambda E)$ だけ得ることになる。固有方程式の解を用いるため必然的に rank$(A - \lambda E) < n$ となり、相異なる固有値はそれぞれ少なくとも 1 つ固有ベクトルを得る。したがってどんな行列であっても少なくとも 1 つ固有値と固有ベクトルの組が存在する。

　行列 A の固有値と固有ベクトルが、$(\lambda_1, \boldsymbol{u}_1), (\lambda_2, \boldsymbol{u}_2), \cdots, (\lambda_m, \boldsymbol{u}_m)$ と求まったとしよう。このとき固有ベクトルの任意の線形結合 $\boldsymbol{x} = c_1 \boldsymbol{u}_1 + c_2 \boldsymbol{u}_2 + \cdots + c_m \boldsymbol{u}_m$ に対する線形変換 $A\boldsymbol{x}$ は、

$$A\boldsymbol{x} = c_1 A\boldsymbol{u}_1 + c_2 A\boldsymbol{u}_2 + \cdots + c_m A\boldsymbol{u}_m = c_1 \lambda_1 \boldsymbol{u}_1 + c_2 \lambda_2 \boldsymbol{u}_2 + \cdots + c_m \lambda_m \boldsymbol{u}_m$$

つまり行列との積をとらずとも固有ベクトルごとの固有値倍として求まることになる。もし固有ベクトルが n 次の行列に対して n 本求まり、かつそれらが線形独立であった場合は、n 次元ベクトル空間のすべてのベクトルの線形変換が同様に簡単に求まることになる。それならいっそのこと、基底をその線形独立な固有ベクトルの組に変換してみたらどうか？　というのが次節のテーマとなる。

【6.3】 行列の対角化

[6.3.1] 線形独立な固有ベクトルへの基底の変換

　前節の最後で述べた「n 次正方行列に対し固有ベクトルが n 本存在して、それらが線形独立な場合には、基底をその組に変換したらどうか？」を考察してみよう。

　仮定より n 次正方行列 A の固有値・固有ベクトルの組が $(\lambda_1, \boldsymbol{u}_1), \cdots, (\lambda_n, \boldsymbol{u}_n)$

【6.3】行列の対角化　159

として求まり、各固有ベクトルの解の自由度のパラメータを適当に選んだ組を改めて $u_1, \cdots, u_n$ とする。今変換元の基底は $\mathbb{R}^n$ または $\mathbb{C}^n$ の列ベクトルの組である標準基底であり、新たな基底も同じ $\mathbb{R}^n$ または $\mathbb{C}^n$ の列ベクトルである固有ベクトルの組なので、それぞれの基底は列ベクトルを並べたものとして $[e_1 \cdots e_n]$ および $[u_1 \cdots u_n]$ と書けて、(5.22) のように基底の変換行列 $P_{E \to U}$ は $[u_1 \cdots u_n] = [e_1 \cdots e_n] P_{E \to U}$ として定まる。今 $[e_1 \cdots e_n]$ は $\mathbb{R}^n$ または $\mathbb{C}^n$ の標準基底なので、$[e_1 \cdots e_n] = E$ より

$$P_{E \to U} = [u_1 \cdots u_n] \tag{6.4}$$

となる。また固有ベクトルの組は仮定により線形独立なので $P_{E \to U}$ は正則となり、その逆行列 $P_{E \to U}^{-1}$ が存在する。このとき行列 A は、(5.24) のようにこの基底の変換に伴う変換を受け

$$
\begin{aligned}
A_U &= P_{E \to U}^{-1} A P_{E \to U} = P_{E \to U}^{-1} A [u_1 \cdots u_n] = P_{E \to U}^{-1} [Au_1 \cdots Au_n] \\
&= P_{E \to U}^{-1} [\lambda_1 u_1 \cdots \lambda_n u_n] = P_{E \to U}^{-1} [u_1 \cdots u_n] \begin{bmatrix} \lambda_1 & \cdots & 0 \\ \vdots & \ddots & \vdots \\ 0 & \cdots & \lambda_n \end{bmatrix} \\
&= P_{E \to U}^{-1} P_{E \to U} \begin{bmatrix} \lambda_1 & \cdots & 0 \\ \vdots & \ddots & \vdots \\ 0 & \cdots & \lambda_n \end{bmatrix} = \begin{bmatrix} \lambda_1 & \cdots & 0 \\ \vdots & \ddots & \vdots \\ 0 & \cdots & \lambda_n \end{bmatrix}
\end{aligned} \tag{6.5}
$$

と、各固有値を対角成分に持つ対角行列に変換されることになる。

　このことを行列の対角化という。ちなみに新しい基底となる各固有ベクトル自身は、$P_{E \to U}^{-1} u_i = e_i$ と変換の結果標準基底とみなされることになる。すなわち対角化後の世界は固有ベクトルが各直交座標軸となり、座標軸ごとに伸縮される比率が固有値で定まるという、表示している線形変換を最もシンプルに表すこととなる。逆に言えば、対角化可能な表示行列で表される線形変換の特徴は本来各固有値のみで決まり、そこからの自由な基底の変換の結果として複雑な表示となっているとみることもできる。各固有ベクトルを求めることは、対角化されていた世界での標準基底（座標軸）を探していることになる。

160 【第 6 講】行列 III：固有値・対角化

前節での例に対して実際に確かめてみよう。

○例 **6.1**：行列 $A = \begin{bmatrix} \dfrac{3}{2} & 1 \\ \dfrac{1}{2} & 1 \end{bmatrix}$ の場合

固有値は $\lambda = 2, \dfrac{1}{2}$ となり、固有ベクトルは $\forall s, t \in \mathbb{R}$ として $\lambda_1 = 2$ のとき $\boldsymbol{u}_1 = s \begin{bmatrix} 2 \\ 1 \end{bmatrix}$、$\lambda_2 = \dfrac{1}{2}$ のとき $\boldsymbol{u}_2 = t \begin{bmatrix} -1 \\ 1 \end{bmatrix}$ であり、これらは線形独立である。

変換先の基底を $\boldsymbol{u}_1 = \begin{bmatrix} 2 \\ 1 \end{bmatrix}$, $\boldsymbol{u}_2 = \begin{bmatrix} -1 \\ 1 \end{bmatrix}$ とすると、基底の変換行列は $P_{E \to U}$

$= \begin{bmatrix} 2 & -1 \\ 1 & 1 \end{bmatrix}$ となる。逆行列 $P_{E \to U}^{-1} = \dfrac{1}{3} \begin{bmatrix} 1 & 1 \\ -1 & 2 \end{bmatrix}$ より固有ベクトルの組を基底とした変換先の表示行列は、

$$A_U = P_{E \to U}^{-1} A P_{E \to U} = \frac{1}{3} \begin{bmatrix} 1 & 1 \\ -1 & 2 \end{bmatrix} \begin{bmatrix} \dfrac{3}{2} & 1 \\ \dfrac{1}{2} & 1 \end{bmatrix} \begin{bmatrix} 2 & -1 \\ 1 & 1 \end{bmatrix}$$

$$= \frac{1}{3} \begin{bmatrix} 1 & 1 \\ -1 & 2 \end{bmatrix} \begin{bmatrix} 4 & -\dfrac{1}{2} \\ 2 & \dfrac{1}{2} \end{bmatrix} = \begin{bmatrix} 2 & 0 \\ 0 & \dfrac{1}{2} \end{bmatrix} = \begin{bmatrix} \lambda_1 & 0 \\ 0 & \lambda_2 \end{bmatrix}$$

となり、たしかに対角化された。

○例 **6.2**：行列 $A = \begin{bmatrix} 1 & 1 \\ 0 & 1 \end{bmatrix}$ の場合

固有値は $\lambda = 1$（重解）となり、固有ベクトルは $\forall s \in \mathbb{R}$ として $\lambda_1 = 1$ のとき $\boldsymbol{u}_1 = s \begin{bmatrix} 1 \\ 0 \end{bmatrix}$ のみであり、基底となり得ない。よってこの例は対象外となる。

○例 **6.3**：行列 $A = \begin{bmatrix} 2 & 0 \\ 0 & 2 \end{bmatrix}$ の場合

固有値は $\lambda = 2$（重解）となり、固有ベクトルは $\forall s, t \in \mathbb{R}$ として $\lambda_1 = 2$ の

【6.3】行列の対角化　161

とき $u_1 = s \begin{bmatrix} 1 \\ 0 \end{bmatrix}$, $u_2 = t \begin{bmatrix} 0 \\ 1 \end{bmatrix}$ であり、これらは線形独立であるが既に固有ベクトルとして標準基底を選べているので、基底を変換しても変わらない。実際、行列 A はもともと対角行列であり対角成分はたしかに固有値である。

○例 **6.4**：行列 $\begin{bmatrix} \cos\theta & -\sin\theta \\ \sin\theta & \cos\theta \end{bmatrix}$ の場合

固有値は $\lambda = \cos\theta \pm i\sin\theta$ となり固有ベクトルは $\forall s, t \in \mathbb{C}$ として $\lambda_1 = \cos\theta + i\sin\theta$ のとき $u_1 = s \begin{bmatrix} i \\ 1 \end{bmatrix}$、$\lambda_2 = \cos\theta - i\sin\theta$ のとき $u_2 = t \begin{bmatrix} -i \\ 1 \end{bmatrix}$ であり、これらは線形独立である。変換先の基底を $u_1 = \begin{bmatrix} i \\ 1 \end{bmatrix}$, $u_2 = \begin{bmatrix} -i \\ 1 \end{bmatrix}$ とすると、基底の変換行列は $P_{E\to U} = \begin{bmatrix} i & -i \\ 1 & 1 \end{bmatrix}$ となる。逆行列 $P_{E\to U}^{-1} = \dfrac{1}{2}\begin{bmatrix} -i & 1 \\ i & 1 \end{bmatrix}$ より固有ベクトルの組を基底とした変換先の表示行列は、

$$
\begin{aligned}
A_U = P_{E\to U}^{-1} A P_{E\to U} &= \frac{1}{2}\begin{bmatrix} -i & 1 \\ i & 1 \end{bmatrix}\begin{bmatrix} \cos\theta & -\sin\theta \\ \sin\theta & \cos\theta \end{bmatrix}\begin{bmatrix} i & -i \\ 1 & 1 \end{bmatrix} \\
&= \frac{1}{2}\begin{bmatrix} -i & 1 \\ i & 1 \end{bmatrix}\begin{bmatrix} i\cos\theta - \sin\theta & -i\cos\theta - \sin\theta \\ i\sin\theta + \cos\theta & -i\sin\theta + \cos\theta \end{bmatrix} \\
&= \begin{bmatrix} \cos\theta + i\sin\theta & 0 \\ 0 & \cos\theta - i\sin\theta \end{bmatrix} = \begin{bmatrix} \lambda_1 & 0 \\ 0 & \lambda_2 \end{bmatrix}
\end{aligned}
$$

となり、たしかに対角化された。

○例 **6.5**：行列 $A = \begin{bmatrix} 0 & 1 & 1 \\ 1 & 0 & 1 \\ 1 & 1 & 0 \end{bmatrix}$ の場合

固有値は $\lambda = 2, -1$（重解）となり、固有ベクトルは $\forall r, s, t \in \mathbb{R}$ として $\lambda_1 = $

2 のとき $\boldsymbol{u}_1 = r \begin{bmatrix} 1 \\ 1 \\ 1 \end{bmatrix}$、$\lambda_2 = -1$ のとき $\boldsymbol{u}_2 = s \begin{bmatrix} -1 \\ 1 \\ 0 \end{bmatrix}, \boldsymbol{u}_3 = t \begin{bmatrix} -1 \\ 0 \\ 1 \end{bmatrix}$ であり、

これらは線形独立である。変換先の基底を $\boldsymbol{u}_1 = \begin{bmatrix} 1 \\ 1 \\ 1 \end{bmatrix}$, $\boldsymbol{u}_2 = \begin{bmatrix} -1 \\ 1 \\ 0 \end{bmatrix}$, $\boldsymbol{u}_3 =$

$\begin{bmatrix} -1 \\ 0 \\ 1 \end{bmatrix}$ とすると、基底の変換行列は $P_{E \to U} = \begin{bmatrix} 1 & -1 & -1 \\ 1 & 1 & 0 \\ 1 & 0 & 1 \end{bmatrix}$ となる。逆行列

$P_{E \to U}^{-1} = \dfrac{1}{3} \begin{bmatrix} 1 & 1 & 1 \\ -1 & 2 & -1 \\ -1 & -1 & 2 \end{bmatrix}$ より固有ベクトルの組を基底とした変換先の表示

行列は、

$$
\begin{aligned}
A_U = P_{E \to U}^{-1} A P_{E \to U} &= \frac{1}{3} \begin{bmatrix} 1 & 1 & 1 \\ -1 & 2 & -1 \\ -1 & -1 & 2 \end{bmatrix} \begin{bmatrix} 0 & 1 & 1 \\ 1 & 0 & 1 \\ 1 & 1 & 0 \end{bmatrix} \begin{bmatrix} 1 & -1 & -1 \\ 1 & 1 & 0 \\ 1 & 0 & 1 \end{bmatrix} \\
&= \frac{1}{3} \begin{bmatrix} 1 & 1 & 1 \\ -1 & 2 & -1 \\ -1 & -1 & 2 \end{bmatrix} \begin{bmatrix} 2 & 1 & 1 \\ 2 & -1 & 0 \\ 2 & 0 & -1 \end{bmatrix} = \begin{bmatrix} 2 & 0 & 0 \\ 0 & -1 & 0 \\ 0 & 0 & -1 \end{bmatrix} = \begin{bmatrix} \lambda_1 & 0 & 0 \\ 0 & \lambda_2 & 0 \\ 0 & 0 & \lambda_2 \end{bmatrix}
\end{aligned}
$$

となり、たしかに対角化された。なお重解 $\lambda = -1$ に属する固有ベクトル $\boldsymbol{u}_2$, <u>$\boldsymbol{u}_3$ は（線形独立で）同じ解空間を張るならば、選び方は自由であった</u>ことに再度注意。

[6.3.2] 対角化可能な条件

さて「固有ベクトルが n 本求まり、その組が線形独立であること（つまり基底となり得ること）」はどの程度の制限となるのだろうか？ 少なくとも上記の例 6.2 はこの条件を満たさなかった。これについて固有値・固有ベクトルに関し以下の性質が知られている。

【6.3】行列の対角化　163

●**性質 6.1**：互いに相異なる固有値に属する固有ベクトルの組は線形独立となる。（※証明は付録 2 にて）

　これでわかることとして、少なくとも n 次の行列の固有方程式が重複解を持たない場合は、n 個の相異なる固有値に属する n 本の固有ベクトルが存在し、その組は線形独立となるのでその行列は対角化可能ということになる。

　また固有方程式が重複解を持つ場合は、重複解となる固有値がそれぞれその重複度の数だけ線形独立な固有ベクトルを持てば合計 n 本の固有ベクトルが線形独立となり（厳密には要証明）、対角化可能となる。

　具体例として例 6.2 と例 6.3、例 6.5 の違いを参照。

[6.3.3] 相似変換

　一般に正則な行列 P により正方行列 A を $B = P^{-1}AP$ として変換することを**相似変換**といい、相似変換にて変換される行列を互いに**相似**であるという。行列の対角化のときと異なり相似変換の変換行列に求められる条件は単に正則であるというだけで、対角化の変換よりもずっと一般的な<u>任意の基底の変換に伴う行列の変換</u>と解釈できることになる。

●**性質 6.2**：相似な行列 $A, B = P^{-1}AP$ は以下の共通点を持つ。

(i) 行列式が等しい。

(ii) 固有多項式が等しい。

(iii) 同じ固有値を持つ。

【証明】

(i)　$|B| = |P^{-1}AP| = |P^{-1}||A||P| = \dfrac{1}{|P|}|A||P| = |A|$

(ii)　$|B - \lambda E| = |P^{-1}AP - \lambda P^{-1}P| = |P^{-1}(A - \lambda E)P|$

　　　　$= |P^{-1}||A - \lambda E||P| = |A - \lambda E|$

(iii)　(ii) より明らか。　　　　　　　　　　　　　　　　　■

164 　【第 6 講】行列 III：固有値・対角化

　これにより行列式の値や固有値は、基底によらない各線形変換固有の値ということがわかる。

[6.3.4] 行列の三角化

　成分 $a_{ij} = 0 \ (i > j)$ となる行列を（上）三角行列というのだった。以下のことが知られている。

●性質 6.3：任意の正方行列 A に対しある正則行列 P が存在し、三角行列 Γ に $\Gamma = P^{-1}AP$ と相似変換することができる。

　このことを行列の三角化という。（※証明は付録 2 にて）

●性質 6.4：n 次の三角行列の対角成分は三角行列の n 個の固有値が並んだものとなる。

　　【証明】　三角行列の非ゼロ成分を γ_{ij} とすると (4.19) 式より、

$$|\Gamma - \lambda E| = \begin{vmatrix} \gamma_{11} - \lambda & \cdots & & \gamma_{1n} \\ \mathbf{0} & \ddots & & \vdots \\ 0 & & \mathbf{0} & \gamma_{nn} - \lambda \end{vmatrix} = (\gamma_{11} - \lambda) \cdots (\gamma_{nn} - \lambda)$$

よって固有方程式の解は三角行列の各対角成分となり、題意は示された。　　■

●性質 6.5：n 次正方行列 A を三角化すると、対角成分に A の n 個の固有値が並ぶ。

　　【証明】　三角化は相似変換にて行われ、性質 6.2 (iii), 6.4 より成り立つ。■

　したがって対角化と同様に三角化された三角行列の対角成分は三角化される前の行列の固有値となる。

【6.3】行列の対角化　　165

[6.3.5] 固有値の諸性質

●**性質 6.6**：行列式との関係

n 次正方行列 A の n 個の固有値を $\lambda_1, \lambda_2, \cdots, \lambda_n$ とすると

$$\det A = \lambda_1 \lambda_2 \cdots \lambda_n \tag{6.6}$$

【証明】　性質 6.2 (i), 6.5 および三角行列の行列式は対角成分の積より成り立つ。　　　　　　　　　　　　　　　　　　　　　　　　　　■

●**トレース**

○定義：正方行列 A の対角成分の総和を **トレース**（跡）といい、$\mathrm{tr}(A)$ と記す。

○**性質 6.7**：トレースの性質

(i) $\mathrm{tr}(\alpha A + \beta B) = \alpha\,\mathrm{tr}(A) + \beta\,\mathrm{tr}(B)$

(ii) $\mathrm{tr}(A^\top) = \mathrm{tr}(A)$

(iii) $\mathrm{tr}(AB) = \mathrm{tr}(BA)$

(iv) $\mathrm{tr}(P^{-1}AP) = \mathrm{tr}(A)$

(v) $\mathrm{tr}(A) = (A$ の固有値の総和$)$

【証明】

(i)　$\mathrm{tr}(\alpha A + \beta B) = \sum_i (\alpha a_{ii} + \beta b_{ii}) = \alpha \sum_i a_{ii} + \beta \sum_i b_{ii} = \alpha\,\mathrm{tr}(A) + \beta\,\mathrm{tr}(B)$

(ii)　$\mathrm{tr}(A^\top) = \sum_i a_{ii}^\top = \sum_i a_{ii} = \mathrm{tr}(A)$

(iii)　$\mathrm{tr}(AB) = \sum_i \sum_j a_{ij} b_{ji} = \sum_j \sum_i b_{ji} a_{ij} = \mathrm{tr}(BA)$

(iv)　$\mathrm{tr}(P^{-1}(AP)) = \mathrm{tr}((AP)P^{-1}) = \mathrm{tr}(A)$

(v)　Γ を $\Gamma = P^{-1}AP$ と三角化された行列とすると $\mathrm{tr}(A) = \mathrm{tr}(\Gamma)$ であり、A のすべての固有値は三角化により対角成分に並ぶため題意は示された。　　■

上記性質 (iv), (v) より、トレースは基底によらない固有の値：固有値の総和

となることがわかる。

● 2 次・3 次の固有多項式の係数および固有方程式の解と係数の関係

固有方程式の解を $\lambda_1, \cdots, \lambda_n$ とすれば 固有多項式 $g(\lambda) = (\lambda_1 - \lambda) \cdots (\lambda_n - \lambda) = 0$ となる。そこで以下を考える。

○ **2 次**：$A = \begin{bmatrix} a & b \\ c & d \end{bmatrix}$ とすると $\begin{vmatrix} a - \lambda & b \\ c & d - \lambda \end{vmatrix} = \lambda^2 - (a + d)\lambda + ad - bc$ より

$$g(\lambda) = \lambda^2 - \text{tr}(A)\lambda + \det(A) \tag{6.7}$$

一方で $g(\lambda) = (\lambda_1 - \lambda)(\lambda_2 - \lambda) = \lambda^2 - (\lambda_1 + \lambda_2)\lambda + \lambda_1\lambda_2$ という解と係数の関係がある。

○ **3 次**：$A = \begin{bmatrix} a_{11} & a_{12} & a_{13} \\ a_{21} & a_{22} & a_{23} \\ a_{31} & a_{32} & a_{33} \end{bmatrix}$ とすると、

$$
\begin{vmatrix} a_{11} - \lambda & a_{12} & a_{13} \\ a_{21} & a_{22} - \lambda & a_{23} \\ a_{31} & a_{32} & a_{33} - \lambda \end{vmatrix}
$$

$$
= \begin{vmatrix} -\lambda & a_{12} & a_{13} \\ 0 & a_{22} - \lambda & a_{23} \\ 0 & a_{32} & a_{33} - \lambda \end{vmatrix} + \begin{vmatrix} a_{11} & a_{12} & a_{13} \\ a_{21} & a_{22} - \lambda & a_{23} \\ a_{31} & a_{32} & a_{33} - \lambda \end{vmatrix}
$$

このような分解を続け、λ の 3 次、2 次、1 次、0 次の多項式に分ければ

$$g(\lambda) = -\{\lambda^3 - \text{tr}(A)\lambda^2 + (\tilde{a}_{11} + \tilde{a}_{22} + \tilde{a}_{33})\lambda - \det(A)\} \tag{6.8}$$

ここで λ の 1 次の項の係数は、以下の主小行列式の総和となる。

$$\tilde{a}_{11} = \begin{vmatrix} a_{22} & a_{23} \\ a_{32} & a_{33} \end{vmatrix}, \qquad \tilde{a}_{22} = \begin{vmatrix} a_{11} & a_{13} \\ a_{31} & a_{33} \end{vmatrix}, \qquad \tilde{a}_{33} = \begin{vmatrix} a_{11} & a_{12} \\ a_{21} & a_{22} \end{vmatrix}$$

一方で

$$g(\lambda) = (\lambda_1 - \lambda)(\lambda_2 - \lambda)(\lambda_3 - \lambda)$$
$$= -\{\lambda^3 - (\lambda_1 + \lambda_2 + \lambda_3)\lambda^2 + (\lambda_1\lambda_2 + \lambda_2\lambda_3 + \lambda_3\lambda_1)\lambda - \lambda_1\lambda_2\lambda_3\}$$

n 次の場合、固有多項式は以下のようになる。

$$g(\lambda) = (-1)^n \{\lambda^n - \mathrm{tr}(A)\lambda^{n-1} + \cdots + (-1)^n \det(A)\}$$

●行列の多項式

対角行列 $D = \begin{bmatrix} d_1 & \mathbf{0} & 0 \\ \mathbf{0} & \ddots & \mathbf{0} \\ 0 & \mathbf{0} & d_n \end{bmatrix}$ の累乗は容易に分かるように

$$D^k = \begin{bmatrix} d_1^k & \mathbf{0} & 0 \\ \mathbf{0} & \ddots & \mathbf{0} \\ 0 & \mathbf{0} & d_n^k \end{bmatrix}$$

と簡単に求めることができる。同様に三角行列 $\Gamma = \begin{bmatrix} \gamma_1 & * & * \\ \mathbf{0} & \ddots & * \\ 0 & \mathbf{0} & \gamma_n \end{bmatrix}$ の累乗も、

$$\Gamma^k = \begin{bmatrix} \gamma_1^k & * & * \\ \mathbf{0} & \ddots & * \\ 0 & \mathbf{0} & \gamma_n^k \end{bmatrix}$$

となることは簡単に確かめることができる。(実際に確認のこと！　ここで、$*$ の成分は任意の値を表す。)

　任意の正方行列 A は少なくとも三角化可能であり、三角化された行列を Γ、その際の変換行列を P とすると $\Gamma = P^{-1}AP$ なので、$\Gamma^2 = (P^{-1}AP)^2 = P^{-1}APP^{-1}AP = P^{-1}A^2P$ と書け、k 乗の場合も同様に $\Gamma^k = (P^{-1}AP)^k = P^{-1}A^kP$ となる。よって A の固有値を $\lambda_1, \cdots, \lambda_n$ とすると、

$$A^k = P \begin{bmatrix} \lambda_1^k & * & * \\ \mathbf{0} & \ddots & * \\ 0 & \mathbf{0} & \lambda_n^k \end{bmatrix} P^{-1},$$

$$\text{対角化可能なら } A^k = P \begin{bmatrix} \lambda_1^k & \mathbf{0} & 0 \\ \mathbf{0} & \ddots & \mathbf{0} \\ 0 & \mathbf{0} & \lambda_n^k \end{bmatrix} P^{-1} \tag{6.9}$$

と書けることがわかる。

n 次正方行列の多項式を考える。具体的には、

$$f(A) = a_k A^k + a_{k-1} A^{k-1} + \cdots + a_1 A + a_0 E \tag{6.10}$$

である。これも同様に

$$\begin{aligned} P^{-1} f(A) P &= a_k P^{-1} A^k P + \cdots + a_1 P^{-1} A P + a_0 P^{-1} E P \\ &= a_k \Gamma^k + \cdots + a_1 \Gamma + a_0 E \\ &= \begin{bmatrix} a_k \lambda_1^k + \cdots + a_1 \lambda_1 + a_0 & * & * \\ \mathbf{0} & \ddots & * \\ 0 & \mathbf{0} & a_k \lambda_n^k + \cdots + a_1 \lambda_n + a_0 \end{bmatrix} \\ &= \begin{bmatrix} f(\lambda_1) & * & * \\ \mathbf{0} & \ddots & * \\ 0 & \mathbf{0} & f(\lambda_n) \end{bmatrix} \end{aligned}$$

より

$$f(A) = P \begin{bmatrix} f(\lambda_1) & * & * \\ \mathbf{0} & \ddots & * \\ 0 & \mathbf{0} & f(\lambda_n) \end{bmatrix} P^{-1},$$

$$\text{対角化可能なら } f(A) = P \begin{bmatrix} f(\lambda_1) & \mathbf{0} & 0 \\ \mathbf{0} & \ddots & \mathbf{0} \\ 0 & \mathbf{0} & f(\lambda_n) \end{bmatrix} P^{-1} \tag{6.11}$$

と書けることがわかる。

【6.4】 実対称行列の対角化

[6.4.1] 実対称行列の固有値・固有ベクトル

●性質 6.8：実対称行列の固有値はすべて実数となる。（※証明は付録 2 にて：複素ベクトルの内積は付録 1 も参照）

また実固有値をもとに、(6.2) 式で求める固有ベクトルも実数ベクトルとなることがわかる。

●性質 6.9：相異なる固有値に属する固有ベクトルは直交する。

【証明】　実対称行列 A の固有値を λ_i、それに属する固有ベクトルを $\boldsymbol{u}_i$ とすると

$$\lambda_i \boldsymbol{u}_i \cdot \boldsymbol{u}_j = (A\boldsymbol{u}_i) \cdot \boldsymbol{u}_j = (A\boldsymbol{u}_i)^\top \boldsymbol{u}_j = \boldsymbol{u}_i^\top A^\top \boldsymbol{u}_j = \boldsymbol{u}_i^\top A \boldsymbol{u}_j$$
$$= \boldsymbol{u}_i \cdot (A\boldsymbol{u}_j) = \boldsymbol{u}_i \cdot (\lambda_j \boldsymbol{u}_j) = \lambda_j \boldsymbol{u}_i \cdot \boldsymbol{u}_j$$

より $(\lambda_i - \lambda_j)\boldsymbol{u}_i \cdot \boldsymbol{u}_j = 0$ となり、$\lambda_i \neq \lambda_j$ のとき $\boldsymbol{u}_i \cdot \boldsymbol{u}_j = 0$ がいえて、題意は示された。∎

[6.4.2] グラム・シュミットの正規直交化法

対角化の話の前に、m 本の線形独立なベクトルの組 $\{\boldsymbol{a}_i\}$ から m 本の互いに正規直交するベクトルの組 $\{\boldsymbol{e}_i\}$ を作る手法（グラム・シュミットの正規直交化法）を解説する。固有ベクトルの組から直交行列を作る際などに利用される。

まず 1 本めのベクトル $\boldsymbol{a}_1$ を正規化して $\boldsymbol{e}_1$ を得る。

$$\boldsymbol{e}_1 = \frac{\boldsymbol{a}_1}{\|\boldsymbol{a}_1\|} \tag{6.12}$$

これに $\boldsymbol{a}_2$ を加えた $\boldsymbol{e}_1, \boldsymbol{a}_2$ から $\boldsymbol{e}_2$ をどうすれば作れるのだろうか？　ここは逆の発想で、正規直交基底となる $\boldsymbol{e}_1, \boldsymbol{e}_2$ で $\boldsymbol{a}_2$ を表すと $\boldsymbol{a}_2 = (\boldsymbol{e}_1 \cdot \boldsymbol{a}_2)\boldsymbol{e}_1 +$

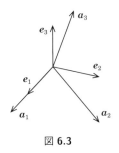

図 6.3

$(e_2 \cdot a_2)e_2$ と書けるハズで、式変形すると $(e_2 \cdot a_2)e_2 = a_2 - (e_1 \cdot a_2)e_1$ となるが、a_1, a_2 は線形独立なので e_2, a_2 は直交しない $(e_2 \cdot a_2 \neq 0)$ ため（なぜなら対偶が成り立つから：図 6.3）、左辺は正規化できて e_2 が求まる。つまりこの左辺を e_2' としたときの

$$e_2' = a_2 - (e_1 \cdot a_2)e_1 \quad \to \quad e_2 = \frac{e_2'}{\|e_2'\|} \tag{6.13}$$

これに a_3 が加わったら？ 同様に $a_3 = (e_1 \cdot a_3)e_1 + (e_2 \cdot a_3)e_2 + (e_3 \cdot a_3)e_3$ より $e_3' = (e_3 \cdot a_3)e_3$ として求める。（同様に a_1, a_2, a_3 は線形独立なので $e_3 \cdot a_3 \neq 0$ であることが、対偶が成り立つことからいえる。）

$$e_3' = a_3 - (e_1 \cdot a_3)e_1 - (e_2 \cdot a_3)e_2 \quad \to \quad e_3 = \frac{e_3'}{\|e_3'\|} \tag{6.14}$$

あとは必要な次数 m まで繰り返せばよい。

[6.4.3] 実対称行列の対角化

●**性質 6.10**：実対称行列は直交行列を変換行列として対角化可能である。（※証明は付録 2 にて）

実対称行列の対角化は直交変換：回転（＋軸反転）で可能ということになる。なお直交行列でなければ対角化できないということではないことに注意。

性質 6.9 より異なる固有値に属する固有ベクトルは直交するがそもそも正規化は必須でなく、また重複解となる同じ固有値に属する複数の固有ベクトルは必ずしも互いに直交する解のみとして得られるわけでもない。実際、前節の例

6.5 では直交していないが対角化はできている。重複解の固有ベクトルの組でも線形独立とはなり、正規直交化法などを用い正規直交基底となる固有ベクトルを選べて直交行列にできるということになる。

[6.4.4] 実二次形式

実二次形式とは、n 個の実変数 x_i $(1 \leqq i \leqq n)$ による二次の実係数多項式のことで、式で表せば $Q(\boldsymbol{x}) = \sum_{i,j=1}^{n} a_{ij}x_ix_j$ $(x_i, a_{ij} \in \mathbb{R})$ のことである。この式は x_i, x_j について対称なので $\dfrac{a_{ij} + a_{ji}}{2}$ を改めて a_{ij} としても結果は変わらないことがわかり、a_{ij} は実対称行列 A の成分とみなせる。

よって、x_i を n 次列ベクトル $\boldsymbol{x}$ の成分とみなして以下のように書ける。

$$Q(\boldsymbol{x}) = \boldsymbol{x}^\top A\boldsymbol{x} \qquad (A^\top = A) \tag{6.15}$$

A は実対称行列なので n 個の実固有値をもち、それらを成分とする対角行列 Λ にある直交行列 R を用いて $\Lambda = R^{-1}AR$ と変換可能で、基底変換とみなし伴う座標変換を $\boldsymbol{y} = R^{-1}\boldsymbol{x}$ とすれば、R は直交行列なので $Q = \boldsymbol{x}^\top A\boldsymbol{x} = \boldsymbol{x}^\top R\Lambda R^{-1}\boldsymbol{x} = (R^\top\boldsymbol{x})^\top \Lambda R^{-1}\boldsymbol{x} = (R^{-1}\boldsymbol{x})^\top \Lambda(R^{-1}\boldsymbol{x})$ となり、以下を得る。

$$Q(\boldsymbol{y}) = \boldsymbol{y}^\top \Lambda \boldsymbol{y} \tag{6.16}$$

このとき各固有値を（重複解の場合は重複数分も含めて）λ_i $(i = 1, \cdots, n)$ とすれば、この式は $Q(\boldsymbol{y}) = \sum_{i=1}^{n} \lambda_i y_i^2$ と書けることになり、すべての $\lambda_i > 0$ であれば Q は正定値、$\lambda_i < 0$ であれば負定値となる。このような二次形式の性質は、二次曲線の標準化や物理学の慣性モーメントの主軸変換など以外にも二次形式で表される系の極値問題（キーワード：ヘッセ行列、最小二乗法、正規方程式など）などにも応用される。次節で固有値問題や対角化のほかの応用例の概要を紹介する。

【6.5】 応用例

[6.5.1] 剛体回転におけるオイラーの定理

●定理：「球が中心のまわりを回転するとき、回転の前後で向きが不変となる直径が必ず存在する。」（注：3 次元回転の話）

172 【第 6 講】行列 III：固有値・対角化

解説しよう。模様が描かれたボールを「回転軸の変化も含めて自由に」転がして回しまくったあとに回転前の模様と比較すると一般的にはまったく一致しないが、中心を通るある直線（直径）上のボールの表面部分の 2 点だけは回転の前後でピタリと一致する、そんな 2 点が必ずみつかると定理は主張している。

もしそういう直径が存在すれば、それを軸とする 1 回の回転で回転前の姿勢に戻せるのは自明であり、その戻した回転の逆回転 1 回だけで複雑な回転の結果を実現できる。

【証明】 題意を満たす回転軸が存在することを示す。任意の複数の回転の合成は、その各回転を表す回転行列の積として表され、R をその積の結果となる 3 次の回転行列とする。

行列式 $|R - E|$ を考えると、$|R^\top| = |R| = +1, RR^\top = E$ より

$$
\begin{aligned}
|R - E| &= |R - E| \, |R^\top| = |(R - E)R^\top| = |E - R^\top| = |(E - R)^\top| \\
&= |E - R| = |-(R - E)| = (-1)^3 |R - E| = -|R - E|
\end{aligned}
$$

よって

$$
|R - E| = 0
$$

となり、任意の 3 次の回転行列が少なくとも一つ固有値 1 の固有ベクトル $\boldsymbol{u}$ を持つことを意味する。 すなわち、

$$
R\boldsymbol{u} = \boldsymbol{u} \tag{6.17}
$$

を満たし、この軸 $\boldsymbol{u}$ は回転による影響を受けない（つまり回転軸となる）。 ∎

この定理は、第 7 講にて 3 次元回転の性質を調べる際に引用する。

[6.5.2] 漸化式と特性方程式

高校時代に習った漸化式を解く際に用いる特性方程式というものがあった（今も習うよね？）。

隣接 3 項間漸化式：$a_{n+2} = pa_{n+1} + qa_n$ に対して特性方程式：$\lambda^2 - p\lambda - q = 0$ の解を α, β とすれば、一般項は $\alpha \neq \beta$ のとき $a_n = c_1 \alpha^{n-1} + c_2 \beta^{n-1}$ とし

て求まるというアレである（なつかし）。

当時は、以下のようなロジックで学んだと思う。

上記の漸化式をこんな風に書き換えたい：

$$a_{n+2} - \alpha a_{n+1} = \beta(a_{n+1} - \alpha a_n) \tag{★}$$

これは

$$a_{n+2} - \beta a_{n+1} = \alpha(a_{n+1} - \beta a_n) \tag{☆}$$

とも書けて、それぞれ $a_{n+1} - \alpha a_n = (a_2 - \alpha a_1)\beta^{n-1}$ および $a_{n+1} - \beta a_n = (a_2 - \beta a_1)\alpha^{n-1}$ と解け、辺々引くと $\alpha \neq \beta$ のとき $a_n = \dfrac{a_2 - \beta a_1}{\alpha - \beta}\alpha^{n-1} - \dfrac{a_2 - \alpha a_1}{\alpha - \beta}\beta^{n-1}$ を得る。

(★), (☆) 式を展開すると、$a_{n+2} = (\alpha + \beta)a_{n+1} - \alpha\beta a_n$ であり $p = \alpha + \beta$, $q = -\alpha\beta$ であればよいので、解と係数の関係から α, β は 2 次方程式 $\lambda^2 - p\lambda - q = 0$ の解となり、これを特性方程式という。

$\cdots$ みたいな。実はこれには裏がある。

漸化式を行列形式で書くと

$$\begin{bmatrix} a_{n+2} \\ a_{n+1} \end{bmatrix} = \begin{bmatrix} p & q \\ 1 & 0 \end{bmatrix} \begin{bmatrix} a_{n+1} \\ a_n \end{bmatrix} \tag{※}$$

となり、一般項は $\begin{bmatrix} a_{n+1} \\ a_n \end{bmatrix} = \begin{bmatrix} p & q \\ 1 & 0 \end{bmatrix}^{n-1} \begin{bmatrix} a_2 \\ a_1 \end{bmatrix}$ と書ける。固有方程式は

$$\begin{vmatrix} p - \lambda & q \\ 1 & -\lambda \end{vmatrix} = \lambda^2 - p\lambda - q = 0$$

となり、解を α, β とすれば、固有ベクトルは固有値 α のとき

$$\begin{bmatrix} p - \alpha & q \\ 1 & -\alpha \end{bmatrix} \begin{bmatrix} u_1 \\ u_2 \end{bmatrix} = \begin{bmatrix} 0 \\ 0 \end{bmatrix}$$

より $\begin{bmatrix} \alpha \\ 1 \end{bmatrix}$ となり、同様に固有値 β のとき $\begin{bmatrix} \beta \\ 1 \end{bmatrix}$ となる。

変換行列は $P = \begin{bmatrix} \alpha & \beta \\ 1 & 1 \end{bmatrix}$ で、$\alpha \neq \beta$（重解でない）のときは

$$P^{-1} = \frac{1}{\alpha - \beta} \begin{bmatrix} 1 & -\beta \\ -1 & \alpha \end{bmatrix}$$

となり対角化可能。よって

$$\begin{bmatrix} p & q \\ 1 & 0 \end{bmatrix}^{n-1} = P \begin{bmatrix} \alpha^{n-1} & 0 \\ 0 & \beta^{n-1} \end{bmatrix} P^{-1}$$

$$= \frac{1}{\alpha - \beta} \begin{bmatrix} \alpha^n - \beta^n & -\alpha^n \beta + \alpha \beta^n \\ \alpha^{n-1} - \beta^{n-1} & -\alpha^{n-1}\beta + \alpha\beta^{n-1} \end{bmatrix}$$

を得て、これを用いて

$$\begin{bmatrix} a_{n+1} \\ a_n \end{bmatrix} = \frac{1}{\alpha - \beta} \begin{bmatrix} (a_2 - \beta a_1)\,\alpha^n - (a_2 - \alpha a_1)\,\beta^n \\ (a_2 - \beta a_1)\,\alpha^{n-1} - (a_2 - \alpha a_1)\,\beta^{n-1} \end{bmatrix}$$

を得る。なお、基底の変換に伴い座標変換 $\begin{bmatrix} b_{n+1} \\ b_n \end{bmatrix} = P^{-1} \begin{bmatrix} a_{n+1} \\ a_n \end{bmatrix}$ を行うと、（※）式は

$$\begin{bmatrix} b_{n+2} \\ b_{n+1} \end{bmatrix} = \begin{bmatrix} \alpha & 0 \\ 0 & \beta \end{bmatrix} \begin{bmatrix} b_{n+1} \\ b_n \end{bmatrix}$$

と書け、この式をもとの a_n で表すと

$$\frac{1}{\alpha - \beta} \begin{bmatrix} a_{n+2} - \beta a_{n+1} \\ -a_{n+2} - \alpha a_{n+1} \end{bmatrix} = \frac{1}{\alpha - \beta} \begin{bmatrix} \alpha(a_{n+1} - \beta a_n) \\ -\beta(a_{n+1} - \alpha a_n) \end{bmatrix}$$

となり（★）,（☆）式は漸化式を対角化した式だとわかる。以上の話は隣接 $k+1$ 項間線形漸化式に拡張でき、特性方程式は k 次行列の固有方程式となる。

【6.5】応用例　175

― むかし話 ―――――――――――――――――――――――

　そのむかし、まだ筆者が高校生だったころ、高校数学に「代数・幾何」という単元があって、実2次行列の範囲で線形代数を習っていた。当時この隣接3項間漸化式と対角化の話もちょっと進んだ内容として知っていた。今調べてみると学習指導要領では対角化までは範囲に入ってなかった（？）ようだが、当時ケーリー・ハミルトンの定理とかも（2次の範囲で）普通に問題解かされてたから、対角化習ったハズなんだけどなぁとか思うなど。

[6.5.3]　[▼ B] フーリエ級数展開

やや高度な話となり、また微積の言葉も用いるため、ここでは概要を述べるにとどめる。微積に不慣れな読者はある程度習熟後、再度読んでもらえば意味がよく分かるかと思う。

　第3講にて実変数関数の集合もベクトル空間の公理に従い関数はベクトルとみなせるという話をした。簡単のため区間 $[-\pi, \pi]$ での二階微分可能な周期関数の集合 V を考えよう。$f \in V$ の二階微分となる演算 $\dfrac{d^2}{dx^2}$ を考えると、

$$\frac{d^2}{dx^2}(f+g) = \frac{d^2}{dx^2}f + \frac{d^2}{dx^2}g, \qquad \frac{d^2}{dx^2}(kf) = k\frac{d^2}{dx^2}f$$

となるため、$\dfrac{d^2}{dx^2}$ は線形変換 $D : V \ni f \mapsto \dfrac{d^2}{dx^2}f \in V$ とみなすことができる。

　であれば、微分方程式 $\dfrac{d^2}{dx^2}f = \lambda f$ は $Df = \lambda f$ （◆）となる固有方程式だと考えることができて，実際よく知られている解 $f(x) = c_1 \cos kx + c_2 \sin kx$ （k は実数、c_1, c_2 は積分定数）は「固有値」$\lambda = -k^2$ となる「固有ベクトル」であると考えることができる。境界条件 $f(-\pi) = f(\pi)$ を満たすには、$c_1 \cos k\pi - c_2 \sin k\pi = c_1 \cos k\pi + c_2 \sin k\pi$ より k は $k = n$ （$n \in \mathbb{Z}$）という整数値のみが許されることになる。$n < 0$ のときは積分定数の符号に吸収、また $n = 0$ のとき解は定数となり、この境界条件を課した固有方程式 （◆）の解は、固有値 $\lambda_n = -n^2$ （n は非負の整数）また固有ベクトル $u_0 = a_0$ （$n = 0$），$u_n = a_n \cos nx + b_n \sin nx$ （$n > 0$）と書くことができる（固有関数ともいう）。

　このベクトル空間 V に対して内積を $f \cdot g = \dfrac{1}{\pi} \displaystyle\int_{-\pi}^{\pi} f(x)g(x)dx$ と定義、

176　【第 6 講】行列 III：固有値・対角化

この内積により規格化した固有ベクトルを $u_n^e = \cos nx$, $u_n^o = \sin nx$ $(n > 0)$, $u_0^e = \dfrac{1}{\sqrt{2}}$ $(n = 0)$ とすれば、異なる固有値に属する固有ベクトル同士の内積をとると 0（つまり直交）となり、$u_n^e \cdot u_m^e = \delta_{nm}$, $u_n^o \cdot u_m^o = \delta_{nm}$, $u_n^e \cdot u_m^o = 0$ を得て、各固有ベクトル u_n^e, u_n^o は正規直交基底となる（無限次元空間だけど（笑　厳密には「完全性：u_n^e, u_n^o の線形結合で V の任意のベクトルを表示できること」を示す必要があるが、これは結構ムズカシイ話になる）。

　V の任意の元 f のこの基底に対する成分は、この内積を用いて $a_n = u_n^e \cdot f$, $b_n = u_n^o \cdot f$ となり、$f = a_0 + \sum\limits_{n=1}^{\infty} (a_n u_n^e + b_n u_n^o)$ と正規直交基底の線形結合により表すことができる。以上のことをフーリエ級数展開といい、仲間のフーリエ変換とともに理工系の多くの分野で応用されている。

[6.5.4] 行列指数関数

　第 2 講において、指数関数の別定義を導出した。以下に再掲する。

$$\left[\begin{array}{l} e^x = \lim_{n \to \infty} \left(1 + \dfrac{x}{n}\right)^n \\ \quad = 1 + x + \dfrac{1}{2!}x^2 + \dfrac{1}{3!}x^3 + \dfrac{1}{4!}x^4 + \cdots \end{array}\right. \tag{2.12}$$

　これを一般化して、n 次正方行列 X を指数とする関数（正確には $\mathbb{R}^{n \times n} \to \mathbb{R}^{n \times n}$ の写像）を定義できないだろうか？　具体的には、$X^0 \equiv E$ としたとき以下のような定義とする。

$$e^X \equiv \sum_{k=0}^{\infty} \frac{1}{k!} X^k \tag{6.18}$$

この定義が意味をなすには、この級数が収束しなければならない。行列 X の成分を $x_{ij} \in \mathbb{R}$ とすると、X^k の各成分は高々 x_{ij}^k 程度であり、(2.12) 式が任意の $x \in \mathbb{R}$ で収束するのであれば、この定義の行列の各成分も収束しそうではある。実は (6.18) 式は任意の実数成分の値に対して収束することが知られている（さらに言えば、任意の複素数成分としても収束する）。

　なお一般的には $e^X e^Y \neq e^{X+Y}$ であることに注意。これは

$$e^X e^Y = \left(\sum_{m=0}^{\infty} \frac{1}{m!} X^m\right)\left(\sum_{n=0}^{\infty} \frac{1}{n!} Y^n\right)$$

において X と Y の積が交換可能でないため、

$$e^{X+Y} = \sum_{k=0}^{\infty} \frac{1}{k!} (X+Y)^k$$

と異なるためで、もし X と Y が可換であれば $e^X e^Y = e^{X+Y}$ となることは両式を展開してみればわかる。

　ここでは任意の対角化可能な行列に対し、行列指数関数を具体的に求める方法を考察しよう。いずれも n 次の 対角化可能な行列を A、変換行列を P $(\Lambda = P^{-1}AP)$、A を対角化した行列を $\Lambda = \begin{bmatrix} \lambda_1 & \cdots & 0 \\ \vdots & \ddots & \vdots \\ 0 & \cdots & \lambda_n \end{bmatrix}$、任意の実対角行列を

$D = \begin{bmatrix} d_1 & \cdots & 0 \\ \vdots & \ddots & \vdots \\ 0 & \cdots & d_n \end{bmatrix}$ としたとき、以下の 2 式を示す。

●性質 6.11

(i) $e^D = \begin{bmatrix} e^{d_1} & \cdots & 0 \\ \vdots & \ddots & \vdots \\ 0 & \cdots & e^{d_n} \end{bmatrix}$.

(ii) $e^{\Lambda} = P \begin{bmatrix} e^{\lambda_1} & \cdots & 0 \\ \vdots & \ddots & \vdots \\ 0 & \cdots & e^{\lambda_n} \end{bmatrix} P^{-1}$.

【証明】

(i)

$$e^D = \sum_{k=0}^{\infty} \frac{1}{k!} D^k = \sum_{k=0}^{\infty} \frac{1}{k!} \begin{bmatrix} d_1^k & \cdots & 0 \\ \vdots & \ddots & \vdots \\ 0 & \cdots & d_n^k \end{bmatrix}$$

$$
= \begin{bmatrix} \sum\limits_{k=0}^{\infty} \dfrac{1}{k!} d_1^k & \cdots & 0 \\ \vdots & \ddots & \vdots \\ 0 & \cdots & \sum\limits_{k=0}^{\infty} \dfrac{1}{k!} d_n^k \end{bmatrix} = \begin{bmatrix} e^{d_1} & \cdots & 0 \\ \vdots & \ddots & \vdots \\ 0 & \cdots & e^{d_n} \end{bmatrix}.
$$

(ii)

$$
P^{-1} e^A P = P^{-1} \Big(\sum_{k=0}^{\infty} \frac{1}{k!} A^k \Big) P = \sum_{k=0}^{\infty} \frac{1}{k!} P^{-1} A^k P
$$
$$
= \sum_{k=0}^{\infty} \frac{1}{k!} (P^{-1} A P)^k = \sum_{k=0}^{\infty} \frac{1}{k!} \Lambda^k = e^{\Lambda}
$$

となり、これより

$$
e^A = P e^{\Lambda} P^{-1} = P \begin{bmatrix} e^{\lambda_1} & \cdots & 0 \\ \vdots & \ddots & \vdots \\ 0 & \cdots & e^{\lambda_n} \end{bmatrix} P^{-1}
$$

（級数は収束するので (6.11) からもいえる）。 ■

なお最後の式から $\det(e^A) = e^{\mathrm{tr}(A)}$ が成り立つことがわかる。

【証明】

$$
\det(e^A) = \big| P e^{\Lambda} P^{-1} \big| = |P| \big| e^{\Lambda} \big| \big| P^{-1} \big| = \big| e^{\Lambda} \big|
$$
$$
= e^{\lambda_1} \cdots e^{\lambda_n} = e^{\lambda_1 + \cdots + \lambda_n} = e^{\mathrm{tr}(A)}
$$
■

（三角行列でも同様となり任意の正方行列 A で成り立つ。$e^{\mathrm{tr}(A)} \neq 0$ より e^A は正則といえる。）

さて、こんなもの（行列指数関数）何に使うの？ と思う人もいると思う。例えば列ベクトルで表されるある量 $\boldsymbol{x}$ があるパラメータ（t とか）で変化し、行列 A を用いた微分方程式 $\dfrac{d}{dt}\boldsymbol{x} = A\boldsymbol{x}$ と書けたとすると、$\boldsymbol{x}(t) = e^{At}\boldsymbol{x}(0)$ と解きたくなるではないか。ほかにも数学や物理学でたくさん応用されているのだが、別の例として前講付録 2 の続きを本講付録 3 に載せるので参照していただ

【6.6】付録 1：複素ベクトル空間・行列について　179

きたい。

【6.6】付録 1：複素ベクトル空間・行列について

　本講座ではこれまで実ベクトル空間を扱ってきた。これを複素ベクトル空間に拡張することは、スカラー倍のスカラー値が複素数となることのほかに、内積の公理が実数向けから複素数向けに拡張されることになり、関連して転置行列が共役転置行列、対称行列がエルミート行列、直交行列がユニタリー行列へとそれぞれ拡張される。以下にその要点をまとめた。なお物理学（および一部の工学）では、複素数向けの内積の公理の一部、複素共役や共役転置を示す記号が異なるので合わせてまとめた。

●**内積の違い**：表 6.1 を参照。（x の複素共役を数学では $\overline{x}$、物理学では x^* と記す。）

表 **6.1**　内積の違い

	実ベクトル空間	複素ベクトル空間 （物理学などでの表記）
スカラー	$k \in \mathbb{R}$	$k \in \mathbb{C}$
対称性	$\boldsymbol{x} \cdot \boldsymbol{y} = \boldsymbol{y} \cdot \boldsymbol{x}$	$\boldsymbol{x} \cdot \boldsymbol{y} = \overline{(\boldsymbol{y} \cdot \boldsymbol{x})}$ $(\boldsymbol{x} \cdot \boldsymbol{y} = (\boldsymbol{y} \cdot \boldsymbol{x})^*)$
スカラー倍 の線形性	$(k_1 \boldsymbol{x}) \cdot (k_2 \boldsymbol{y})$ $= k_1 k_2 (\boldsymbol{x} \cdot \boldsymbol{y})$	$(k_1 \boldsymbol{x}) \cdot (k_2 \boldsymbol{y}) = k_1 \overline{k_2} (\boldsymbol{x} \cdot \boldsymbol{y})$ $((k_1 \boldsymbol{x}) \cdot (k_2 \boldsymbol{y}) = k_1^* k_2 (\boldsymbol{x} \cdot \boldsymbol{y}))$
数ベクトル の内積	$\boldsymbol{x}^\top \boldsymbol{y}$	$\boldsymbol{x}^\top \overline{\boldsymbol{y}}$ $(\boldsymbol{x}^\dagger \boldsymbol{y} \ (= \overline{\boldsymbol{x}}^\top \boldsymbol{y}))$

●**転置と共役転置**

　行列の転置以外に、転置してかつ複素共役をとることがでてくる。このことを共役転置といい、A^* と表記する。式では $A^* = (\overline{A})^\top = \overline{(A^\top)}$ という意味となる。共役転置のことをエルミート転置、エルミート随伴、また共役転置した行列のことを随伴行列ともいう。（A の共役転置を数学では A^*、物理学では $A^\dagger$ と記す。）

●エルミート行列とユニタリー行列

転置しても変わらない行列を対称行列としたように、共役転置しても変わらない行列をエルミート行列という。式で書けば $A^* = A$ となる行列のことを指す。同様に転置行列が逆行列になる行列を直交行列としたように、共役転置行列が逆行列になる行列をユニタリー行列という。式で書けば $A^* = A^{-1}$ あるいは $A^*A = AA^* = E$ となる行列のことを指す。（いずれも物理学では $A^\dagger$ と記す。）

【6.7】 付録2：第6講の各証明

●性質 6.1：互いに相異なる固有値に属する固有ベクトルの組は線形独立となる。（本編：[6.3.2] 項）

【証明】 n 次の行列 A の固有方程式は、複素数の範囲で重複解の重複数を含めて n 個の解を持つ。したがって互いに相異なる固有値の数 m は一般に $m \leqq n$ となる。この m 個の固有値を $\lambda_1, \cdots, \lambda_m$ とし、各固有値の固有ベクトルを（重複解の固有値が複数の固有ベクトルを持つ場合は任意に1つ選んで）$\boldsymbol{u}_1, \cdots, \boldsymbol{u}_m$ とする。

このうち最初の l 本の固有ベクトルの線形結合式 $c_1 \boldsymbol{u}_1 + \cdots + c_l \boldsymbol{u}_l = \boldsymbol{0}$ が $l = 1$ から m まですべて自明な解のみを持つことを、数学的帰納法で示す。

(1) $l = 1$ のとき：固有ベクトル $\boldsymbol{u}_1 \neq \boldsymbol{0}$ より、$c_1 \boldsymbol{u}_1 = \boldsymbol{0}$ は $c_1 = 0$ となる自明な解のみを持つ。

(2) $l = k-1$ で成り立つと仮定 $(k \leq m)$、$l = k$ のとき：$c_1 \boldsymbol{u}_1 + \cdots + c_k \boldsymbol{u}_k = \boldsymbol{0}$ $(\Diamond)$ を満たす $c_1, \cdots, c_k$ の解を考える。$(\Diamond)$ に対して行列 A を掛けると $c_1 A\boldsymbol{u}_1 + \cdots + c_k A\boldsymbol{u}_k = c_1 \lambda_1 \boldsymbol{u}_1 + \cdots + c_k \lambda_k \boldsymbol{u}_k = \boldsymbol{0}$ となる。この式から $(\Diamond)$ に対して λ_k を掛けた $c_1 \lambda_k \boldsymbol{u}_1 + \cdots + c_k \lambda_k \boldsymbol{u}_k = \boldsymbol{0}$ を辺々引くと

$$c_1(\lambda_1 - \lambda_k)\boldsymbol{u}_1 + \cdots + c_{k-1}(\lambda_{k-1} - \lambda_k)\boldsymbol{u}_{k-1} + c_k(\lambda_k - \lambda_k)\boldsymbol{u}_k$$
$$= c_1(\lambda_1 - \lambda_k)\boldsymbol{u}_1 + \cdots + c_{k-1}(\lambda_{k-1} - \lambda_k)\boldsymbol{u}_{k-1} = \boldsymbol{0}$$

【6.7】付録 2：第 6 講の各証明　　181

となるが、この式は仮定より $c_1(\lambda_1 - \lambda_k) = 0, \cdots, c_{k-1}(\lambda_{k-1} - \lambda_k) = 0$ となる自明な解のみをもつ。

今 λ_k は $\lambda_1, \cdots, \lambda_{k-1}$ のどれとも異なるので、$c_1 = \cdots = c_{k-1} = 0$ を得る。これを ($\diamondsuit$) に代入すると $c_k \boldsymbol{u}_k = \boldsymbol{0}$ となるが、$\boldsymbol{u}_k \neq \boldsymbol{0}$ より $c_k = 0$ も成り立つ。よって ($\diamondsuit$) は $c_1 = \cdots = c_k = 0$ となる自明な解のみを持つ。

以上により、($\diamondsuit$) が $l = 1, \cdots, m$ のときも自明な解のみを持つことが帰納的に示された。

したがって、異なる固有値に属する固有ベクトルの組は線形独立となる。　■

●**性質 6.3**（行列の三角化）：任意の正方行列 A に対してある正則行列 P が存在し、$\Gamma = P^{-1}\mathrm{AP}$ として（上）三角行列 Γ に相似変換することができる。（本編：[6.3.4] 項）

【証明】　A の次数 n に対する数学的帰納法を用いて示す。

(1)　$n = 1$ のとき：1 次の正方行列は上三角行列とみなすことができ、明らかに成り立つ。

(2)　$n = k - 1$ で成立すると仮定、$n = k$ のとき：k 次の正方行列 A は少なくとも 1 つの固有値とそれに属する固有ベクトルをもち、これを $\lambda_1, \boldsymbol{u}_1$ とする。$\boldsymbol{u}_1 \neq \boldsymbol{0}$ であり、$k - 1$ 本の列ベクトル $\boldsymbol{v}_2, \cdots, \boldsymbol{v}_k$ を選び k 本の線形独立なベクトルの組を作ることができる。これを並べた行列を $Q = [\boldsymbol{u}_1 \ \boldsymbol{v}_2 \cdots \boldsymbol{v}_k]$ とする。

Q は正則となるので逆行列 Q^{-1} が存在し、それらの積 $Q^{-1}AQ$ を標準基底である列ベクトル $\boldsymbol{e}_1$ に掛けると、$Q^{-1}AQ\boldsymbol{e}_1 = Q^{-1}A\boldsymbol{u}_1 = Q^{-1}\lambda_1\boldsymbol{u}_1 = \lambda_1 Q^{-1}\boldsymbol{u}_1 = \lambda_1\boldsymbol{e}_1$ となる。左辺は $Q^{-1}AQ$ の積の結果の 1 列目でもあるので、$Q^{-1}AQ = \begin{bmatrix} \lambda_1 & \boldsymbol{c}^\top \\ \boldsymbol{0} & A_{k-1} \end{bmatrix}$ と書くことができる。ここで $A_{k-1}, \boldsymbol{c}^\top, \boldsymbol{0}$ はそれぞれ $k - 1$ 次となる、ある正方行列、不定な行ベクトル、列ゼロベクトルである。仮

【第 6 講】行列 III：固有値・対角化

定より $k-1$ 次の正方行列は三角化可能なので、ある正則な行列 P_{k-1} が存在

して、$\Gamma_{k-1} = P_{k-1}^{-1} A_{k-1} P_{k-1}$ として三角行列 $\Gamma_{k-1} = \begin{bmatrix} \lambda_2 & * & * \\ \mathbf{0} & \ddots & * \\ 0 & 0 & \lambda_k \end{bmatrix}$ に相似

変換できる。

ここで k 次の正方行列 P を $P = Q \begin{bmatrix} 1 & \mathbf{0}^\top \\ \mathbf{0} & P_{k-1} \end{bmatrix}$ として定める。$\begin{bmatrix} 1 & \mathbf{0}^\top \\ \mathbf{0} & P_{k-1}^{-1} \end{bmatrix}$

は $\begin{bmatrix} 1 & \mathbf{0}^\top \\ \mathbf{0} & P_{k-1} \end{bmatrix}$ の逆行列であり、Q は正則なので P も正則となり $P^{-1} =$

$\begin{bmatrix} 1 & \mathbf{0}^\top \\ \mathbf{0} & P_{k-1}^{-1} \end{bmatrix} Q^{-1}$ としてその逆行列も求まる。この正則な行列 P で A を相似

変換すると、

$$
\begin{aligned}
& P^{-1} A P \\
&= \begin{bmatrix} 1 & \mathbf{0}^\top \\ \mathbf{0} & P_{k-1}^{-1} \end{bmatrix} Q^{-1} A Q \begin{bmatrix} 1 & \mathbf{0}^\top \\ \mathbf{0} & P_{k-1} \end{bmatrix} \\
&= \begin{bmatrix} 1 & \mathbf{0}^\top \\ \mathbf{0} & P_{k-1}^{-1} \end{bmatrix} \begin{bmatrix} \lambda_1 & \boldsymbol{c}^\top \\ \mathbf{0} & A_{k-1} \end{bmatrix} \begin{bmatrix} 1 & \mathbf{0}^\top \\ \mathbf{0} & P_{k-1} \end{bmatrix} = \begin{bmatrix} 1 & \mathbf{0}^\top \\ \mathbf{0} & P_{k-1}^{-1} \end{bmatrix} \begin{bmatrix} \lambda_1 & \boldsymbol{c}^\top P_{k-1} \\ \mathbf{0} & A_{k-1} P_{k-1} \end{bmatrix} \\
&= \begin{bmatrix} \lambda_1 & \boldsymbol{c}^\top P_{k-1} \\ \mathbf{0} & P_{k-1}^{-1} A_{k-1} P_{k-1} \end{bmatrix} = \begin{bmatrix} \lambda_1 & \boldsymbol{c}^\top P_{k-1} \\ \mathbf{0} & \Gamma_{k-1} \end{bmatrix} = \begin{bmatrix} \lambda_1 & & * & \\ & \lambda_2 & * & * \\ \mathbf{0} & \mathbf{0} & \ddots & * \\ & 0 & 0 & \lambda_k \end{bmatrix}
\end{aligned}
$$

となり、三角化は $n = k$ のときも可能となる。

以上により正方行列の三角化が可能であることが帰納的に任意の次数で成り立つことが示された。∎

●**性質 6.8**：実対称行列の固有値はすべて実数となる。（複素ベクトルの内積は付録 1 も参照。本編：[6.4.1] 項）

【6.7】付録 2：第 6 講の各証明　　183

【証明】　n 次実対称行列の固有値を $\lambda \in \mathbb{C}$、その固有ベクトルを $\boldsymbol{u} \in \mathbb{C}^n$ とする。

$$\lambda(\boldsymbol{u} \cdot \boldsymbol{u}) = \lambda(\boldsymbol{u}^\top \overline{\boldsymbol{u}}) = (\lambda \boldsymbol{u})^\top \overline{\boldsymbol{u}} = (A\boldsymbol{u})^\top \overline{\boldsymbol{u}} = \boldsymbol{u}^\top A^\top \overline{\boldsymbol{u}}$$
$$= \boldsymbol{u}^\top A \overline{\boldsymbol{u}} = \boldsymbol{u}^\top \overline{A} \overline{\boldsymbol{u}} = \boldsymbol{u}^\top \overline{(A\boldsymbol{u})} = \boldsymbol{u}^\top \overline{\lambda \boldsymbol{u}} = \overline{\lambda}(\boldsymbol{u}^\top \overline{\boldsymbol{u}}) = \overline{\lambda}(\boldsymbol{u} \cdot \boldsymbol{u})$$

より $(\lambda - \overline{\lambda})(\boldsymbol{u} \cdot \boldsymbol{u}) = 0$ となるが、$\boldsymbol{u} \neq \boldsymbol{0}$ より $\boldsymbol{u} \cdot \boldsymbol{u} \neq 0$。よって $\lambda - \overline{\lambda} = 0$ を得て題意は示された。■

（なお上記証明からわかるように、エルミート行列の固有値も実数となる。）

●性質 6.10：実対称行列は直交行列で対角化可能である。（三角化可能の証明とほぼ同様となる。本編：[6.4.3] 項）

【証明】　任意の実対称行列 A が、ある直交行列 R を用いて対角行列に $\Lambda = R^{-1}AR$ として相似変換できることを A の次数 n に対する数学的帰納法を用いて示す。

（1）　$n = 1$ のとき：1 次の行列は対角化されているとみなせるので明らかに成り立つ。

（2）　$n = k - 1$ で成立すると仮定、$n = k$ のとき：k 次の対称行列 A は少なくとも 1 つの固有値とそれに属する固有ベクトルをもち，これを $\lambda_1, \boldsymbol{u}_1$ とする。$\boldsymbol{u}_1 \neq \boldsymbol{0}$ であり正規化されたものとし、$k - 1$ 本の列ベクトル $\boldsymbol{v}_2, \cdots, \boldsymbol{v}_k$ を選び、k 本の正規直交なベクトルの組を作ることができる。これを並べた行列を $P = [\boldsymbol{u}_1\ \boldsymbol{v}_2 \cdots \boldsymbol{v}_k]$ とすると P は性質 5.5 (iv) より直交行列となる。

P は正則なので逆行列 P^{-1} が存在し、それらの積 $P^{-1}AP$ を標準基底である列ベクトル $\boldsymbol{e}_1$ に掛けると、$P^{-1}AP\boldsymbol{e}_1 = P^{-1}A\boldsymbol{u}_1 = P^{-1}\lambda_1\boldsymbol{u}_1 = \lambda_1 P^{-1}\boldsymbol{u}_1 = \lambda_1 \boldsymbol{e}_1$ となる。左辺は $P^{-1}AP$ の積の結果の 1 列目でもあるので、$P^{-1}AP = \begin{bmatrix} \lambda_1 & \boldsymbol{c}^\top \\ \boldsymbol{0} & A_{k-1} \end{bmatrix}$ と書くことができる。ここで $A_{k-1}, \boldsymbol{c}^\top, \boldsymbol{0}$ はそれぞれ $k - 1$ 次と

なる、ある正方行列、不定な行ベクトル、列ゼロベクトルである。

両辺の転置をとると P は直交行列なので

$$(P^{-1}AP)^\top = P^{-1}AP = \begin{bmatrix} \lambda_1 & \mathbf{0}^\top \\ \mathbf{c} & A_{k-1}^\top \end{bmatrix}$$

より、$\mathbf{c} = \mathbf{0}$ および A_{k-1} も対称行列であることがわかる。仮定より $k-1$ 次の対称行列は対角化可能なので、ある直交行列 R_{k-1} が存在して、$\Lambda_{k-1} = R_{k-1}^{-1}A_{k-1}R_{k-1}$ として対角行列 $\Lambda_{k-1} = \begin{bmatrix} \lambda_2 & \cdots & 0 \\ \vdots & \ddots & \vdots \\ 0 & \cdots & \lambda_k \end{bmatrix}$ に相似変換できる。

ここで k 次の正方行列 R を $R = P\begin{bmatrix} 1 & \mathbf{0}^\top \\ \mathbf{0} & R_{k-1} \end{bmatrix}$ として定める。P, R_{k-1} は直交行列なので、R の転置行列は $R^\top = \begin{bmatrix} 1 & \mathbf{0}^\top \\ \mathbf{0} & R_{k-1}^\top \end{bmatrix} P^\top = \begin{bmatrix} 1 & \mathbf{0}^\top \\ \mathbf{0} & R_{k-1}^{-1} \end{bmatrix} P^{-1}$ となり、これは R の逆行列となるので、R もまた直交行列となることがわかる。

この直交行列 R で A を相似変換すると、

$$R^{-1}AR$$
$$= \begin{bmatrix} 1 & \mathbf{0}^\top \\ \mathbf{0} & R_{k-1}^{-1} \end{bmatrix} P^{-1}AP \begin{bmatrix} 1 & \mathbf{0}^\top \\ \mathbf{0} & R_{k-1} \end{bmatrix}$$
$$= \begin{bmatrix} 1 & \mathbf{0}^\top \\ \mathbf{0} & R_{k-1}^{-1} \end{bmatrix} \begin{bmatrix} \lambda_1 & \mathbf{0}^\top \\ \mathbf{0} & A_{k-1} \end{bmatrix} \begin{bmatrix} 1 & \mathbf{0}^\top \\ \mathbf{0} & R_{k-1} \end{bmatrix} = \begin{bmatrix} 1 & \mathbf{0}^\top \\ \mathbf{0} & R_{k-1}^{-1} \end{bmatrix} \begin{bmatrix} \lambda_1 & \mathbf{0}^\top \\ \mathbf{0} & A_{k-1}R_{k-1} \end{bmatrix}$$
$$= \begin{bmatrix} \lambda_1 & \mathbf{0}^\top \\ \mathbf{0} & R_{k-1}^{-1}A_{k-1}R_{k-1} \end{bmatrix} = \begin{bmatrix} \lambda_1 & \mathbf{0}^\top \\ \mathbf{0} & \Lambda_{k-1} \end{bmatrix} = \begin{bmatrix} \lambda_1 & \mathbf{0}^\top \\ \mathbf{0} & \begin{bmatrix} \lambda_2 & \cdots & 0 \\ \vdots & \ddots & \vdots \\ 0 & \cdots & \lambda_k \end{bmatrix} \end{bmatrix}$$

となり対角化は $n = k$ のときも可能となる。

以上により実対称行列の直交行列による対角化が可能であることが帰納的に

任意の次数で成り立つことが示された。 ∎

【6.8】[▼ A] 付録3：オイラーの公式の行列表現

本付録では、【6.5】節の最後で導入した行列指数関数および第5講付録2で導入した行列による複素数の表現の話の続きとして、オイラーの公式の行列表現を第2講での手順と同様にして導く。

ポイントは複素数の行列表現において $E = \begin{bmatrix} 1 & 0 \\ 0 & 1 \end{bmatrix}$, $I = \begin{bmatrix} 0 & -1 \\ 1 & 0 \end{bmatrix}$ が $E^2 = E$, $I^2 = -E$, $EI = IE = I$ となり（つまり E と I は可換である）、複素数における $1^2 = 1$, $i^2 = -1$, $1i = i1 = i$ と代数的にまったく同じふるまいをすることにあり、積や累乗において単純に置き換えても成り立つことがわかる。

● 極形式での複素数の行列表現での積（加法定理）

$$Z_1 Z_2 = (\cos\theta_1 E + \sin\theta_1 I)(\cos\theta_2 E + \sin\theta_2 I) = \cos(\theta_1 + \theta_2)E + \sin(\theta_1 + \theta_2)I$$

上記より帰納的にド・モアブルの定理を得る。

$$Z^2 = (\cos\theta E + \sin\theta I)^2 = \cos 2\theta E + \sin 2\theta I,$$
$$Z^3 = (\cos\theta E + \sin\theta I)^3 = \cos 3\theta E + \sin 3\theta I,$$
$$\vdots$$

よって、

$$(\cos\theta E + \sin\theta I)^n = \cos n\theta E + \sin n\theta I$$

● 行列指数関数の定義

$$e^X \equiv \lim_{n\to\infty}\left(E + \frac{1}{n}X\right)^n$$

二項展開で $\left(E + \dfrac{1}{n}X\right)^n$ の一般項を得る（E と X は可換であることに注意）。

$$\left(E + \frac{1}{n}X\right)^n = \sum_{k=0}^{n} {}_nC_k E^{n-k}\left(\frac{1}{n}X\right)^k$$

$$= E + X + \frac{1 - \dfrac{1}{n}}{2!} X^2 + \frac{\left(1 - \dfrac{1}{n}\right)\left(1 - \dfrac{2}{n}\right)}{3!} X^3 + \cdots$$

よって

$$e^X = \lim_{n \to \infty} \left(E + \frac{1}{n} X\right)^n = E + X + \frac{1}{2!} X^2 + \frac{1}{3!} X^3 + \cdots$$

● （純虚）行列指数関数

$$e^{xI} = \lim_{n \to \infty} \left(E + \frac{x}{n} I\right)^n$$

●ド・モアブルの定理の書き換え（$n\theta = x$）

$$\cos xE + \sin xI = \left(\cos \frac{x}{n} E + \sin \frac{x}{n} I\right)^n \to \left(E + \frac{x}{n} I\right)^n \qquad (n \to \infty)$$

よって最後の 2 式より、

$$e^{\theta I} = \cos \theta E + \sin \theta I \tag{6.19}$$

として、オイラーの公式の行列表現を得る。この式の登場人物は全員実数であることに注意。また右辺は大きさ 1 の複素数の極形式の行列表現であり 2 次の回転行列でもあることから、$e^{\theta I}$ は 2 次の回転行列そのものでもあることにも注意。

　この 2 次の回転行列が行列指数関数で表すことができたのは偶然なのだろうか？　話はまだ続く。

　次回は第 7 講の付録にて、3 次の回転行列についてみてみることになる。

·························· 【第 **7** 講】 ··························

回転の表現 I

【7.1】 はじめに

　前講まで線形代数の基礎を駆け足で学んできた。さまざまな分野でその応用上重要となる3次元回転の表現について代表的な4種をこれから2講に分けて学ぶ。本講では、「回転行列」「オイラー角（および Tait-Bryan 角）」「回転ベクトル」の3種を取り上げる。この2講の目的は、これらを通して3次元回転[*1]そのものの理解を深めることにある。まず3次元回転とは何か？　改めて考察することから始めよう。

● 3次元回転に対する考察

○回転とは？　：変形しない物体、いわゆる剛体の動きを考えよう。この剛体内の各点との相対的な位置が不変な任意の点 O′（わかりやすいのは剛体内の点であるが、この条件を満たせば剛体外の点でもよい）を代表点として選び、代表点 O′ の3次元空間内での位置を決めて固定してみよう。それでもまだ剛体は固定された点 O′ のまわりを動く自由度を持っている。この固定された点 O′ のまわりを動くことを我々は回転とよび、点 O′ のことを回転の中心とよんでいることがわかる。

○回転中心の位置：対して代表点 O′ 自体の空間内での剛体の向きを変えない動きのことを**並進**とよべば、並進の動きは回転とは独立していることがわかる。

[*1]　本講座では数学や物理学の慣習に従い、いわゆる右手系による記述を行う。ほとんどの文献も右手系で記述されているので、右手系による記述内容を十分理解したうえで左手系を取り扱うことをお勧めする。

188　【第7講】回転の表現 I

よって O′ を空間の原点と定めた O に並進させて考えても（回転後に O′ を並進させ戻すことで）回転としての一般性は失われない。

○相対的な変位としての回転：並進は 3 次元空間内の基準点からの変位としての相対的な量として意味を持ち、例えば位置ベクトルとして表現され記述されることがわかる。また 2 次元回転も基準となる向きからの相対的な回転角として記述されている。同様に 3 次元回転も基準となる姿勢からの相対的な変位として意味を持ち、そのように記述されるべきであろう。なお、これらの変位は結果のみを表すものであり、途中の情報（どのように到達したのか等）は含んでいないことに注意。

○回転の自由度：並進の自由度は明らかに 3 であるが、回転の自由度はいくつだろうか？　回転の中心を O とし、それ以外の剛体内の任意の点を P とする。点 P は回転に伴い中心 O のまわりを動くが、OP 間の距離は不変であり、O を中心とした球面上を移動することがわかる。よってこのときの P の自由度は 2 となる。P を固定したとしても、まだ剛体は直線 OP を軸として回転する自由度をもっている。このときの回転は 2 次元の回転と同様に回転角で指定でき、1 自由度であることがわかる。これも固定されると剛体は完全に固定され、したがって回転の自由度は 3 となることがわかる。

【7.2】回転行列

[7.2.1] 考察の定式化

前述の回転に対する考察を素直に定式化してみよう。

まず舞台となる 3 次元空間を、標準基底 $E = \{e_1, e_2, e_3\}$（単位行列ではない）により普通の直交座標が張れるベクトル空間、いわゆるユークリッド空間 $\boldsymbol{R}^3$ とし[*2]原点 O を定めよう。次に代表点 O′ を始点とする $B = \{b_1, b_2, b_3\}$ を剛体に対して固定された正規直交基底としよう（図 7.1）。

代表点 O′ を原点 O に移動させ固定し、さらに標準基底 E も原点 O を始点として空間に固定されているとしよう。これにより剛体に固定された B が空

[*2]　3 次元幾何ベクトル空間を意味しており、3 次の数ベクトル空間 $\mathbb{R}^3$ とは区別している。

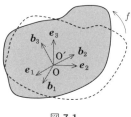

図 7.1

間に固定された E と一致しているときを「基準となる姿勢」と定義できる。

回転後 B を固定すれば剛体の姿勢が定まり、そのときの E に対する B の相対的な変位として回転を記述できるだろう。そこで E を B へ写す写像（変換）としての記述を考えてみよう。

この変換（写像）$f: \mathbf{R}^3 \to \mathbf{R}^3$（線形変換とは言っていないことに注意）は E を B に写すので

$$f(\boldsymbol{e}_1) = \boldsymbol{b}_1, \ \ f(\boldsymbol{e}_2) = \boldsymbol{b}_2, \ \ f(\boldsymbol{e}_3) = \boldsymbol{b}_3 \quad \text{および} \quad f(\boldsymbol{0}) = \boldsymbol{0} \qquad (7.1)$$

がいえる。最初の3式は $f: E \mapsto B$ を表し、最後の式は回転の中心が原点に固定されていることを表す。

また剛体の任意の2点を X, Y とし、基準姿勢のときのそれぞれの位置ベクトルを $\boldsymbol{x}, \boldsymbol{y}$ とすれば、2点間の距離は回転しても不変なので

$$\|f(\boldsymbol{x}) - f(\boldsymbol{y})\| = \|\boldsymbol{x} - \boldsymbol{y}\| \qquad (7.2)$$

がいえる（図 7.2）。点 Y を原点 O とすれば、$\boldsymbol{y} = \boldsymbol{0}$ および $f(\boldsymbol{0}) = \boldsymbol{0}$ より

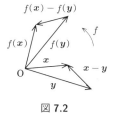

図 7.2

$\|f(\boldsymbol{x})\| = \|\boldsymbol{x}\|$ も成り立つ。

また剛体の大きさは任意であり、回転により変換される点は $\boldsymbol{R}^3$ の任意の点と考えてもよい。よって回転変換 f に対して以下のことがいえる。

●回転変換 f の性質

(i) f はノルムを不変に保つ。

$$\forall \boldsymbol{x} \in \boldsymbol{R}^3, \quad \|f(\boldsymbol{x})\| = \|\boldsymbol{x}\| \tag{7.3}$$

またこれらのことから以下の2つのこともいえる（証明は付録1にて）。

(ii) f は内積を不変に保つ。

$$\forall \boldsymbol{x}, \boldsymbol{y} \in \boldsymbol{R}^3, \quad f(\boldsymbol{x}) \cdot f(\boldsymbol{y}) = \boldsymbol{x} \cdot \boldsymbol{y} \tag{7.4}$$

(iii) f は線形変換である。

$$\forall \boldsymbol{x}, \boldsymbol{y} \in \boldsymbol{R}^3, \quad \forall k \in \mathbb{R}, \quad f(\boldsymbol{x} + \boldsymbol{y}) = f(\boldsymbol{x}) + f(\boldsymbol{y}), \quad f(k\boldsymbol{x}) = kf(\boldsymbol{x}) \tag{7.5}$$

回転変換は線形変換となることが確認できたので、これまで学んできた知見が適応でき、回転変換は行列を用いて表現できることになる。【5.4】節にて、ノルムと内積を不変に保つ線形変換の表示行列として直交行列を学んだ。またここでいう回転は鏡映（反転）を含まない。したがって、回転変換 f の表示行列としてはその行列式が $+1$ となる3次の回転行列という結論となる。

以上、一般的な3次元回転に対する考察を定式化したところ、回転行列がその素直な表現となるであろうことがわかった。次項で定式化した内容に対し【5.4】、【5.5】節にて学んだことを復習を兼ねて当てはめながら、3次の回転行列を具体的に調べていこう。

[7.2.2] 表示行列としての回転行列

●回転変換と表示行列

回転を表す線形変換 f により、標準基底 $\{\boldsymbol{e}_i\}$ は正規直交基底 $\boldsymbol{b}_i = f(\boldsymbol{e}_i)$ に

写される。[5.5.5] 項で学んだようにその表示行列を R、成分を r_{ij} とすれば回転変換 f は以下のように表示される。

$$(\boldsymbol{b}_1 \; \boldsymbol{b}_2 \; \boldsymbol{b}_3) = (f(\boldsymbol{e}_1) \; f(\boldsymbol{e}_2) \; f(\boldsymbol{e}_3)) = (\boldsymbol{e}_1 \; \boldsymbol{e}_2 \; \boldsymbol{e}_3)R,$$
$$\boldsymbol{b}_j = f(\boldsymbol{e}_j) = \sum_{i=1}^{3} \boldsymbol{e}_i r_{ij} \tag{7.6}$$

$\boldsymbol{b}_i$ の標準基底 $\{\boldsymbol{e}_i\}$ に対する列ベクトル表示を $\boldsymbol{b}_{iE}$ とすれば、R は $\boldsymbol{b}_{iE}$ を並べたものとなり、

$$R = \begin{bmatrix} (\boldsymbol{b}_{1E})_1 & (\boldsymbol{b}_{2E})_1 & (\boldsymbol{b}_{3E})_1 \\ (\boldsymbol{b}_{1E})_2 & (\boldsymbol{b}_{2E})_2 & (\boldsymbol{b}_{3E})_2 \\ (\boldsymbol{b}_{1E})_3 & (\boldsymbol{b}_{2E})_3 & (\boldsymbol{b}_{3E})_3 \end{bmatrix} = \begin{bmatrix} \boldsymbol{e}_1 \cdot \boldsymbol{b}_1 & \boldsymbol{e}_1 \cdot \boldsymbol{b}_2 & \boldsymbol{e}_1 \cdot \boldsymbol{b}_3 \\ \boldsymbol{e}_2 \cdot \boldsymbol{b}_1 & \boldsymbol{e}_2 \cdot \boldsymbol{b}_2 & \boldsymbol{e}_2 \cdot \boldsymbol{b}_3 \\ \boldsymbol{e}_3 \cdot \boldsymbol{b}_1 & \boldsymbol{e}_3 \cdot \boldsymbol{b}_2 & \boldsymbol{e}_3 \cdot \boldsymbol{b}_3 \end{bmatrix}, \tag{7.7}$$
$$r_{ij} = \boldsymbol{e}_i \cdot \boldsymbol{b}_j$$

と書けて、直交行列であることと同値な条件である、【5.4】節の性質 5.5 (iv) より R はたしかに直交行列となる。行列式は

$$|R| = D(\boldsymbol{b}_{1E}, \boldsymbol{b}_{2E}, \boldsymbol{b}_{3E}) = \sum_{i,j,k=1}^{3} \varepsilon_{ijk}(\boldsymbol{b}_{1E})_i(\boldsymbol{b}_{2E})_j(\boldsymbol{b}_{3E})_k$$
$$= \boldsymbol{b}_1 \cdot (\boldsymbol{b}_2 \times \boldsymbol{b}_3) = +1 \tag{7.8}$$

よりたしかに R は回転行列といえる。このように回転行列は<u>基準姿勢 E からみた回転後の姿勢 B をその列ベクトルの組として表示する</u>ことになる。$\boldsymbol{R}^3$ の任意の点 $\boldsymbol{x} = \sum_i \boldsymbol{e}_i x_i = (\boldsymbol{e}_1 \; \boldsymbol{e}_2 \; \boldsymbol{e}_3)\boldsymbol{x}_E$ は

$$\boldsymbol{x}'_E = R\boldsymbol{x}_E \quad \text{または} \quad x'_i = \sum_j r_{ij} x_j \tag{7.9}$$

なる回転としての線形変換により、$\boldsymbol{x}' = f(\boldsymbol{x}) = (\boldsymbol{e}_1 \; \boldsymbol{e}_2 \; \boldsymbol{e}_3)\boldsymbol{x}'_E = \sum_i \boldsymbol{e}_i x'_i$ に写されることとなる。

●逆変換と逆行列

回転した剛体を基準姿勢に戻す逆変換を考えよう。回転変換 f により $f: \boldsymbol{e}_i \mapsto \boldsymbol{b}_i = f(\boldsymbol{e}_i)$ という変換をするとき、変換先のベクトルの組 $\{\boldsymbol{b}_i\}$ は基底であり線形独立となるので、その逆変換が定義でき $f^{-1}: \boldsymbol{b}_i \mapsto \boldsymbol{e}_i = f^{-1}(\boldsymbol{b}_i)$ とで

きる。この表示行列は回転行列 R の逆行列となり、$R^{-1} = R^\top$ として求まることになる。実際 (7.7) 式より以下のように逆行列であることを確かめられる。

$$
\begin{aligned}
R^\top R &= \begin{bmatrix} e_1 \cdot b_1 & e_2 \cdot b_1 & e_3 \cdot b_1 \\ e_1 \cdot b_2 & e_2 \cdot b_2 & e_3 \cdot b_2 \\ e_1 \cdot b_3 & e_2 \cdot b_3 & e_3 \cdot b_3 \end{bmatrix} \begin{bmatrix} e_1 \cdot b_1 & e_1 \cdot b_2 & e_1 \cdot b_3 \\ e_2 \cdot b_1 & e_2 \cdot b_2 & e_2 \cdot b_3 \\ e_3 \cdot b_1 & e_3 \cdot b_2 & e_3 \cdot b_3 \end{bmatrix} \\
&= \begin{bmatrix} b_1 \cdot b_1 & b_1 \cdot b_2 & b_1 \cdot b_3 \\ b_2 \cdot b_1 & b_2 \cdot b_2 & b_2 \cdot b_3 \\ b_3 \cdot b_1 & b_3 \cdot b_2 & b_3 \cdot b_3 \end{bmatrix} = E
\end{aligned}
$$

また $R^\top$ は基底 $\{b_i\}$ に対する $\{e_i\}$ の表示行列であることもわかる。

逆変換として次式を得る。

$$
x_E = R^{-1} x'_E \quad \text{または} \quad x_i = \sum_j r_{ij}^{-1} x'_j \tag{7.10}
$$

●各座標軸周りの回転

e_3 を回転軸とする回転を考えてみよう。e_3 は回転軸として不変となり、対して e_1, e_2 は 2 次元の回転と同様に e_3 を中心に回転することになる。したがって、この 2 次元回転の回転角を θ とすれば

$$
\begin{aligned}
R_3(\theta) &= \begin{bmatrix} \cos\theta & -\sin\theta & 0 \\ \sin\theta & \cos\theta & 0 \\ 0 & 0 & 1 \end{bmatrix}, \\
\begin{bmatrix} \cos\theta & -\sin\theta & 0 \\ \sin\theta & \cos\theta & 0 \\ 0 & 0 & 1 \end{bmatrix} & \begin{bmatrix} x_1 \\ x_2 \\ x_3 \end{bmatrix} = \begin{bmatrix} x_1 \cos\theta - x_2 \sin\theta \\ x_1 \sin\theta + x_2 \cos\theta \\ x_3 \end{bmatrix}
\end{aligned} \tag{7.11}
$$

となることがわかる。列ベクトルの組は $b_{iE} \cdot b_{jE} = \delta_{ij}$ としてたしかに正規直交基底をなし、転置行列 $\begin{bmatrix} \cos\theta & \sin\theta & 0 \\ -\sin\theta & \cos\theta & 0 \\ 0 & 0 & 1 \end{bmatrix}$ は $R_3(\theta)$ の逆行列となるが、一方で $R_3(-\theta)$ でもあり、文字通りの逆回転を示す。

e_1, e_2 を回転軸とした場合も同様に以下の式となる。

$$R_1(\theta) = \begin{bmatrix} 1 & 0 & 0 \\ 0 & \cos\theta & -\sin\theta \\ 0 & \sin\theta & \cos\theta \end{bmatrix}, \quad R_2(\theta) = \begin{bmatrix} \cos\theta & 0 & \sin\theta \\ 0 & 1 & 0 \\ -\sin\theta & 0 & \cos\theta \end{bmatrix}$$

● **Active 変換と Passive 変換**

[5.5.8] 項で学んだように、線形変換により $\boldsymbol{R}^3$ の点が (7.9) 式のように実際に回転変換される（Active 変換）のとは違う仕組みで、点は動かさず基底を変換しそれに伴う座標変換を用い形式上同じ変換（Passive 変換）を行う仕組みがあった。Passive 変換の場合、基底は実現したい回転変換の逆変換 $e'_i = f^{-1}(e_i)$ として変換され（図 7.3）、その表示行列はもとの回転変換 f の表示行列である回転行列の逆行列を用いて

$$(\boldsymbol{c}'_1 \; \boldsymbol{c}'_2 \; \boldsymbol{c}'_3) = (\boldsymbol{e}_1 \; \boldsymbol{e}_2 \; \boldsymbol{e}_3) R^{-1} \tag{7.12}$$

となり、これに伴い $\boldsymbol{R}^3$ 上の点を表す任意のベクトルに対し

$$\boldsymbol{x} = (\boldsymbol{e}_1 \; \boldsymbol{e}_2 \; \boldsymbol{e}_3) \boldsymbol{x}_E = (\boldsymbol{e}'_1 \; \boldsymbol{e}'_2 \; \boldsymbol{e}'_3) \boldsymbol{x}_{E'}$$

として同じ点を異なる基底で表した際の座標変換が (7.9) 式である Active 変換と形式的に同じ式

$$\boldsymbol{x}_{E'} = R \boldsymbol{x}_E \tag{7.13}$$

として書けることとなる。この Passive 変換 (7.13) 式は Active 変換 (7.9) 式と

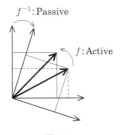

図 **7.3**

194 　【第 7 講】回転の表現 I

同じ回転行列による行列の積の変換で、見た目はまったく同じだが内実は異なることに改めて注意が必要となる。

● intrinsic 回転と extrinsic 回転

応用上、回転の対象となる物体は固有な回転軸をもっている場合も少なくない。例えば物理学的な意味での剛体は、慣性主軸とよばれる慣性モーメント（行列）に関する固有ベクトルを有しており、この慣性主軸周りでの回転の記述が最も適していることが知られている。あるいは CG において、例えば航空機や人体の骨などモデルにより自然な回転軸が存在し、その軸周りでの回転が適切となる。物体が（向きの異なる）固有な回転軸を複数もつ場合、回転に伴い別の回転軸の向きは必ず変わり、回転後は向きが変わった軸周りの回転を行っていくことになる。このような物体固有の回転軸周りの回転を **intrinsic** な回転とよぶことがある。

また一方で、空間全体に定めた座標系に固定された複数の回転軸（通常は座標軸の 3 軸）による回転として回転を記述することの方が好都合な場合もある。このような回転を **extrinsic** な回転とよぶことがある。この 2 種類の回転の記述の仕方は、先にあげた Active／Passive 変換とともに、回転の合成において絡み合っていくことになる。

●回転の合成

[5.5.9] 項で学んだように、2 種類の回転変換 f, g を続けて行った場合の合成変換 $h = g \circ f$ は

$$f : \boldsymbol{x} \mapsto \boldsymbol{x}' = f(\boldsymbol{x}), \qquad g : \boldsymbol{x}' \mapsto \boldsymbol{x}'' = g(\boldsymbol{x}'),$$
$$h = g \circ f : \boldsymbol{x} \mapsto \boldsymbol{x}'' = g(f(\boldsymbol{x})) \qquad (\boldsymbol{x}, \boldsymbol{x}', \boldsymbol{x}'' \in \boldsymbol{R}^3) \tag{7.14}$$

としたとき、点 $\boldsymbol{x}, \boldsymbol{x}', \boldsymbol{x}''$ および回転変換 f, g, h それぞれの標準基底に対する列ベクトルを $\boldsymbol{x}_E, \boldsymbol{x}'_E, \boldsymbol{x}''_E$、表示行列を F_E, G_E, H_E とすれば線形変換（Active 変換）として

$$\boldsymbol{x}''_E = H_E \boldsymbol{x}_E, \qquad H_E = G_E F_E \tag{7.15}$$

を得る。

【7.2】回転行列　195

このとき 2 回目に行う回転 g の回転軸は、標準基底 E で張られる座標系における軸となり、extrinsic な回転であることに注意。実際に各座標軸周りの回転で確かめてみよう。図 7.4 は 1 軸および 3 軸周りの $\dfrac{\pi}{2}$ 回転を示したもので、1 回目を 3 軸周り、2 回目を 1 軸周りの回転として（回転変換の表示行列は、各列ベクトルが回転後の正規直交基底を表示していることに注意）

$$
G_E : R_1\left(\frac{\pi}{2}\right) = \begin{bmatrix} 1 & 0 & 0 \\ 0 & 0 & -1 \\ 0 & 1 & 0 \end{bmatrix}, \qquad F_E : R_3\left(\frac{\pi}{2}\right) = \begin{bmatrix} 0 & -1 & 0 \\ 1 & 0 & 0 \\ 0 & 0 & 1 \end{bmatrix}
$$

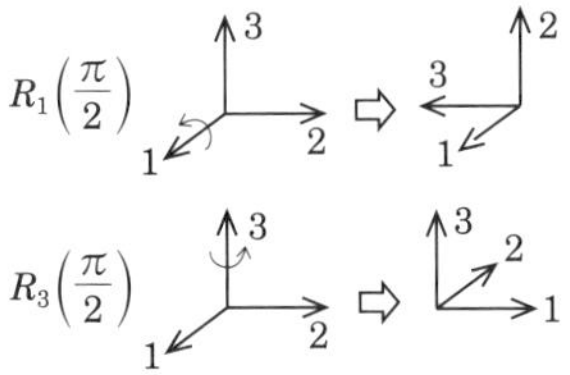

図 7.4

として合成すると回転行列は

$$
R_A = R_1\left(\frac{\pi}{2}\right) R_3\left(\frac{\pi}{2}\right) = \begin{bmatrix} 0 & -1 & 0 \\ 0 & 0 & -1 \\ 1 & 0 & 0 \end{bmatrix}
$$

となり、たしかに線形変換である Active 変換は extrinsic な回転を表していることがわかる（図 7.5）。

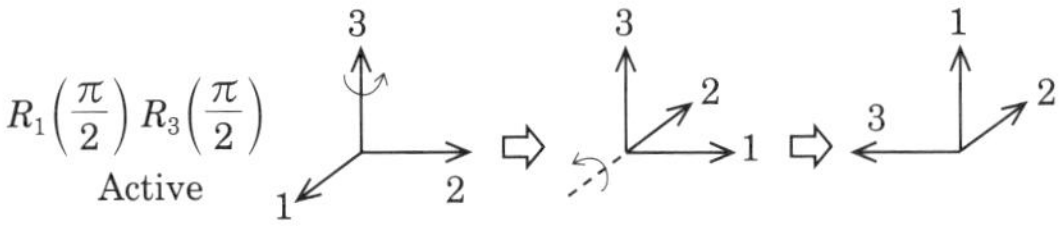

図 7.5

一方、基底の変換に伴う座標変換である Passive 変換での合成ではどうなるだろうか？　これも [5.5.9] 項で学んだように、基底の変換は実現する座標変換

の逆変換となるため、以下の

$$(e_1'\ e_2'\ e_3') = (e_1\ e_2\ e_3)F_E^{-1}, \qquad (e_1''\ e_2''\ e_3'') = (e_1'\ e_2'\ e_3')G_{E'}^{-1} \qquad (7.16)$$

なる変換を行い、これに伴う各変換後の基底によるベクトル $\boldsymbol{x}$ の列ベクトル表示

$$\boldsymbol{x} = (e_1\ e_2\ e_3)\boldsymbol{x}_E = (e_1'\ e_2'\ e_3')\boldsymbol{x}_{E'} = (e_1''\ e_2''\ e_3'')\boldsymbol{x}_{E''} \qquad (7.17)$$

および各基底の変換に伴う座標変換の合成と、(5.24) 式で $P_{B \to C} = F_E^{-1}$ にあたる表示行列の変換

$$\boldsymbol{x}_{E'} = F_E\boldsymbol{x}_E,\ \ \boldsymbol{x}_{E''} = G_{E'}\boldsymbol{x}_{E'},\ \ \boldsymbol{x}_{E''} = H_E\boldsymbol{x}_E,\ \ H_E = G_{E'}F_E, \qquad (7.18)$$

$$G_{E'} = F_E G_E F_E^{-1} \qquad (7.19)$$

を得て、これらは intrinsic な回転を表すことになる。実際、各座標軸周りの回転で確かめてみると

$$R_{1'}\left(\frac{\pi}{2}\right) = R_3\left(\frac{\pi}{2}\right) R_1\left(\frac{\pi}{2}\right) R_3^{-1}\left(\frac{\pi}{2}\right)$$

$$= \begin{bmatrix} 0 & -1 & 0 \\ 1 & 0 & 0 \\ 0 & 0 & 1 \end{bmatrix} \begin{bmatrix} 1 & 0 & 0 \\ 0 & 0 & -1 \\ 0 & 1 & 0 \end{bmatrix} \begin{bmatrix} 0 & 1 & 0 \\ -1 & 0 & 0 \\ 0 & 0 & 1 \end{bmatrix} = \begin{bmatrix} 0 & 0 & 1 \\ 0 & 1 & 0 \\ -1 & 0 & 0 \end{bmatrix}$$

より、合成された回転行列は

$$R_P = R_{1'}\left(\frac{\pi}{2}\right) R_3\left(\frac{\pi}{2}\right) = \begin{bmatrix} 0 & 0 & 1 \\ 1 & 0 & 0 \\ 0 & 1 & 0 \end{bmatrix}$$

となりたしかに基底変換に伴う座標変換である Passive 変換は intrinsic な回転

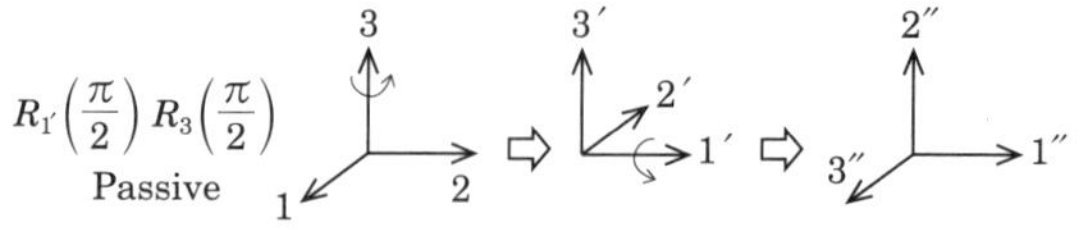

図 7.6

を表すことがわかる（図 7.6）。

また基底の合成変換が $h^{-1} = g^{-1} \circ f^{-1} = (f \circ g)^{-1}$ となることより、相当する Active 変換である線形変換の合成変換は $h = f \circ g$ となり、変換順を逆にした以下の extrinsic な表現もできる（図 7.7）。

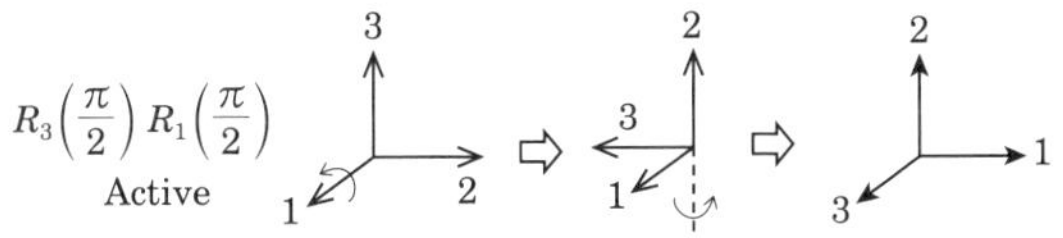

$$R_3\left(\frac{\pi}{2}\right) R_1\left(\frac{\pi}{2}\right)$$
Active

図 **7.7**

$$R_A = R_3\left(\frac{\pi}{2}\right) R_1\left(\frac{\pi}{2}\right) = \begin{bmatrix} 0 & 0 & 1 \\ 1 & 0 & 0 \\ 0 & 1 & 0 \end{bmatrix}$$

これらの行列が等しいことは (7.19) 式より $R_P = G_{E'}F_E = F_E G_E = R_A$ からもいえる。

●パラメータの自由度と領域

3 次回転行列 R は成分の数 9 に対し直交行列である条件 $R^\top R = E$（同値となる列ベクトルの組とみなしたとき正規直交基底となる条件）より、独立な自由度は 3 となりたしかに【7.1】節の自由度の考察を満たす。この正規直交基底の姿勢ひとつひとつが各 3 次元回転に相当し、基底の姿勢と回転行列の成分は 1 対 1 に対応することになるので、回転行列のパラメータ領域は 3 次元回転と 1 対 1 に対応することになる。しかしながら、9 つの成分に 6 つの拘束条件をかけ独立な自由度 3 となる構造は冗長ともいえ、応用上その点は注意[*3]が必要となる。次節では最小限の 3 つのパラメータで回転を表現する手法を学ぶ。

【7.3】 オイラー角と仲間たち

[7.3.1] 回転後の基底の姿勢を 3 つの回転角で表す

【7.1】節の考察により、回転を表現するとは基準となる標準基底と、剛体に固定された正規直交基底との自由度 3 の変位を記述することであった。基準姿

[*3] 具体的には拘束条件の実装や精度、データ量、演算量などなど。

勢から目的の姿勢を表す正規直交基底に 3 つの回転角、すなわち 3 回の座標軸周りの回転で一致させる記述の仕方を考えよう。座標軸を回転軸として用いる複数回の回転なので、intrinsic な回転となる。まず議論する上での用語を定義しよう。

○**座標系**：基準となる標準基底の座標系を xyz、1 回転目で写る先の座標系を $x'y'z'$、2 回転目で $x''y''z''$、最後の 3 回転目で写る先の目的の正規直交基底の座標系を XYZ としよう。

○**回転軸**： 3 回の回転で一致させるので用いる座標軸は 3 本となる。この 3 本について 1 回転目を 1 軸、2 回転目を $2'$ 軸、3 回転目を $3''$ 軸とよぶことにしよう。1 軸は xyz のうちのどれかの軸、$2'$ 軸は $x'y'z'$ のどれか、$3''$ 軸は $x''y''z''$ のどれかを軸に選ぶことになる。（このように軸の選び方でさまざまなバリエーションが生まれてしまうことになる[*4]。）

考察しながら判明したことをあげていこう。

(1) 1 軸と $2'$ 軸、$2'$ 軸と $3''$ 軸とでは用いる座標軸は異なる：図 7.8 では 1 軸として z 軸を選んだが回転軸なので z' 軸でもあり、$2'$ 軸としては x' か y' 軸を用いることになる。同様に $2'$ 軸は x' 軸を選んだが x'' 軸でもあり、$3''$ 軸

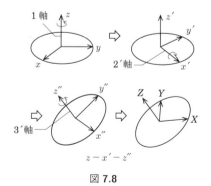

図 **7.8**

[*4] 軸の選択はあくまで事前の規約であり、動的（回転中）に選ぶという意味ではない（念のため）。

としては y'' か z'' 軸を用いることになる。

(2) 上記 (1) より、1 軸は xyz の 3 通り、2′ 軸は $x'y'z'$ のうち 1 軸で選ばなかった 2 通り、3″ 軸は $x''y''z''$ のうち 2′ 軸で選ばなかった 2 通りだが、これは 1 軸で選んだ軸と同じか異なるかの 2 通りで前者と後者に大別されることになる。選んだ $1-2'-3''$ 軸として、前者の 6 通りの代表を $z-x'-z''$（図 7.8）とし、後者の 6 通りの代表を $z-y'-x''$（図 7.9）としよう。軸の選び方が異なるだけで代表以外も議論は同様に適用される。

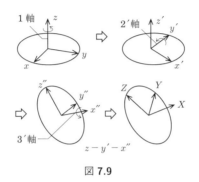

図 **7.9**

(3) 1 軸と 2′ 軸は直交し、2′ 軸と 3″ 軸も直交する：$x'y'z'$ にて 2′ 軸として選ばなかったどちらかの軸は元 1 軸でもあり、したがって直交する。同様に $x''y''z''$ にて 3″ 軸として選ばなかったどちらかの軸は元 2′ 軸でもあり、したがって直交する。

(4) 3″ 軸が $x''/y''/z''$ 軸であれば $X/Y/Z$ 軸でもある：最後の回転で $x''y''z''$ は XYZ に一致することになるが、3″ 軸は回転軸なのでその回転時には既に一致している。図 7.8/7.9 の例では、3″ 軸は z''/x'' 軸であるが、これは Z/X 軸にその回転時には既に一致している。

(5) 上記 (3), (4) より、2′ 軸の方向は 1 軸（xyz のどれか）と 3″ 軸（XYZ のどれか）との外積で得られる：2′ 軸は 1 軸と 3″ 軸のどちらとも直交するので、方向はその外積のベクトルの方向となる。ただし例外として 1 軸と 3″ 軸が平行（一致するか反対向き）な場合、2′ 軸の方向は定まらないことになる。この場合後にわかるようにそもそも 3 回でなく 1 回もしくは 2 回の回転で達成できる特殊な最終姿勢ということになり、一般的な姿勢とは別扱いとなる。

以上により、(5) の例外の場合は別扱いとし、それ以外の一般の回転変換先の正規直交基底に対して各回転軸が一意に定まり、後述するようにその回転角も一意に定まるので求める表現を得ることになる。代表 $z-x'-z''$ の回転角の組ことを（狭義の）**オイラー角**といい、代表 $z-y'-x''$ の回転角の組のことを **Tait-Bryan 角**という。次項以降にてそれぞれ詳細を述べる。

[7.3.2] オイラー角

●定義：$1-2'-3''$ 軸として $z-x'-z''$ 軸を適用したものを（狭義の）オイラー角という。図 7.10 のように $2'$ 軸である x' 軸は、1 軸である z 軸と $3''$ 軸である Z 軸（z'' 軸）のどちらとも直交する。その方向は z 軸と Z 軸との外積にて求まり、向きは $z \times Z$ の正の方向となる。以下、基準座標系 xyz の標準基底を $\{\bm{e}_x, \bm{e}_y, \bm{e}_z\}$、回転後の座標系 XYZ の正規直交基底を $\{\bm{b}_x, \bm{b}_y, \bm{b}_z\}$、$x'$ 軸の単位ベクトルを $\bm{e}'_x$ とすると、$\bm{e}_z \times \bm{b}_z \neq \bm{0}$ のとき $\bm{e}'_x$ は次式で求まる。（例外扱いとなる $\bm{e}_z \times \bm{b}_z = \bm{0}$ のときは後ほど述べる。以下に続く話はすべて $\bm{e}_z \times \bm{b}_z \neq \bm{0}$ のときについてであることに注意。）

$$\bm{e}'_x = \frac{\bm{e}_z \times \bm{b}_z}{\|\bm{e}_z \times \bm{b}_z\|} \qquad (\text{ただし } \bm{e}_z \times \bm{b}_z \neq \bm{0}) \tag{7.20}$$

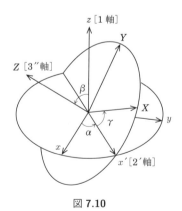

図 **7.10**

●各回転角

○ **1 軸回転**：z 軸によるこの回転は、$2'$ 軸となる x' 軸に x 軸を重さねること

を担当する。よって回転角は x 軸と x' 軸の成す角 α となり、その範囲と余弦は次式のようになる。

$$\cos\alpha = \boldsymbol{e}_x \cdot \boldsymbol{e}_x' \qquad (0 \leqq \alpha < 2\pi) \tag{7.21}$$

○ $2'$ 軸回転：x' 軸によるこの回転は、$3''$ 軸となる Z 軸に z 軸を重さねることを担当する。よって回転角は z 軸と Z 軸の成す角 β となり、その範囲と余弦は次式のようになる。

$$\cos\beta = \boldsymbol{e}_z \cdot \boldsymbol{b}_z \qquad (0 < \beta < \pi) \tag{7.22}$$

○ $3''$ 軸回転：Z 軸（z'' 軸）によるこの回転は、$2'$ 軸だった x' 軸を X 軸に重さねることを担当する。よって回転角は x' 軸と X 軸の成す角 γ となり、その範囲と余弦は次式のようになる。

$$\cos\gamma = \boldsymbol{e}_x' \cdot \boldsymbol{b}_x \qquad (0 \leqq \gamma < 2\pi) \tag{7.23}$$

●回転行列による表示

intrinsic な回転となるので、[7.2.2] 項で行ったように Passive 変換による合成変換が自然な変換となる。x 軸周りの θ 回転変換の表示行列を $R_x(\theta)$ 等と表記すれば、Passive 変換の回転行列は

$$R_P^{\text{Euler}} = R_{z''}(\gamma)R_{x'}(\beta)R_z(\alpha) \tag{7.24}$$

となる。ここで各基底の変換に伴う行列の変換は以下のようになる。

$$R_{x'}(\beta) = R_z(\alpha)R_x(\beta)R_z^{-1}(\alpha), \qquad R_{z''}(\gamma) = R_{x'}(\beta)R_{z'}(\gamma)R_{x'}^{-1}(\beta) \tag{7.25}$$

3 回の合成でも、前節と同様に相当する Active 変換による extrinsic な回転となる合成変換は、行列の積の順が逆順となる。これは x 軸周りの θ 回転変換を $f_x(\theta)$ 等と表記すれば、Passive 変換における基底変換の合成変換は $h^{-1} = f_z^{-1}(\gamma) \circ f_x^{-1}(\beta) \circ f_z^{-1}(\alpha)$ として行われており、相当する線形変換の合成変換は $h = f_z(\alpha) \circ f_x(\beta) \circ f_z(\gamma)$ であり Active 変換による extrinsic な回転の表示行列は

$$R_A^{\text{Euler}} = R_z(\alpha) R_x(\beta) R_z(\gamma) \tag{7.26}$$

として得られるからである。なお (7.24) 式と、この (7.26) 式の回転行列が等しいことは (7.25) 式を代入して直接確かめることもできる。記号が煩雑になるので $R_{x'}(\beta) = X'_\beta$ 等略記すると

$$R_P^{\text{Euler}} = Z''_\gamma X'_\beta Z_\alpha, \tag{※}$$

$$R_{x'}(\beta) = X'_\beta = Z_\alpha X_\beta Z_\alpha^{-1}, \tag{☆}$$

$$R_{z''}(\gamma) = Z''_\gamma = X'_\beta Z'_\gamma X'^{-1}_\beta \tag{★}$$

と書けて、$Z'_\gamma = Z_\alpha Z_\gamma Z_\alpha^{-1}$ と (☆) を (★) に代入すると

$$Z''_\gamma = X'_\beta Z'_\gamma X'^{-1}_\beta = (Z_\alpha X_\beta Z_\alpha^{-1})(Z_\alpha Z_\gamma Z_\alpha^{-1})(Z_\alpha X_\beta Z_\alpha^{-1})^{-1}$$
$$= Z_\alpha X_\beta Z_\gamma Z_\alpha^{-1}(Z_\alpha X_\beta^{-1} Z_\alpha^{-1}) = Z_\alpha X_\beta Z_\gamma X_\beta^{-1} Z_\alpha^{-1}$$

となり、これと (☆) を (※) に代入すると

$$R_P^{\text{Euler}} = Z''_\gamma X'_\beta Z_\alpha = (Z_\alpha X_\beta Z_\gamma X_\beta^{-1} Z_\alpha^{-1})(Z_\alpha X_\beta Z_\alpha^{-1}) Z_\alpha$$
$$= Z_\alpha X_\beta Z_\gamma = R_A^{\text{Euler}}$$

として確かめられた。

この回転行列を明示的に書き下すと、($\cos = \mathrm{c}$, $\sin = \mathrm{s}$ の略記を用いて) 以下を得る。

$$R^{\text{Euler}} = \begin{bmatrix} \mathrm{c}\alpha\,\mathrm{c}\gamma - \mathrm{s}\alpha\,\mathrm{c}\beta\,\mathrm{s}\gamma & -\mathrm{c}\alpha\,\mathrm{s}\gamma - \mathrm{s}\alpha\,\mathrm{c}\beta\,\mathrm{c}\gamma & \mathrm{s}\alpha\,\mathrm{s}\beta \\ \mathrm{s}\alpha\,\mathrm{c}\gamma + \mathrm{c}\alpha\,\mathrm{c}\beta\,\mathrm{s}\gamma & -\mathrm{s}\alpha\,\mathrm{s}\gamma + \mathrm{c}\alpha\,\mathrm{c}\beta\,\mathrm{c}\gamma & -\mathrm{c}\alpha\,\mathrm{s}\beta \\ \mathrm{s}\beta\,\mathrm{s}\gamma & \mathrm{s}\beta\,\mathrm{c}\gamma & \mathrm{c}\beta \end{bmatrix} \tag{7.27}$$

●例外処理

さて後回しにしていた「例外」について考察しよう。オイラー角の場合 z 軸と Z 軸が一致している、あるいは真逆を向いていることに相当し (7.20) 式に現れている。この場合 z 軸と Z 軸の両軸に垂直な平面上に x 軸と X 軸があるので、例えば x' 軸を X 軸として定義することで 1 回目の z 軸回転で x 軸と

X 軸を一致させ、z 軸と Z 軸が逆向きの場合は 2 回目の X 軸（$= x'$ 軸）の π 回転を行う等の 1 回あるいは 2 回の回転で目的を達することができる。このように最終姿勢が特殊な例外姿勢である場合は、各回転角の定義自体が異なり、回転行列 (7.27) 式も異なることに注意を要する。

● バリエーション

回転軸を $z-x'-z''$ と選んだものが狭義のオイラー角であった。軸の選び方は前項で考察したように 6 通りあり、他の 5 通りを書き下せば $z-y'-z''$, $x-y'-x''$, $x-z'-x''$, $y-z'-y''$, $y-x'-y''$ となる。これらを合わせて 6 種類の（広義の）オイラー角として扱っている場合もあるので注意。

[7.3.3] Tait-Bryan 角

● 定義：$1-2'-3''$ 軸として $z-y'-x''$ 軸を適用したものを Tait-Bryan 角という。図 7.11 のように $2'$ 軸である y' 軸は、1 軸である z 軸と $3''$ 軸である X 軸（x'' 軸）のどちらとも直交する。その方向は z 軸と X 軸との外積にて求まり、向きは $z \times X$ の正の方向となる。以下、基準座標系 xyz の標準基底を $\{\boldsymbol{e}_x, \boldsymbol{e}_y, \boldsymbol{e}_z\}$、回転後の座標系 XYZ の正規直交基底を $\{\boldsymbol{b}_x, \boldsymbol{b}_y, \boldsymbol{b}_z\}$、$y'$ 軸の単位ベクトルを $\boldsymbol{e}'_y$ とすると、$\boldsymbol{e}_z \times \boldsymbol{b}_x \neq \boldsymbol{0}$ のとき $\boldsymbol{e}'_y$ は次式で求まる。（例外扱いとなる $\boldsymbol{e}_z \times \boldsymbol{b}_x = \boldsymbol{0}$ のときは後ほど述べる。<u>以下に続く話はすべて $\boldsymbol{e}_z \times \boldsymbol{b}_x \neq \boldsymbol{0}$ のときについてであることに注意</u>）

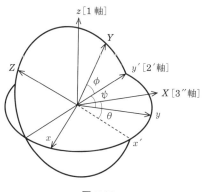

図 7.11

$$e_y' = \frac{e_z \times b_x}{\|e_z \times b_x\|} \qquad (\text{ただし } e_z \times b_x \neq 0) \tag{7.28}$$

● 各回転角

○ 1 軸回転：z 軸によるこの回転は、$2'$ 軸となる y' 軸に y 軸を重さねること
を担当する。よって回転角は y 軸と y' 軸の成す角 ψ となり、その範囲と余弦
は次式のようになる。

$$\cos\psi = e_y \cdot e_y' \qquad (0 \leqq \psi < 2\pi) \tag{7.29}$$

○ $2'$ 軸回転：y' 軸によるこの回転は、$3''$ 軸となる X 軸に x' 軸を重さねるこ
とを担当する。よって回転角は x' 軸と X 軸の成す角 θ となり、その範囲と余
弦は次式のようになる。

$$\cos\theta = (e_y' \times e_z) \cdot b_x \qquad \left(-\frac{\pi}{2} < \theta < \frac{\pi}{2}\right) \tag{7.30}$$

○ $3''$ 軸回転：X 軸（x'' 軸）によるこの回転は、$2'$ 軸だった y' 軸を Y 軸に重
さねることを担当する。よって回転角は y' 軸と Y 軸の成す角 ϕ となり、その
範囲と余弦は次式のようになる。

$$\cos\phi = e_y' \cdot b_y \qquad (0 \leqq \phi < 2\pi) \tag{7.31}$$

● 回転行列による表示

intrinsic な回転となるので、[7.2.2] 項で行ったように Passive 変換による合
成変換が自然な変換となる。x 軸周りの θ 回転変換の表示行列を $R_x(\theta)$ 等と表
記すれば、Passive 変換の回転行列は

$$R_P^{\mathrm{TB}} = R_{x''}(\phi)R_{y'}(\theta)R_z(\psi) \tag{7.32}$$

となる。ここで各基底の変換に伴う行列の変換は以下のようになる。

$$R_{y'}(\theta) = R_z(\psi)R_y(\theta)R_z^{-1}(\psi), \qquad R_{x''}(\phi) = R_{y'}(\theta)R_{x'}(\phi)R_{y'}^{-1}(\theta) \tag{7.33}$$

3 回の合成でも、前節と同様に対応する Active 変換による extrinsic な回転
となる合成変換は行列の積の順が逆順となる。これは x 軸周りの θ 回転変換

を $f_x(\theta)$ 等と表記すれば、Passive 変換における基底変換の合成変換は $h^{-1} = f_x^{-1}(\phi) \circ f_y^{-1}(\theta) \circ f_z^{-1}(\psi)$ として行われており、相当する線形変換の合成変換は $h = f_z(\psi) \circ f_y(\theta) \circ f_x(\phi)$ であり Active 変換による extrinsic な回転の表示行列は

$$R_A^{\mathrm{TB}} = R_z(\psi)R_y(\theta)R_x(\phi) \tag{7.34}$$

として得られるからである。なお (7.32) 式と、この (7.34) 式の回転行列が等しいことは (7.33) 式を代入して直接確かめることもできる。記号が煩雑になるので $R_{y'}(\theta) = Y_\theta'$ 等略記すると

$$R_P^{\mathrm{TB}} = X_\phi'' Y_\theta' Z_\psi, \tag{$\triangle$}$$

$$R_{y'}(\theta) = Y_\theta' = Z_\psi Y_\theta Z_\psi^{-1}, \tag{$\diamondsuit$}$$

$$R_{x''}(\phi) = X_\phi'' = Y_\theta' X_\phi' Y_\theta'^{-1} \tag{$\blacklozenge$}$$

と書けて、$X_\phi' = Z_\psi X_\phi Z_\psi^{-1}$ と ($\diamondsuit$) を ($\blacklozenge$) に代入すると

$$X_\phi'' = Y_\theta' X_\phi' Y_\theta'^{-1} = (Z_\psi Y_\theta Z_\psi^{-1})(Z_\psi X_\phi Z_\psi^{-1})(Z_\psi Y_\theta Z_\psi^{-1})^{-1}$$
$$= Z_\psi Y_\theta X_\phi Z_\psi^{-1}(Z_\psi Y_\theta^{-1} Z_\psi^{-1}) = Z_\psi Y_\theta X_\phi Y_\theta^{-1} Z_\psi^{-1}$$

となり、これと ($\diamondsuit$) を ($\triangle$) に代入すると

$$R_P^{\mathrm{TB}} = X_\phi'' Y_\theta' Z_\psi = (Z_\psi Y_\theta X_\phi Y_\theta^{-1} Z_\psi^{-1})(Z_\psi Y_\theta Z_\psi^{-1})Z_\psi$$
$$= Z_\psi Y_\theta X_\psi - R_A^{\mathrm{TB}}$$

として確かめられた。

この回転行列を明示的に書き下すと、($\cos = \mathrm{c}$, $\sin = \mathrm{s}$ の略記を用いて) 以下を得る。

$$R^{\mathrm{TB}} = \begin{bmatrix} \mathrm{c}\psi\,\mathrm{c}\theta & -\mathrm{s}\psi\,\mathrm{c}\phi + \mathrm{c}\psi\,\mathrm{s}\theta\,\mathrm{s}\phi & \mathrm{s}\psi\,\mathrm{s}\phi + \mathrm{c}\psi\,\mathrm{s}\theta\,\mathrm{c}\phi \\ \mathrm{s}\psi\,\mathrm{c}\theta & \mathrm{c}\psi\,\mathrm{c}\phi + \mathrm{s}\psi\,\mathrm{s}\theta\,\mathrm{s}\phi & -\mathrm{c}\psi\,\mathrm{s}\phi + \mathrm{s}\psi\,\mathrm{s}\theta\,\mathrm{c}\phi \\ -\mathrm{s}\theta & \mathrm{c}\theta\,\mathrm{s}\phi & \mathrm{c}\theta\,\mathrm{c}\phi \end{bmatrix} \tag{7.35}$$

206 　【第 7 講】回転の表現 I

●例外処理

Tait-Bryan 角の場合 z 軸と X 軸が一致している、あるいは真逆を向いていることに相当し (7.28) 式に現れる。この場合 z 軸と X 軸の両軸に直交する平面上に y 軸と Y 軸があるので、例えば y' 軸を Y 軸として定義することで 1 回目の z 軸回転で y 軸と Y 軸を一致させ、さらに Y 軸（$= y'$ 軸）周りの $\pm\dfrac{\pi}{2}$ 回転で達成させる等の、合わせて 2 回転による別処理を行えばよいことになる。

●バリエーション

Tait-Bryan 角の場合、代表とした回転軸を $z - y' - x''$ と選んだもの以外にも、$z - x' - y''$ もよく使われているようである。軸の選び方は前項で考察したように 6 通りあり、ほかの 4 通りを書き下せば $x - y' - z''$, $x - z' - y''$, $y - z' - x''$, $y - x' - z''$ となる。なお 6 通りのオイラー角に 6 通りの Tait-Bryan 角も含めて 12 種類のオイラー角として扱っている場合もあるので、さらにさらに注意。

[7.3.4] ジンバルロック

オイラー角における例外状態のことを、「回転角 β が 0 $(,\pi)$ のときは、(7.27) 式が

$$
\begin{bmatrix} c\alpha\,c\gamma - s\alpha\,s\gamma & -c\alpha\,s\gamma - s\alpha\,c\gamma & 0 \\ s\alpha\,c\gamma + c\alpha\,s\gamma & -s\alpha\,s\gamma + c\alpha\,c\gamma & 0 \\ 0 & 0 & 1 \end{bmatrix} = \begin{bmatrix} \cos(\alpha+\gamma) & -\sin(\alpha+\gamma) & 0 \\ \sin(\alpha+\gamma) & \cos(\alpha+\gamma) & 0 \\ 0 & 0 & 1 \end{bmatrix}
$$

となり回転の自由度が失われ、これをジンバルロックという。」というような説明もあるが、導出および例外処理の内容から分かるようにそもそもこのとき各回転角や (7.27) 式自体が別処理での異なる定義となり、Tait-Bryan 角の場合も「回転角 θ が $\pm\dfrac{\pi}{2}$ のとき」にあたり、同様に回転角や (7.35) 式は異なる定義となる。また因果関係が逆で自由度が失われるのではなく、1・2 回転となる少ない自由度で到達できる特殊な場合に相当する。

場合分けによる別処理も必要となることを理解したうえで使うべきともいえるが、いずれにしても、このような場合分けが必要となること自体は結構（かな

り）やっかいなことではあり、根本原因としては3つの回転角で構成されるパラメータ領域で3次元回転全体を表そうとしたとき、それらが<u>トポロジー的に同等でない</u>ことの「しわ寄せ」からきている。では3次元回転全体の大域的な構造とは、どういったものなのだろうか？ これは次節にて調べることになる。

── ジンバルロックの正体 ──

　少々わかりにくいので、本質的に同じことの違う例として2自由度のジンバルを考えてみよう。いわゆる「経緯台」と呼ばれるモノで（検索！ 検索！）、望遠鏡の三脚のように水平方向と上下方向に回転する2軸で構成される台で、例えば上空を通過するヘリコプターを視野の中心にとらえて追跡することができる。仮にヘリが真上に到達したときに90度進行方向を変えたとすると、真上を向いてる状態でそのままでは追跡できず、経緯台を90度水平方向に回転させる必要が出てきて、これが「ジンバルロック」現象に相当する。何が起きたのだろうか？ 経緯台は文字通り、経度と緯度の2つのパラメータ（経度が水平方向、緯度が上下方向の向きを表す）で台を中心とした球面の1点を指定できる表現となる。言いかえると世界地図による地球上の点の表示となるわけだが、直観的にも分かるように南／北両極点はほかの点と違い、それぞれ南緯／北緯90度、<u>経度は不定</u>という形で指定することになり、特別扱いする必要がでてくる。このことを「両極点で自由度が失われる！」という人は居ない。根本原因は円筒（世界地図）と球面（地球面）とのトポロジーの違いだとわかるだろう。3次元回転のジンバルロックも本質的にこれと同じことが起きている。

【7.4】 回転ベクトル

[7.4.1] 定義とロドリゲスの回転公式

　[6.5.1] 項で、剛体回転におけるオイラーの定理を学んだ。その証明から分かるように任意の3次回転行列は回転軸となる固有値1の実固有ベクトルをもち、すべての3次元回転は回転軸とその周りの回転角で表すことができることを意味していた。このことを素直に定式化したものが以下の回転ベクトルとなる。

●定義

3次元空間の任意の回転に対し、回転により右ねじが進む向きを正とした回転軸をベクトル $\boldsymbol{\omega}$ の方向とし、弧度法による回転角をその大きさとする $\boldsymbol{\omega}$ を回転ベクトルという。定義より回転角 $\theta = \|\boldsymbol{\omega}\|$ であり、$\theta \neq 0$ のときの $\boldsymbol{\omega}$ の向きの単位ベクトルを $\boldsymbol{u} = \dfrac{\boldsymbol{\omega}}{\|\boldsymbol{\omega}\|}$ と定義する。

●回転公式

図 7.12 のように回転ベクトルにより3次元上の任意の点 P(位置ベクトル $\boldsymbol{r}$) が点 P′(位置ベクトル $\boldsymbol{r}'$) に変換される場合を考える。

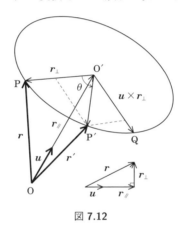

図 **7.12**

点 P から回転軸の直線上に下ろした垂線の足を点 O′ とすると、$\overrightarrow{\text{O}'\text{P}}$, $\overrightarrow{\text{O}'\text{P}'}$ はともに回転軸と直交し、$\overrightarrow{\text{O}'\text{P}}$, $\overrightarrow{\text{O}'\text{P}'}$ が張る面(回転面)も回転軸と直交する。$\boldsymbol{r} = \overrightarrow{\text{OO}'} + \overrightarrow{\text{O}'\text{P}}$ であるが、$\boldsymbol{r}_{/\!/} = \overrightarrow{\text{OO}'}$, $\boldsymbol{r}_\perp = \overrightarrow{\text{O}'\text{P}}$ とすると $\boldsymbol{u}$ は単位ベクトルなので

$$\boldsymbol{r}_{/\!/} = (\boldsymbol{u} \cdot \boldsymbol{r})\boldsymbol{u} \tag{7.36}$$

と書けて、$\boldsymbol{r} = \boldsymbol{r}_{/\!/} + \boldsymbol{r}_\perp$ なので以下を得る。

$$\boldsymbol{r}_\perp = \boldsymbol{r} - (\boldsymbol{u} \cdot \boldsymbol{r})\boldsymbol{u} \tag{7.37}$$

さらに回転面上で点 P を $\dfrac{\pi}{2}$ だけ回した先の点を Q とすると、$\overrightarrow{\text{O}'\text{Q}}$ は $\boldsymbol{u}$ とも $\boldsymbol{r}_\perp$ とも直交するので、その向きは図から $\boldsymbol{u}$ と $\boldsymbol{r}_\perp$ の外積、$\boldsymbol{u} \times \boldsymbol{r}_\perp$ と同じであ

【7.4】回転ベクトル　209

る。その長さは $r_\perp$ の長さと等しく、u が単位ベクトルかつ $r_\perp$ と直交することから $\|u \times r_\perp\|$ と同じとなるので、$\overrightarrow{\mathrm{O'Q}} = u \times r_\perp$ となることが分かる。

$\overrightarrow{\mathrm{O'P'}} = \cos\theta \, \overrightarrow{\mathrm{O'P}} + \sin\theta \, \overrightarrow{\mathrm{O'Q}}$ となることから、点 P' を指す位置ベクトル r' は

$$r' = \overrightarrow{\mathrm{OO'}} + \overrightarrow{\mathrm{O'P'}} = r_{/\!/} + \cos\theta \, r_\perp + \sin\theta \, u \times r_\perp$$

となり、(7.36), (7.37) 式を代入すると

$$r' = (u \cdot r)u + \cos\theta \, \{r - (u \cdot r)u\} + \sin\theta \, u \times \{r - (u \cdot r)u\}$$

となる。これを整理して

$$r' = \cos\theta \, r + (1 - \cos\theta)(u \cdot r)u + \sin\theta \, u \times r \tag{7.38}$$

を得る。この式をロドリゲスの回転公式（ベクトル表示）という。

● 回転の合成

　残念ながら回転ベクトルによる回転の合成は、各回転ベクトルの和や積のような単純な形で表すことはできない。回転行列形式で合成するか、次講のクォータニオンの合成にならうことになる。

[7.4.2] 回転行列による表示

　(7.38) 式：$r' = \cos\theta \, r + (1 - \cos\theta)(u \cdot r)u + \sin\theta \, u \times r$ を線形変換の行列表示に書き直す。

$$r' = \begin{bmatrix} x_1' \\ x_2' \\ x_3' \end{bmatrix}, \qquad r = \begin{bmatrix} x_1 \\ x_2 \\ x_3 \end{bmatrix}, \qquad u = \begin{bmatrix} u_1 \\ u_2 \\ u_3 \end{bmatrix}$$

とし、列ベクトルの各成分で表すと、

$$\begin{aligned} x_i' &= \cos\theta x_i + (1 - \cos\theta)\left(\sum_{j=1}^{3} u_j x_j\right)u_i + \sin\theta \sum_{j,k=1}^{3} \varepsilon_{ikj} u_k x_j \\ &= \sum_{j=1}^{3} \left\{\cos\theta \delta_{ij} + (1 - \cos\theta)u_i u_j - \sin\theta \sum_{k=1}^{3} \varepsilon_{ijk} u_k\right\} x_j \end{aligned}$$

と書けるので

$$R_{ij} = \cos\theta\delta_{ij} + (1 - \cos\theta)u_i u_j - \sin\theta\sum_{k=1}^{3}\varepsilon_{ijk}u_k \tag{7.39}$$

が回転行列となる。これを成分ごとに行列表記で書き下すと、($\cos = $ c, $\sin = $ s の略記を用いて）以下を得る。

$$R = \begin{bmatrix} \mathrm{c}\theta + (1-\mathrm{c}\theta)u_1^2 & (1-\mathrm{c}\theta)u_1 u_2 - \mathrm{s}\theta\, u_3 & (1-\mathrm{c}\theta)u_1 u_3 + \mathrm{s}\theta\, u_2 \\ (1-\mathrm{c}\theta)u_2 u_1 + \mathrm{s}\theta\, u_3 & \mathrm{c}\theta + (1-\mathrm{c}\theta)u_2^2 & (1-\mathrm{c}\theta)u_2 u_3 - \mathrm{s}\theta\, u_1 \\ (1-\mathrm{c}\theta)u_3 u_1 - \mathrm{s}\theta\, u_2 & (1-\mathrm{c}\theta)u_3 u_2 + \mathrm{s}\theta\, u_1 & \mathrm{c}\theta + (1-\mathrm{c}\theta)u_3^2 \end{bmatrix}$$
$$\tag{7.40}$$

この (7.39), (7.40) 式をロドリゲスの回転公式（行列表示）という。$\boldsymbol{u}$ を標準基底の $\boldsymbol{e}_1, \boldsymbol{e}_2, \boldsymbol{e}_3$ とすれば、各座標軸周りの回転行列に帰着することがわかる。

● [▼ C] 演習：実際に回転行列であることを確かめよう。(7.39) 式とその転置行列との積をとると（同様に略記を用いて）

$$
\begin{aligned}
(R^\top R)_{ij} &= \sum_{k=1}^{3} R_{ik}^\top R_{kj} = \sum_{k=1}^{3} R_{ki}R_{kj} \\
&= \sum_{k=1}^{3}\left\{ \mathrm{c}\theta\,\delta_{ki} + (1-\mathrm{c}\theta)u_k u_i - \mathrm{s}\theta\sum_{l=1}^{3}\varepsilon_{kil}u_l \right\} \\
&\qquad \left\{ \mathrm{c}\theta\,\delta_{kj} + (1-\mathrm{c}\theta)u_k u_j - \mathrm{s}\theta\sum_{m=1}^{3}\varepsilon_{kjm}u_m \right\} \\
&= \mathrm{c}^2\theta\,\delta_{ij} + \mathrm{c}\theta(1-\mathrm{c}\theta)u_i u_j - \mathrm{s}\theta\,\mathrm{c}\theta\sum_{m=1}^{3}\varepsilon_{ijm}u_m \\
&\quad + \mathrm{c}\theta(1-\mathrm{c}\theta)u_j u_i + (1-\mathrm{c}\theta)^2 u_i u_j - \mathrm{s}\theta(1-\mathrm{c}\theta)\sum_{m,k=1}^{3}\varepsilon_{kjm}u_k u_i u_m \\
&\quad - \mathrm{s}\theta\,\mathrm{c}\theta\sum_{l=1}^{3}\varepsilon_{jil}u_l - \mathrm{s}\theta(1-\mathrm{c}\theta)\sum_{l,k=1}^{3}\varepsilon_{kil}u_l u_k u_j + \mathrm{s}^2\theta\sum_{k,l,m=1}^{3}\varepsilon_{kil}u_l\varepsilon_{kjm}u_m \\
&= \mathrm{c}^2\theta\,\delta_{ij} + (1+\mathrm{c}\theta)(1-\mathrm{c}\theta)u_i u_j + \mathrm{s}^2\theta\sum_{l,m=1}^{3}(\delta_{ij}\delta_{lm} - \delta_{im}\delta_{lj})u_l u_m \\
&= (\mathrm{c}^2\theta + \mathrm{s}^2\theta)\delta_{ij} + (1-\mathrm{c}^2\theta)u_i u_j - \mathrm{s}^2\theta\, u_i u_j \\
&= \delta_{ij}
\end{aligned}
$$

となり、たしかに R は 3 次の直交行列である。

また (7.39) 式あるいは (7.40) 式は $\theta \to 0$ にて連続的に単位行列に移行することにより行列式の値は $+1$ となることがわかる。

以上により R は回転行列となることが確かめられた。

[7.4.3] 回転行列の固有値・固有ベクトル

3 次の回転行列の固有値・固有ベクトルを改めて確認してみよう。一般の 3 次正方行列 A の固有多項式は (6.8) 式

$$g(\lambda) = -\{\lambda^3 - \mathrm{tr}(A)\lambda^2 + (\tilde{a}_{11} + \tilde{a}_{22} + \tilde{a}_{33})\lambda - \det(A)\}$$

だった。これに回転行列 R を当てはめてみるとまず $\det(R) = +1$ となる。次に $\tilde{r}_{11}$ について、回転行列が正規直交基底 $\{\boldsymbol{b}_i\}$ を列ベクトルにもつので余因子

$$\tilde{r}_{11} = \begin{vmatrix} r_{22} & r_{23} \\ r_{32} & r_{33} \end{vmatrix} = (\boldsymbol{b}_2 \times \boldsymbol{b}_3)_1$$

と基底の外積 $\boldsymbol{b}_2 \times \boldsymbol{b}_3$ の第 1 成分となり、正規直交基底なので $\boldsymbol{b}_2 \times \boldsymbol{b}_3 = \boldsymbol{b}_1$ でもあることから、$\tilde{r}_{11} = r_{11}$ となることがわかる。$\tilde{r}_{22}$, $\tilde{r}_{33}$ にも同様のことがいえ $\tilde{r}_{11} + \tilde{r}_{22} + \tilde{r}_{33} = \mathrm{tr}(R)$ となり

$$g(\lambda) = -\{\lambda^3 - \mathrm{tr}(R)\lambda^2 + \mathrm{tr}(R)\lambda - 1\}$$

を得る。これを因数分解して一般の 3 次回転行列の固有多項式は

$$g(\lambda) = -(\lambda - 1)\{\lambda^2 - (\mathrm{tr}(R) - 1)\lambda + 1\} \tag{7.41}$$

となり、オイラーの定理で得たように固有値のひとつは $+1$ であることがわかる。

さらに任意軸周りの回転として確かめる。回転行列である (7.40) 式から $\mathrm{tr}(R)$ を求めると $\mathrm{tr}(R) = 3\cos\theta + (1 - \cos\theta)(u_1^2 + u_2^2 + u_3^2) = 2\cos\theta + 1$ を得て、固有方程式は

$$(\lambda - 1)(\lambda^2 - 2\cos\theta\lambda + 1) = 0 \tag{7.42}$$

このうち 2 次方程式 $\lambda^2 - 2\cos\theta\lambda + 1 = 0$ の部分は、[6.2.2] 項の例 6.4 で求め

た 2 次の回転行列 $\begin{bmatrix} \cos\theta & -\sin\theta \\ \sin\theta & \cos\theta \end{bmatrix}$ の固有方程式そのものとなっていることに注意。したがって、解である固有値は以下のようになる。

$$\lambda = +1, \qquad \lambda = \cos\theta \pm i\sin\theta = e^{\pm i\theta} \tag{7.43}$$

また回転行列 R である (7.39) 式と回転軸である $\bm{u} = (u_1, u_2, u_3)$ との積 $R\bm{u}$ は

$$\sum_{j=1}^{3} R_{ij} u_j = \cos\theta u_i + (1-\cos\theta) u_i \sum_{j=1}^{3} u_j u_j - \sin\theta \sum_{j,k=1}^{3} \varepsilon_{ijk} u_k u_j = u_i$$

より、たしかに $\bm{u}$ は固有値 1 の固有ベクトルとなっていることがわかる。

[7.4.4] 3 次元回転の大域的な構造

回転ベクトルはシンプルなので、パラメータ領域を調べることで 3 次元回転全体の大域的な構造を調べることができるだろう。まずは 3 次元回転に 1 対 1 に対応するパラメータ領域を定めよう。

回転軸の方向を指定し、その周りに回転させる際に回転角が π を超える場合は、軸の向きが真逆の場合の回転角 π 以下の回転の結果と重なってしまう (図 7.13 (a))。したがって 3 次元回転と 1 対 1 の関係を作るには回転角 θ の範囲を $0 \leqq \theta \leqq \pi$ とするのが自然ということになる。

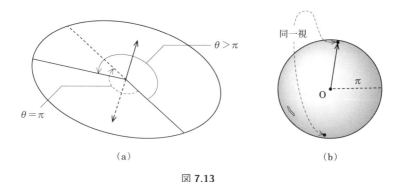

図 **7.13**

任意の向きの回転ベクトルの始点を原点とし、回転角 θ の範囲、したがって

ベクトルの長さの範囲を $0 \leq \theta \leq \pi$ とした場合の各回転ベクトルが指す点の集合を考える（図 7.13 (b)）。この集合は原点を中心とした半径 π の球体となり、この球内の各点それぞれが、ひとつの 3 次元の回転に相当することになる。ただし回転角が π となる球の表面の各点に関しては、原点を挟んだ真反対側の球面の点である対蹠点（たいせきてん、たいしょてん）と同一の回転に相当するため、各対蹠点同士を同一視することで 3 次元回転全体と 1 対 1 に対応したパラメータ領域を得ることとなる。

注意すべきは、この同一視された各対蹠点同士およびその球内周辺は 3 次元的になめらかに繋がっており、単に回転角が π になっただけで球内のほかの点同様なんら特別な点ではないということである。2 次元回転でいえば回転角 θ を表す区間 $[-\pi, \pi]$ の両端を同一視することに相当し、3 次元回転に 1 対 1 に対応したパラメータ領域として構成する際の都合でしかないということになる。いずれにしても、このように 3 次元回転全体の大域的な「つながり具合」は少々複雑なことになっていることがわかる。

この「つながり具合」を理解するためにまず図 7.14 のような 2 次元曲面である球面とトーラス面の違いを考えてみよう。小さなクモが曲面の一点から出発して曲面上を「蜘蛛の糸」を垂らしながら移動することを想像してほしい。このとき出発点と到着点は糸で「つながる」ことを示している。クモは曲面上を自由に移動できるとし、曲面上のすべての点に移動できた場合、つまり曲面上のすべての点が「つながった」場合、この曲面は連結であるという。曲面として球面とトーラス面は、どちらもそれぞれ連結であることは、直観的にも分かると思う。

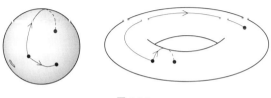

図 7.14

設定上この糸は伸縮自在だが決して切れず、出発点と最終的な到着点は固定されるがそれ以外は曲面上を自由に動かせるとしよう。ただし曲面から浮かせ

たり潜らせたりはできないということで。出発点 A と到着点 B をある経路でつないだものを道と呼んで、ここでは道 $\widehat{AB}$ と書くことにしよう（図 7.15）。

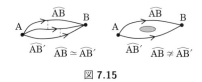

図 **7.15**

別の経路の道 $\widehat{AB'}$ に対して途中の糸を連続的に動かして道 $\widehat{AB}$ に変形できる場合、今は「つながり具合」を調べているのでこの 2 つの道を同一視して $\widehat{AB} \simeq \widehat{AB'}$ と書くことにしよう[*5]。もし $\widehat{AB}$ と $\widehat{AB'}$ で囲まれた中に「穴」が開いていれば「穴」に引っかかって $\widehat{AB'}$ を連続的に $\widehat{AB}$ に変形することはできない。つまりつながってはいるけど、単純なつながり方ではないことを知ることができる。

ある曲面において、出発点 A を固定し、曲面上の任意の点 B を到着点として作った道 $\widehat{AB}$ に対して、別のどんな道 $\widehat{AB'}$ であっても $\widehat{AB}$ に一致させることができるとき、その曲面を**単連結**であるという。曲面が単連結でない場合は、どこかに「穴」が開いているなど、単純な連結ではないということになる。判別方法がやや複雑なので改良しよう。

点 B を新たな出発点とした到着点 C への道 $\widehat{BC}$ と道 $\widehat{AB}$ の合成を、$\widehat{AC} = \widehat{AB} + \widehat{BC}$ として道の和を定義する（図 7.16 (a)）。また $\widehat{BC}$ を逆向きにつないだ道を $-\widehat{BC}$ と書いて $-\widehat{BC} = \widehat{CB}$ と定義し（図 7.16 (b)）、道の差を $\widehat{AC} - \widehat{BC} = \widehat{AC} + \widehat{CB}$ として定義する。これは $\widehat{AC} = \widehat{AB} + \widehat{BC}$ の $\widehat{BC}$ を左辺に「移項」した式、$\widehat{AB} = \widehat{AC} - \widehat{BC} = \widehat{AC} + \widehat{CB}$ と解釈できる。また $\hat{0} = \widehat{BC} - \widehat{BC} = \widehat{BC} + \widehat{CB}$ として $\hat{0}$ を定義する。これは B から C まで移動し、同じ経路で逆向きに B まで戻ってきた場合、B から動かないこと（$\hat{0}$）に等しい、あるいは戻ってきた B にて糸をすべて回収して道をゼロにできることと解釈できる。

[*5] ホモトピーとよばれるトポロジーの概念のひとつ。ホントはこんないい加減な定義や記述の仕方ではないことに注意！注意！（怒られる（笑）　ま、エッセンスを伝えると、こんな感じだということで。

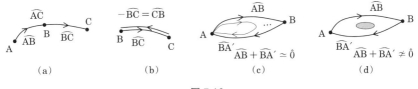

図 **7.16**

以上をもとに、$\widehat{AB} \simeq \widehat{AB}'$ を式変形した $\widehat{AB} - \widehat{AB}' = \widehat{AB} + \widehat{BA}' \simeq \hat{0}$ という式は、A を出発して任意の点（B）まで移動し、そこから任意の違う経路で A まで戻ってきたとき、出発点かつ到着点 A で「糸」をすべて回収できることを意味し、その場合は単連結であり（図 7.16 (c)）、「穴」等に引っかかって回収できない場合は単連結ではないといえる（図 7.16 (d)）。

この新たな方法により球面とトーラス面で考えると、球面は連結かつ単連結、トーラス面は連結だが単連結ではないということ、さらにトーラスの場合は引っかかりがトーラスの胴周りと、トーラスの「穴」周りの 2 種類であること、当然ながらそのどちらも何回転させても糸は回収できないこともわかる（図 7.17）。

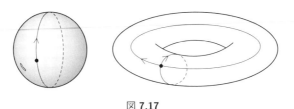

図 **7.17**

道具が用意できたので、3 次元回転を表す球体の場合を考えよう。まず中心から出発したクモは球内および球面のどこにでも移動できるので、この 3 次元回転を表す球体は連結であるということがわかる。次に図 7.18 (a) は球の中心 O を出発して球面の点 A に到達し引き返して中心に戻ってきた場合を示す。この場合は明らかに糸のすべてを回収できる。またこの球体は各点がそれぞれ 3 次元回転を表していたので、各点はある物体の回転後の姿勢を表していると考えることもでき、球の中心は基準の姿勢であり、そこから動き出すと基準の姿勢からじわじわと各点が示す姿勢へ回転していくことに相当する。したがっ

て (a) は点 A が z 軸の正の方向だとすれば基準の姿勢から z 軸から少しずれた軸を中心に回りだしてじわじわと回転軸を変えながら回転を続け、ちょうど z 軸周りに π 回転した姿勢（点 A のこと）になったとき逆向きに回りだし、最終的に基準の姿勢に戻るという「回転のモーション（アニメーション）データ」に相当する。

<u>糸を回収できることは、この「モーションデータ」を連続的に無回転まで変形させることができることに相当する</u>。あるいは単連結の最初の判定法である、点 A にたどり着く 2 種類の道を他方に連続的に変形できることは、<u>点 A が示す姿勢への回転の 2 種類の「モーション」を連続的に他方に変形できる</u>ことを意味する。

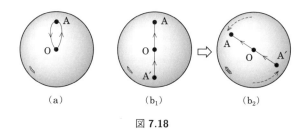

図 **7.18**

さて、図 7.18 の (b_1) は中心から出発し球面の点 A に到達、対蹠点の A′ を通じて中心に戻る場合を示しているが、この場合は糸が「引っかかって」回収することができない。(b_2) のように点 A を動かして外そうとしても対蹠点である A′ も同時に動き、糸は抜けようがないことになる。このことは 3 次元回転全体のつながり方は<u>連結だが単連結ではない</u>ということを<u>示している</u>。

(b_1) は言うなれば基準の姿勢から z 軸周りに π 回転し、そのままの向きに回転を続けて最終的に 2π 回転して基準姿勢に戻ることを意味している。つまり z 軸周りの 1 回転だ。このことは<u>1 回転する「モーション」は連続的に無回転に変形できない、あるいは半回転する「モーション $\widehat{\text{OA}}$」は逆向きに半回転する「モーション $\widehat{\text{OA}'}$」に連続的に変形できない</u>ことを意味している。原理的にできないのだ。

さてさて話はまだ続く。図 7.19 の (c_1) は中心から出発し球面の点 A に到着、対蹠点の A′ を通じて中心付近に戻りさらに球面の A のすぐそばの B′ まで行き、対蹠点の B を通じて中心に戻ってくるという、つまり 2 回転させることを示している。1 回転のときと何が違うのだろうか？

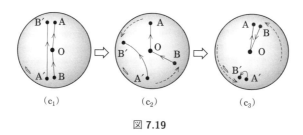

図 7.19

点 A, A′ の組はそのままで、B, B′ の組を球面に沿って動かしていくと図の (c_2) のようになる。原点 O で余った糸を回収しながら進めていくと、図の (c_3) のように B′ と A′、B と A がそれぞれ近づいていき、やがて同時に 1 点になったら後は最初の図 7.18 (a) と同じとなり、なんと糸をすべて回収できてしまうのだ。

つまり 1 回転する「モーション」は連続的に無回転に変形できなかったが、<u>2 回転すればできる</u>ことを意味する。また互いに逆向きに半回転する「モーション」は連続的に相手に変形できなかったが、<u>互いに逆向きに 1 回転するならできる</u>ということを意味している（図 7.20 (d_1), (d_2), (d_3)）。

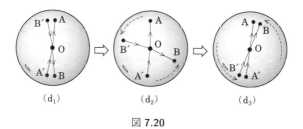

図 7.20

このような性質を表すデモンストレーションとして有名なのが The plate trick あるいは The belt trick とよばれるもので、言葉で説明するより動画を見たほうがわかりやすいのでぜひ検索して見ていただきたい。いずれも 3 次元回

転の「ねじれ」が2回転で解消される様子を示す。

　話を戻して、さらに回転数を増やすと同様に奇数回の回転なら最後の1回の回転分の糸は回収できないが、偶数回の回転ならすべて回収できることになる。トーラスの胴周りや穴に対する場合の何度回してもダメなのとは異なる性質となる。3次元回転全体はこのように結構複雑な大域的構造を持っており、回転を表現する際は、そのパラメータ領域が全体としてこの構造にうまく当てはまる（トポロジー的に同等である：同相である）ことが望ましいことになる。

　回転行列はうまく一対一に当てはまるが、成分の数がだいぶ冗長。オイラー角／Tait-Bryan角は一部を場合分けして別処理する必要がある。回転ベクトルは一対一に対応し、パラメータ数も必要最小限だが合成に難あり。ある意味どれも一長一短ともいえるなか、次講にて真打ち登場となる。

【7.5】付録1：回転変換に関する2証明

　（本編：[7.2.1] 項　●回転変換の性質 (ii), (iii)）

写像 $f : \boldsymbol{R}^3 \to \boldsymbol{R}^3$ が $\forall \boldsymbol{x}, \boldsymbol{y} \in \boldsymbol{R}^3$ に対して

$$\|f(\boldsymbol{x}) - f(\boldsymbol{y})\| = \|\boldsymbol{x} - \boldsymbol{y}\|,$$
$$\|f(\boldsymbol{x})\| = \|\boldsymbol{x}\|$$

を満たすとき、以下の2つを証明する。

　(ii)　f は内積を不変に保つ。

　【証明】　$\|f(\boldsymbol{x}) - f(\boldsymbol{y})\|^2 = \|\boldsymbol{x} - \boldsymbol{y}\|^2$ において

$$（左辺）= \|f(\boldsymbol{x}) - f(\boldsymbol{y})\|^2 = \|f(\boldsymbol{x})\|^2 + \|f(\boldsymbol{y})\|^2 - 2f(\boldsymbol{x}) \cdot f(\boldsymbol{y})$$
$$= \|\boldsymbol{x}\|^2 + \|\boldsymbol{y}\|^2 - 2f(\boldsymbol{x}) \cdot f(\boldsymbol{y})$$
$$（右辺）= \|\boldsymbol{x} - \boldsymbol{y}\|^2 = \|\boldsymbol{x}\|^2 + \|\boldsymbol{y}\|^2 - 2\boldsymbol{x} \cdot \boldsymbol{y}$$

よって $f(\boldsymbol{x}) \cdot f(\boldsymbol{y}) = \boldsymbol{x} \cdot \boldsymbol{y}$ がいえて題意は示された。　∎

（iii） f は線形変換である。

【証明】

$$\|f(\boldsymbol{x} + \boldsymbol{y}) - \{f(\boldsymbol{x}) + f(\boldsymbol{y})\}\|^2$$
$$= \{f(\boldsymbol{x} + \boldsymbol{y}) - f(\boldsymbol{x}) - f(\boldsymbol{y})\} \cdot \{f(\boldsymbol{x} + \boldsymbol{y}) - f(\boldsymbol{x}) - f(\boldsymbol{y})\}$$
$$= \|f(\boldsymbol{x} + \boldsymbol{y})\|^2 + \|f(\boldsymbol{x})\|^2 + \|f(\boldsymbol{y})\|^2$$
$$\quad - 2f(\boldsymbol{x}) \cdot f(\boldsymbol{x} + \boldsymbol{y}) - 2f(\boldsymbol{y}) \cdot f(\boldsymbol{x} + \boldsymbol{y}) + 2f(\boldsymbol{x}) \cdot f(\boldsymbol{y})$$
$$= \|\boldsymbol{x} + \boldsymbol{y}\|^2 + \|\boldsymbol{x}\|^2 + \|\boldsymbol{y}\|^2 - 2\boldsymbol{x} \cdot (\boldsymbol{x} + \boldsymbol{y}) - 2\boldsymbol{y} \cdot (\boldsymbol{x} + \boldsymbol{y}) + 2\boldsymbol{x} \cdot \boldsymbol{y}$$
$$= \|\boldsymbol{x} + \boldsymbol{y}\|^2 - (\|\boldsymbol{x}\|^2 + \|\boldsymbol{y}\|^2 + 2\boldsymbol{x} \cdot \boldsymbol{y}) = 0$$

よって

$$f(\boldsymbol{x} + \boldsymbol{y}) - \{f(\boldsymbol{x}) + f(\boldsymbol{y})\} = \boldsymbol{0}$$

すなわち

$$f(\boldsymbol{x} + \boldsymbol{y}) = f(\boldsymbol{x}) + f(\boldsymbol{y}) \tag{※1}$$

がいえる。

また $\forall k \in \mathbb{R}$ に対し

$$\|f(k\boldsymbol{x}) - kf(\boldsymbol{x})\|^2 = \|f(k\boldsymbol{x})\|^2 + k^2\|f(\boldsymbol{x})\|^2 - 2kf(\boldsymbol{x}) \cdot f(k\boldsymbol{x})$$
$$= \|k\boldsymbol{x}\|^2 + k^2\|\boldsymbol{x}\|^2 - 2k\boldsymbol{x} \cdot (k\boldsymbol{x}) = 0$$

よって

$$f(k\boldsymbol{x}) - kf(\boldsymbol{x}) = \boldsymbol{0}$$

すなわち

$$f(k\boldsymbol{x}) = kf(\boldsymbol{x}) \tag{※2}$$

がいえる。

以上、（※1），（※2）より題意は示された。 ∎

【7.6】[▼ A,C] 付録2：3次回転行列となる行列指数関数

前講の付録にてオイラーの公式の行列表現を導き、行列指数関数として表された左辺が、右辺で構成される2次の回転行列として解釈できたのだった。

$$e^{\theta I} = \cos\theta E + \sin\theta I = \begin{bmatrix} \cos\theta & -\sin\theta \\ \sin\theta & \cos\theta \end{bmatrix}, \qquad I = \begin{bmatrix} 0 & -1 \\ 1 & 0 \end{bmatrix} \tag{7.44}$$

「同じようなことが3次の回転行列でできないか？」というのが本付録の主題となる。眺めてみると、ネイピア数 e の肩に乗る行列がポイントになりそうだ。左辺は定義から、ランダウの記号を用いると $e^{\theta I} = E + \theta I + O(\theta^2)$ となり、右辺は $\cos\theta = 1 + O(\theta^2)$, $\sin\theta = \theta + O(\theta^3)$ より

$$E+\theta I+O(\theta^2) = \begin{bmatrix} 1+O(\theta^2) & -\theta+O(\theta^3) \\ \theta+O(\theta^3) & 1+O(\theta^2) \end{bmatrix} = E+\theta\begin{bmatrix} 0 & -1 \\ 1 & 0 \end{bmatrix}+O(\theta^2) \tag{7.45}$$

として行列 I が得られる。あとは、「この行列による行列指数関数が実際に右辺となるかどうか？」ということを、3次の任意軸周りの回転行列である、(7.39), (7.40) 式について試してみよう。

$$R_{ij} = \cos\theta\,\delta_{ij} + (1 - \cos\theta)u_i u_j - \sin\theta\sum_{k=1}^{3}\varepsilon_{ijk}u_k$$
$$= \delta_{ij} - \theta\sum_{k=1}^{3}\varepsilon_{ijk}u_k + O(\theta^2) \tag{7.46}$$

これと (7.45) 式を比べてみると、行列の候補としては

$$\Omega_{ij} = -\sum_{k=1}^{3}\varepsilon_{ijk}u_k, \quad \text{または} \quad \Omega = \begin{bmatrix} 0 & -u_3 & u_2 \\ u_3 & 0 & -u_1 \\ -u_2 & u_1 & 0 \end{bmatrix} \tag{7.47}$$

があげられる。これを用いて行列指数関数

$$e^{\theta\Omega} = \sum_{n=0}^{\infty}\frac{1}{n!}\theta^n\Omega^n \tag{7.48}$$

を考えてみよう。この関数が3次の回転行列になるのかどうかを調べるため、まず Ω^n を求める。

$$\Omega_{ij} = -\sum_{k=1}^{3} \varepsilon_{ijk} u_k,$$

$$(\Omega^2)_{ij} = \sum_{k=1}^{3} \left(-\sum_{l=1}^{3} \varepsilon_{ikl} u_l \right) \left(-\sum_{m=1}^{3} \varepsilon_{kjm} u_m \right) = -\sum_{l,m,k=1}^{3} \varepsilon_{kil} \varepsilon_{kjm} u_l u_m$$

$$= -\sum_{l,m=1}^{3} (\delta_{ij}\delta_{lm} - \delta_{im}\delta_{jl}) u_l u_m = -\delta_{ij} + u_i u_j,$$

$$(\Omega^3)_{ij} = \sum_{k=1}^{3} \left(-\sum_{m=1}^{3} \varepsilon_{ikm} u_m \right) (-\delta_{kj} + u_k u_j)$$

$$= \sum_{m=1}^{3} \varepsilon_{ijm} u_m - \sum_{k,m=1}^{3} \varepsilon_{ikm} u_k u_m u_j = -\Omega_{ij}$$

よって、

$$e^{\theta\Omega} = E + \theta\Omega + \frac{1}{2!}\theta^2\Omega^2 - \frac{1}{3!}\theta^3\Omega - \frac{1}{4!}\theta^4\Omega^2 + \frac{1}{5!}\theta^5\Omega + \frac{1}{6!}\theta^6\Omega^2 - \cdots$$

$$= E + \Omega^2 - \left(1 - \frac{1}{2!}\theta^2 + \frac{1}{4!}\theta^4 - \frac{1}{6!}\theta^6 + \cdots \right) \Omega^2$$

$$\qquad + \left(\theta - \frac{1}{3!}\theta^3 + \frac{1}{5!}\theta^5 - \cdots \right) \Omega$$

$$= E + (1 - \cos\theta)\Omega^2 + \sin\theta\,\Omega$$

これより、

$$\left(e^{\theta\Omega}\right)_{ij} = \delta_{ij} + (1 - \cos\theta)(-\delta_{ij} + u_i u_j) + \sin\theta \left(-\sum_{k=1}^{3} \varepsilon_{ijk} u_k \right)$$

$$= \cos\theta\,\delta_{ij} + (1 - \cos\theta)u_i u_j - \sin\theta \sum_{k=1}^{3} \varepsilon_{ijk} u_k = R_{ij} \qquad (7.49)$$

として、たしかに (7.39) 式の回転行列を得た。

(7.47) 式の行列 $\Omega = \begin{bmatrix} 0 & -u_3 & u_2 \\ u_3 & 0 & -u_1 \\ -u_2 & u_1 & 0 \end{bmatrix}$ を、回転軸を表す単位ベクトル

$\boldsymbol{u} = (u_1, u_2, u_3)$ との「積」として表すと、

$$L_1 = \begin{bmatrix} 0 & 0 & 0 \\ 0 & 0 & -1 \\ 0 & 1 & 0 \end{bmatrix}, \qquad L_2 = \begin{bmatrix} 0 & 0 & 1 \\ 0 & 0 & 0 \\ -1 & 0 & 0 \end{bmatrix}, \qquad L_3 = \begin{bmatrix} 0 & -1 & 0 \\ 1 & 0 & 0 \\ 0 & 0 & 0 \end{bmatrix} \quad (7.50)$$

に対して、

$$\Omega = u_1 L_1 + u_2 L_2 + u_3 L_3 \tag{7.51}$$

と書ける。勘が良い読者ならお気づきと思うが、回転軸のベクトル $\boldsymbol{u}$ を標準基底 $\{\boldsymbol{e}_1, \boldsymbol{e}_2, \boldsymbol{e}_3\}$ のどれかとすると、この場合の $e^{\theta\Omega}$ は各座標軸周りの回転行列を表し、例えば $(u_1, u_2, u_3) = (0, 0, 1)$ とすれば、z 軸周りの θ 回転として

$$e^{\theta L_3} = \begin{bmatrix} \cos\theta & -\sin\theta & 0 \\ \sin\theta & \cos\theta & 0 \\ 0 & 0 & 1 \end{bmatrix} \tag{7.52}$$

を得る。L_1, L_2, L_3 には (7.44) 式である 2 次の回転行列指数関数の際の行列 I が埋め込まれているのがわかる。

　実は回転行列だけでなく、（だいたいの）正則となる線形変換の表示行列も行列指数関数として表すことができ、解析学や群論も応用することで線形代数の世界がより深く理解できるよう発展した。そのような発展をリー群（およびリー環）という。ここではその入り口をちょっと覗いてみた。

　さてさて、話はまだまだ続く。最終回として次講の付録にて行列の代わりにクォータニオンをネイピア数の肩に乗せ、オイラーの公式のクォータニオン版を導き、具体的な応用をみることになる。

【第**8**講】

回転の表現 II

【8.1】 はじめに

本講では、4種の3次元回転の表現の最後としてクォータニオンについて学ぶ。クォータニオンは日本語では四元数（しげんすう）と訳されるもので、1843年にハミルトンにより発見された、複素数を拡張した代数体系であり、3次元の回転の表現としても多くの利点を備えている。その性質から特に計算機を用いる場合にも他の表現手法に比べ優位な点が多く、近年、宇宙機を始め、3DCGやCV、ロボット工学等々さまざまな分野で応用されている。

一方でほかの表現手法に比べると抽象的でその本質（4次元空間に埋め込まれた3次元回転）が捉えづらい面も否めない。本講では、拡張のもとになった大きさ1の複素数の積による複素平面内での回転の復習から始め、ハミルトンによる発見に至るまでの過程[*1]をたどることでクォータニオンを導入し、その性質を分かりやすく解説する。

●おさらい

任意の複素数 $(x + iy)$ に大きさ1の複素数 $(\cos\theta + i\sin\theta)$ を掛けることは複素平面内での θ 回転を表していた。実際

$$x' + iy' = (\cos\theta + i\sin\theta)(x + iy) = (x\cos\theta - y\sin\theta) + i(x\sin\theta + y\cos\theta)$$

において、1 と i をベクトルの基底としてみると、

$$x \to x' = x\cos\theta - y\sin\theta, \qquad y \to y' = x\sin\theta + y\cos\theta$$

[*1] あくまで筆者の想像（妄想）による過程であり、史実に基づいたものではありません。

という線形変換と見ることができて、行列形式で書けば

$$\begin{bmatrix} x' \\ y' \end{bmatrix} = \begin{bmatrix} \cos\theta & -\sin\theta \\ \sin\theta & \cos\theta \end{bmatrix} \begin{bmatrix} x \\ y \end{bmatrix}$$

となり、すなわち複素平面である 1-i 平面（x-y 平面）での θ 回転を表していることがわかる。

これの本質は、i を掛けるということ：基底 1 と i との積が、最終的に 1-i 平面内で 1 回りする回転に相当していることにある（図 8.1）。

$$i \times 1 = i, \quad i \times i = -1, \quad i \times (-1) = -i, \quad i \times (-i) = 1$$

（1-i 平面の $\dfrac{\pi}{2}$ 回転：$\cos\dfrac{\pi}{2} + i\sin\dfrac{\pi}{2} = i$ に相当する）

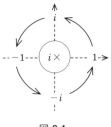

図 **8.1**

【8.2】 クォータニオンの導入：ハミルトン劇場

[8.2.1] 拡張複素数で複素（3次元）空間を回したい

ハミルトンは複素数を拡張して、虚数単位 i のほかに独立な別の虚数単位 j を導入（$i^2 = j^2 = -1$, $\overline{i} = -i$, $\overline{j} = -j$）、1, i, j の 3 つの元で 1-i 平面、1-j 平面、i-j 平面それぞれの回転を表現できないか？　と考えた（つまり複素平面を複素空間に拡張できないか？　ってこと：図 8.2）。

「独立な異なる虚数単位 i, j」に違和感がある人もいると思う。新しい代数として拡張していっているので、うまく拡張できさえすればあとは「慣れ」ではあるのだが、「複素数」を以下のように解釈することで別の虚数単位を導入する、という拡張も違和感が減るかもしれない。

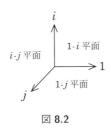

図 8.2

おさらい[*2]：2 行 2 列の行列 $I = \begin{bmatrix} 0 & -1 \\ 1 & 0 \end{bmatrix}$ を考えると（この行列は上のおさらいで出てきた 2 次の回転行列で $\theta = \dfrac{\pi}{2}$ としたものでもあることに注意）、$I^2 = \begin{bmatrix} -1 & 0 \\ 0 & -1 \end{bmatrix} = -E$（$E$ は単位行列）となる（つまり 2 乗して -1）。また行列 $Z = xE + yI$（$x, y \in \mathbb{R}$）を考えると、$Z = \begin{bmatrix} x & -y \\ y & x \end{bmatrix}$ なので、$Z = O$ となるのは $x = y = 0$ のときのみ（つまり E と I は線形独立）。この行列 $Z = xE + yI$ に対し E を 1、I を i に対応させることで、複素数 $z = x + iy$ に対応させることが可能となる。ここでさらに別の行列 例えば $J = \begin{bmatrix} 1 & -\sqrt{2} \\ \sqrt{2} & -1 \end{bmatrix}$ を考えると、$J^2 = -E$ を満たし、この J を含め E, I, J が線形独立であることは容易に確かめられる。このような「複素数の拡張」（上の J のこと）がうまく行くかどうかは別にして「違和感」のない表現もやろうと思えば可能ではある。

以下、ハミルトンがクォータニオンを発見するまでの過程[*3]をたどってみよう。

ハミルトン：1-i 平面と 1-j 平面の回転は当然できた（次ページ図 8.3 (a), (b)）。

でも i-j 平面がうまくいかない。<u>$i \times j$ の扱いがどうにもこうにも…</u>。

とりあえず $i \times j$ を ij として回るようにはできたけど[*4]（図 8.3 (c)）、この

[*2] 詳細は第 5 講の付録 2 を参照。
[*3] くどいですが、筆者による想像（妄想）です。
[*4] $i \times ij = i^2 j = -j$ ってこと。

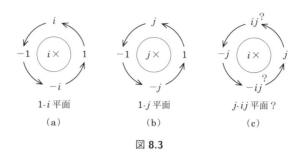

図 8.3

ij って本来 i にならないと i-j 平面にはならない。でも $ij = i$ としてしまうと i を掛けても $-j$ にならずに -1 となってうまく回らない。どうしたものか …。

　（ちなみに、後に別の数学者により、このような $1, i, j$ による「複素数の拡張」（三元数に相当）は、うまく行かないことが証明されている。）

[8.2.2] 4次元？ マジか4次元？？

　ある日、運河のほとりを歩いているとき（史実[*5]）にひらめいた！ <u>もう一つ虚数単位 k を導入して $ij = k$ としてみよう。</u>実数単位 1 と虚数単位 i, j, k で 4 次元になるけど、うまくいくかも …。

　回転面は 1-i, 1-j, 1-k 平面、i-j, j-k, k-i 平面の 6 面になるのか。3 次元回転をうまく取り出すには、i-j, j-k, k-i 平面の回転がこんな風になるといいのかな？（図 8.4 (a)：想定図）

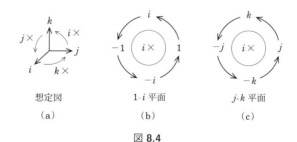

図 8.4

<u>うまく回すには、$ij = k$, $ik = -j$</u>

[*5] 運河を渡る橋に $i^2 = j^2 = k^2 = ijk = -1$ と刻んだとのこと。

● i を掛けると？

想定図のように j-k 平面 を回すため、$ij = k$ としてみよう。

お、j-k 平面だけでなく 1-i 平面も同時に回るんだ。そりゃそうか。しかもそれぞれの平面内で回りそうだ（図 8.4 (b), (c)）。

角度 θ の場合として「大きさ」1 の $(\cos\theta + i\sin\theta)$ を 4 次元に拡張した「複素数」$(w + ix + jy + kz)$ に（$i^2 = -1$, $ij = k$, $ik = -j$ に注意して）掛けてみよう。

$$
\begin{aligned}
w' + ix' + jy' + kz' &= (\cos\theta + i\sin\theta)(w + ix + jy + kz) \\
&= w\cos\theta + ix\cos\theta + jy\cos\theta + kz\cos\theta \\
&\quad + iw\sin\theta - x\sin\theta + ky\sin\theta - jz\sin\theta \\
&= (w\cos\theta - x\sin\theta) + i(w\sin\theta + x\cos\theta) \\
&\quad + j(y\cos\theta - z\sin\theta) + k(y\sin\theta + z\cos\theta) \quad (8.1)
\end{aligned}
$$

たしかに w-x 平面（1-i 平面：下から 2 行目）と y-z 平面（j-k 平面：下から 1 行目）がそれぞれの平面内で同時に別々に回っている[*6]。

つまりこういうこと：

$$
\begin{bmatrix} w' \\ x' \\ y' \\ z' \end{bmatrix} = \begin{bmatrix} \cos\theta & -\sin\theta & 0 & 0 \\ \sin\theta & \cos\theta & 0 & 0 \\ 0 & 0 & \cos\theta & -\sin\theta \\ 0 & 0 & \sin\theta & \cos\theta \end{bmatrix} \begin{bmatrix} w \\ x \\ y \\ z \end{bmatrix}
$$

● j を掛けると？

想定図のように k-i 平面を回すため、$jk = i$ としてみよう。

およ。さっきの i を掛けて j-k 平面をうまく回す条件 $ij = k$ と合わせると、$ij = k$, $ji = -k$ となって、なんと積は可換じゃなくなる！ マジか！ まあしょうがないか…。角度 θ だと同様に：

$$
(\cos\theta + j\sin\theta)(w + ix + jy + kz)
$$

[*6] ちなみに 4 次元では 2 本の直交する基底で張られる（回転）面を、基底を共有せずに 2 面とることができる（3 次元ではできない）。この場合 1-i 平面 と j-k 平面 は原点のみで交わっていることに注意。

【第 8 講】回転の表現 II

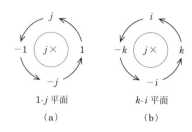

図 **8.5**

<u>うまく回すには、$jk = i$, $ji = -k$</u>

$$= (w\cos\theta - y\sin\theta) + j(w\sin\theta + y\cos\theta)$$
$$+ k(z\cos\theta - x\sin\theta) + i(z\sin\theta + x\cos\theta) \quad (8.2)$$

ん、これも同時に別々に回っている。

● k を掛けると？

想定図のように i-j 平面を回すため、$ki = j$ としてみよう。

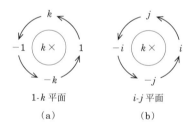

図 **8.6**

<u>うまく回すには、$ki = j$, $kj = -i$</u>

これも角度 θ だと同様に：

$$(\cos\theta + k\sin\theta)(w + ix + jy + kz)$$
$$= (w\cos\theta - z\sin\theta) + k(w\sin\theta + z\cos\theta)$$
$$+ i(x\cos\theta - y\sin\theta) + j(x\sin\theta + y\cos\theta) \quad (8.3)$$

● とりあえず分かったこと

虚数単位 i, j, k に対して積を $ij = k$, $ji = -k$, $jk = i$, $kj = -i$, $ki =$

j, $ik = -j$ として $w + ix + jy + kz$ に左から $\cos\theta + i\sin\theta$ を掛けると、1-i 平面、j-k 平面が同時に θ 回転する。j, k で回しても同様。このままだと 1-i 平面で余計な回転が発生し、最終的に実現したい純粋な 3 次元の回転を切り出せない。何かうまい方法はないのだろうか？

つまりこうなって欲しい：

$$\begin{bmatrix} w' \\ x' \\ y' \\ z' \end{bmatrix} = \begin{bmatrix} 1 & 0 & 0 & 0 \\ 0 & 1 & 0 & 0 \\ 0 & 0 & \cos\theta & -\sin\theta \\ 0 & 0 & \sin\theta & \cos\theta \end{bmatrix} \begin{bmatrix} w \\ x \\ y \\ z \end{bmatrix}$$

●そういえば非可換だった[*7]

非可換なので、右から掛けたらどうなる？（図 8.7 (a), (b)）

○右から i を掛けた場合 ($ji = -k$, $ki - j$ を用いる)

なんと 1-i 平面は同じ向きで、j-k 平面は逆向きに回る！

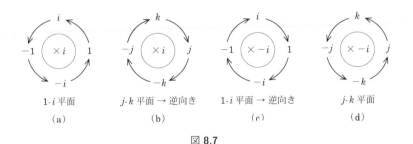

(a) 1-i 平面　　(b) j-k 平面 → 逆向き　　(c) 1-i 平面 → 逆向き　　(d) j-k 平面

図 **8.7**

じゃあ $-i$ だとその逆になるだろう。（図 8.7 (c), (d)）

○右から $-i$ を掛けた場合 ($j(-i) = k$, $k(-i) = -j$ を用いる)

これなら、左から i を、右から ($-i$) を掛けることで 1-i 平面の回転だけをなくせそう。

[*7] ハミルトン卿ご自身は、この積の非可換性（当時初？）をあまりお気に召さなかったらしい。

● というわけで
○ 左から i、右から $-i$ を掛けた場合 ($ij(-i) = -j$, $ik(-i) = -k$ を用いる)

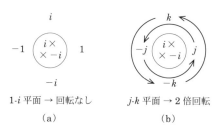

図 8.8

$j-k$ 平面は 2 倍回りそうだけど(笑 やってみよう (図 8.8 (a), (b))。

$$(\cos\theta + i\sin\theta)(w + ix + jy + kz)(\cos\theta - i\sin\theta)$$
$$= (\cos\theta + i\sin\theta)\{(w\cos\theta + x\sin\theta) + i(-w\sin\theta + x\cos\theta)$$
$$+ j(y\cos\theta - z\sin\theta) + k(y\sin\theta + z\cos\theta)\}$$
$$= w\cos^2\theta + x\sin\theta\cos\theta - (-w\sin^2\theta + x\sin\theta\cos\theta)$$
$$+ i(-w\sin\theta\cos\theta + x\cos^2\theta) + j(y\cos^2\theta - z\sin\theta\cos\theta)$$
$$+ k(y\sin\theta\cos\theta + z\cos^2\theta) + i(w\sin\theta\cos\theta + x\sin^2\theta)$$
$$+ k(y\sin\theta\cos\theta - z\sin^2\theta) - j(y\sin^2\theta + z\sin\theta\cos\theta)$$
$$= w(\cos^2\theta + \sin^2\theta) + ix(\cos^2\theta + \sin^2\theta)$$
$$+ j\{y(\cos^2\theta - \sin^2\theta) - z(2\sin\theta\cos\theta)\}$$
$$+ k\{y(2\sin\theta\cos\theta) + z(\cos^2\theta - \sin^2\theta)\}$$
$$= w + ix + j(y\cos 2\theta - z\sin 2\theta) + k(y\sin 2\theta + z\cos 2\theta) \quad (8.4)$$

最後は倍角の公式を使った。これで j-k 平面だけを回せた!

めでたしめでたし。2 倍回るけど(笑

こうなった:

$$
\begin{bmatrix} w' \\ x' \\ y' \\ z' \end{bmatrix} = \begin{bmatrix} 1 & 0 & 0 & 0 \\ 0 & 1 & 0 & 0 \\ 0 & 0 & \cos 2\theta & -\sin 2\theta \\ 0 & 0 & \sin 2\theta & \cos 2\theta \end{bmatrix} \begin{bmatrix} w \\ x \\ y \\ z \end{bmatrix}
$$

…ハミルトン劇場　終

【8.3】 クォータニオン：定義と諸性質

[8.3.1] 定義

ここまでをまとめる。独立な虚数単位（$\bar{i}$ は i の共役を表す）

$$
i, j, k \quad (i^2 = j^2 = k^2 = -1, \ \ \bar{i} = -i, \ \ \bar{j} = -j, \ \ \bar{k} = -k) \tag{8.5}
$$

に対して、以下の<u>非可換積</u>を定義する。

$$
\begin{cases} ij \equiv k \\ ji \equiv -k \end{cases} \quad \begin{cases} jk \equiv i \\ kj \equiv -i \end{cases} \quad \begin{cases} ki \equiv j \\ ik \equiv -j \end{cases} \tag{8.6}
$$

複素数を拡張した、1 を含めた 4 つの元の数

$$
q = q_0 + iq_x + jq_y + kq_z \qquad (q_0, q_x, q_y, q_z \in \mathbb{R}) \tag{8.7}
$$

をクォータニオン（四元数）という。和、スカラー倍（$\beta \in \mathbb{R}$）を

$$
p + q = p_0 + q_0 + i(p_x + q_x) + j(p_y + q_y) + k(p_z + q_z) \tag{8.8}
$$

$$
\beta q = \beta q_0 + i\beta q_x + j\beta q_y + k\beta q_z \tag{8.9}
$$

と定義することで、4 次元ベクトルとしての<u>ベクトル空間の公理を満たす</u>。（4 次元ベクトルではあるが複素数と同様に太字表記はしない）

また共役は以下のようになる。

$$
\bar{q} = q_0 + \bar{i}\, q_x + \bar{j}\, q_y + \bar{k}\, q_z = q_0 - iq_x - jq_y - kq_z \tag{8.10}
$$

クォータニオンの積は 4 次元における回転を表すが、$q = \cos\dfrac{\theta}{2} + i\sin\dfrac{\theta}{2}$ を用いて $p = w + ix + jy + kz$ に左から q、右から $\bar{q}$ を掛けることで、j-k 平面のみの θ 回転を得る。

$$p' = qp\overline{q} = w + ix + j(y\cos\theta - z\sin\theta) + k(y\sin\theta + z\cos\theta) \tag{8.11}$$

$(\cos\dfrac{\theta}{2} + j\sin\dfrac{\theta}{2},\ \cos\dfrac{\theta}{2} + k\sin\dfrac{\theta}{2}$ でも同様) これにより、<u>虚数部分を取り出す</u> <u>こと</u>で 3 次元の各座標軸周りの回転の表現を得る。

以下、クォータニオンの性質についてまとめていく。ついでに任意軸周りの回転に拡張するための準備を行う。

[8.3.2] スカラー＋ベクトル表記

クォータニオン $p = p_0 + ip_x + jp_y + kp_z,\ q = q_0 + iq_x + jq_y + kq_z$ において積は

$$
\begin{aligned}
pq &= (p_0 + ip_x + jp_y + kp_z)(q_0 + iq_x + jq_y + kq_z)\\
&= p_0q_0 - (p_xq_x + p_yq_y + p_zq_z) + p_0(iq_x + jq_y + kq_z) + q_0(ip_x + jp_y + kp_z)\\
&\quad + i(p_yq_z - p_zq_y) + j(p_zq_x - p_xq_z) + k(p_xq_y - p_yq_x)
\end{aligned} \tag{8.12}
$$

となる（なんじゃこりゃ！ マジメンドクサイ！ なんとかならんのか！）。よくみると実数部分の $(p_xq_x + p_yq_y + p_zq_z)$ および虚数部分の $i(p_yq_z - p_zq_y) + j(p_zq_x - p_xq_z) + k(p_xq_y - p_yq_x)$ は、それぞれ (p_x, p_y, p_z) と (q_x, q_y, q_z) をベクトルの成分とみなした場合の<u>内積・外積</u>のようだ。

試しに $\boldsymbol{p} = ip_x + jp_y + kp_z,\ \boldsymbol{q} = iq_x + jq_y + kq_z$ として、虚数部分同士の積をとってみる。

$$
\begin{aligned}
\boldsymbol{pq} &= (ip_x + jp_y + kp_z)(iq_x + jq_y + kq_z)\\
&= -(p_xq_x + p_yq_y + p_zq_z)\\
&\quad\quad + i(p_yq_z - p_zq_y) + j(p_zq_x - p_xq_z) + k(p_xq_y - p_yq_x)\\
&= -\boldsymbol{p}\cdot\boldsymbol{q} + \boldsymbol{p}\times\boldsymbol{q}
\end{aligned}
$$

というふうに書けばだいぶましになりそうだ。内積 $\boldsymbol{p}\cdot\boldsymbol{q}$ の値はスカラー（実数）ということに注意。

そこでクォータニオン q に対し、実数部 q_0 をスカラー、虚数部 (q_x, q_y, q_z)

を虚数単位 i, j, k を基底とする（3 次元）ベクトルの成分とみなして、以下のように表記する。

$$q = q_0 + \boldsymbol{q}, \qquad \boldsymbol{q} \equiv iq_x + jq_y + kq_z \tag{8.13}$$

$$\boldsymbol{p} \cdot \boldsymbol{q} \equiv p_x q_x + p_y q_y + p_z q_z \tag{8.14}$$

$$\boldsymbol{p} \times \boldsymbol{q} \equiv i(p_y q_z - p_z q_y) + j(p_z q_x - p_x q_z) + k(p_x q_y - p_y q_x) \tag{8.15}$$

という内積・外積の記法を用いれば

$$pq = p_0 q_0 - \boldsymbol{p} \cdot \boldsymbol{q} + p_0 \boldsymbol{q} + q_0 \boldsymbol{p} + \boldsymbol{p} \times \boldsymbol{q} \tag{8.16}$$

こうすることで 3 次元ベクトルとみなした虚数部分に対して煩雑な成分での計算の見通しが良くなり、次項で述べるように内積・外積などベクトルの代数が適用でき、また回転の対象となる 3 次元ベクトルとの対応が明確になる。ただし、この「ベクトル」には上記で試しにやったクォータニオンとしての本来の「非可換積」も定義されており、内積・外積と混同しないように注意。この非可換性は、ベクトル表示した際の外積の部分に起因しているのが (8.16) 式からわかる。

　スカラーである q_0 とベクトルである $\boldsymbol{q}$ を普通に加算した表記となっていることにギョッとする人もいるかも知れない。書籍によっては $p = (p_0, \boldsymbol{p})$, $p + q = (p_0 + q_0, \boldsymbol{p} + \boldsymbol{q})$ のように成分表記記号を用いている場合もある。スカラー部とベクトル部は、それぞれ実数部と虚数部でもあり、複素数と同様に和に関してはもともと独立しているので、わざわざ成分に分けて書くまでもない。その意味では、スカラー部である実数部には、1 というベクトル部である虚数部とは別の基底があるとみてもいいし（実際この解釈で 1 次元ベクトルとしての内積における正規直交基底となることが後にわかる）、冒頭付近で説明したような行列表示も可能であり、実はそのような（単位行列も含めた）行列が基底の実態だと考えてもいい。

[8.3.3] ベクトル部の性質

　$\boldsymbol{a} = ia_x + ja_y + ka_z$, $\boldsymbol{b} = ib_x + jb_y + kb_z$, $\boldsymbol{c} = ic_x + jc_y + kc_z$, $\beta \in \mathbb{R}$ に対して、以下が成り立つ（(ii) の性質はいずれも第 3 講と同様にして示すことが

234　【第 8 講】回転の表現 II

できる）。

(i) 共役

$$\overline{a} = -a \tag{8.17}$$

(ii) 内積・外積の性質

$$a \cdot b = b \cdot a, \quad a \cdot (b + c) = a \cdot b + a \cdot c, \quad a \cdot (\beta b) = \beta a \cdot b, \quad a \cdot a \geqq 0 \tag{8.18}$$

$$a \times b = -b \times a, \quad a \times (b + c) = a \times b + a \times c, \quad a \times (\beta b) = \beta a \times b \tag{8.19}$$

$$a \cdot (b \times c) = b \cdot (c \times a) = c \cdot (a \times b) \tag{8.20}$$

$$a \times (b \times c) = (a \cdot c)b - (a \cdot b)c \tag{8.21}$$

$$(a \times b) \cdot (c \times d) = (a \cdot c)(b \cdot d) - (a \cdot d)(b \cdot c) \tag{8.22}$$

(iii) クォータニオンとしての積の性質

$$ab = -a \cdot b + a \times b \tag{8.23}$$

演習ついでに後で qrq^{-1} の計算に使う 3 重積 qrq をここで求めておこう。まず一般的な 3 重積 abc を考える。ベクトルの外積がベクトルであることから、(8.23) 式のベクトル b に外積されたベクトル $b \times c$ を代入すると

$$a(b \times c) = -a \cdot (b \times c) + a \times (b \times c)$$

これに注意して 3 重積は、最後に (8.21) 式を使うと[*8]

$$abc = a(-b \cdot c + b \times c) = -(b \cdot c)a + a(b \times c)$$
$$= -(b \cdot c)a - a \cdot (b \times c) + a \times (b \times c)$$

[*8]　正確には $a(bc)$ として計算すると、ということであり、$(ab)c$ として計算した結果と一致するか、つまり積の結合則が成り立つのかどうかは実は自明ではない。$a(bc) = (ab)c$ となることの確認を演習としよう（ヒント：(8.20) 式を使う）。また一般的なクォータニオン (p, q, r) の積が結合則を満たす、すなわち $p(qr) = (pq)r$ であることの確認も同様に演習としよう。

$$= -(\boldsymbol{b} \cdot \boldsymbol{c})\boldsymbol{a} + (\boldsymbol{a} \cdot \boldsymbol{c})\boldsymbol{b} - (\boldsymbol{a} \cdot \boldsymbol{b})\boldsymbol{c} - \boldsymbol{a} \cdot (\boldsymbol{b} \times \boldsymbol{c})$$

これに $\boldsymbol{a} = \boldsymbol{q},\ \boldsymbol{b} = \boldsymbol{r},\ \boldsymbol{c} = \boldsymbol{q}$ を代入、また (8.20) 式より $\boldsymbol{q} \cdot (\boldsymbol{r} \times \boldsymbol{q}) = \boldsymbol{r} \cdot (\boldsymbol{q} \times \boldsymbol{q}) = 0$ を用いて以下を得る。

$$\boldsymbol{q}\boldsymbol{r}\boldsymbol{q} = (\boldsymbol{q} \cdot \boldsymbol{q})\boldsymbol{r} - 2(\boldsymbol{q} \cdot \boldsymbol{r})\boldsymbol{q} \tag{8.24}$$

[8.3.4] ノルム・逆元と積の性質

●ノルムの定義

任意のクォータニオン q と、その共役 $\overline{q}$ との積は

$$q\overline{q} = (q_0 + \boldsymbol{q})(q_0 - \boldsymbol{q}) = q_0^2 - q_0\boldsymbol{q} + q_0\boldsymbol{q} - (-\boldsymbol{q} \cdot \boldsymbol{q} + \boldsymbol{q} \times \boldsymbol{q}) = q_0^2 + \boldsymbol{q} \cdot \boldsymbol{q}$$

なので

$$q\overline{q} = \overline{q}q = q_0^2 + q_x^2 + q_y^2 + q_z^2 \tag{8.25}$$

となり複素数と同様に $q\overline{q} \geqq 0$ であり、$q\overline{q} = 0$ となるのは $q = 0$ のときのみとなる。よって、これを用いて自然なノルム（大きさ）を定義できる。

$$\|q\| \equiv \sqrt{q\overline{q}} \qquad (\|q\| = 0 \iff q = 0) \tag{8.26}$$

●逆元 （$qq^{-1} = q^{-1}q = 1$ となるクォータニオン q^{-1} のこと）

$q \neq 0$ のとき q に $\dfrac{\overline{q}}{\|q\|^2}$ を掛けると、ノルムの定義により $q\dfrac{\overline{q}}{\|q\|^2} = \dfrac{\overline{q}}{\|q\|^2}q = 1$ となり複素数と同様に q の逆元となる。

$$q^{-1} = \frac{\overline{q}}{\|q\|^2} \qquad (ただし\ q \neq 0) \tag{8.27}$$

●共役、ノルム、逆元における積の性質
○積の共役は、共役の逆順の積となる

$$\overline{(pq)} = \overline{(p_0 q_0)} - \overline{(\boldsymbol{p} \cdot \boldsymbol{q})} + \overline{(p_0 \boldsymbol{q})} + \overline{(q_0 \boldsymbol{p})} + \overline{(\boldsymbol{p} \times \boldsymbol{q})}$$

$$= p_0 q_0 - \boldsymbol{p} \cdot \boldsymbol{q} + p_0 \overline{\boldsymbol{q}} + q_0 \overline{\boldsymbol{p}} - (\boldsymbol{p} \times \boldsymbol{q}) \quad (\because\ \boldsymbol{r} \equiv \boldsymbol{p} \times \boldsymbol{q} \ \rightarrow\ \overline{\boldsymbol{r}} = -\boldsymbol{r})$$

$$= q_0 p_0 - \boldsymbol{q} \cdot \boldsymbol{p} + q_0 \overline{\boldsymbol{p}} + p_0 \overline{\boldsymbol{q}} + \boldsymbol{q} \times \boldsymbol{p}$$

$$= \overline{q}_0 \overline{p}_0 - \overline{\boldsymbol{q}} \cdot \overline{\boldsymbol{p}} + \overline{q}_0 \overline{\boldsymbol{p}} + \overline{p}_0 \overline{\boldsymbol{q}} + \overline{\boldsymbol{q}} \times \overline{\boldsymbol{p}} = \overline{q}\,\overline{p}$$

よって

$$\overline{(pq)} = \overline{q}\,\overline{p} \tag{8.28}$$

○積のノルムは、ノルムの積となる

$$\|pq\|^2 = (pq)\overline{(pq)} = (pq)(\overline{q}\,\overline{p}) = p(q\overline{q})\overline{p} = p\,\|q\|^2\,\overline{p} = p\overline{p}\,\|q\|^2 = \|p\|^2\,\|q\|^2$$

よって

$$\|pq\| = \|p\|\,\|q\| \tag{8.29}$$

○積の逆元は、逆元の逆順の積となる

$$(pq)^{-1} = \frac{\overline{(pq)}}{\|pq\|^2} = \frac{\overline{q}\,\overline{p}}{\|p\|^2\,\|q\|^2} = q^{-1}p^{-1} \tag{8.30}$$

[8.3.5] 単位クォータニオンと極形式

複素数では複素平面を極座標表示することで（大きさ 1 の）複素数 z の極形式 $z = \cos\theta + i\sin\theta$ を導入した。【8.2】節ではこれを暗黙のうちに拡張適用していた。ここできちんと定式化しよう。

クォータニオン $q = q_0 + iq_x + jq_y + kq_z$ において、ノルム（大きさ）が 1、すなわち

$$q\overline{q} = q_0^2 + q_x^2 + q_y^2 + q_z^2 = 1 \tag{8.31}$$

となるもの（あるいはノルムで割って正規化したもの：$\widehat{q} = \dfrac{q}{\|q\|}$ を改めて q としたもの）を 単位クォータニオンと呼ぶ。ノルムが 1 なので逆元は

$$q^{-1} = \frac{\overline{q}}{\|q\|^2} = \overline{q} \tag{8.32}$$

となる。$q_0^2 + q_x^2 + q_y^2 + q_z^2 = 1$ は (q_0, q_x, q_y, q_z) を座標値とする 4 次元空間内の半径 1 の **3 次元球面** (S^3) を表しており、以下の **4 次元極座標**を導入することで自然に表現される（次ページ【注】も参照）。

$$\begin{cases} q_0 = \cos\psi \\ q_z = \sin\psi\cos\theta \\ q_x = \sin\psi\sin\theta\cos\phi \\ q_y = \sin\psi\sin\theta\sin\phi \end{cases} \tag{8.33}$$

$$(\; 0 \leqq \psi \leqq \pi, \; 0 \leqq \theta \leqq \pi, \; 0 \leqq \phi < 2\pi \;)$$

実際、$q_x^2 + q_y^2 = \sin^2\psi\sin^2\theta$, $q_z^2 + q_x^2 + q_y^2 = \sin^2\psi$, $q_0^2 + q_z^2 + q_x^2 + q_y^2 = 1$ となる。このうち (q_x, q_y, q_z) の部分は、$q_x^2 + q_y^2 + q_z^2 = \sin^2\psi$ であり、半径 $\sin\psi$ の 2 次元球面の 3 次元極座標表示でもある。

その方向を示す 3 次元単位ベクトル $(u_x^2 + u_y^2 + u_z^2 = 1)$

$$\boldsymbol{u} = iu_x + ju_y + ku_z = i\sin\theta\cos\phi + j\sin\theta\sin\phi + k\cos\theta \tag{8.34}$$

を導入することで

$$\boldsymbol{q} = iq_x + jq_y + kq_z = \sin\psi(i\sin\theta\cos\phi + j\sin\theta\sin\phi + k\cos\theta) = \sin\psi\boldsymbol{u}$$

と書け、これを用いた単位クォータニオンのスカラー＋ベクトル表記の極形式

$$q = q_0 + \boldsymbol{q} = \cos\psi + \sin\psi\boldsymbol{u} \tag{8.35}$$

を得る。なお、定義から ψ の定義域は $0 \leqq \psi \leqq \pi$ であることに注意。

この定義で $\boldsymbol{u}$ が標準基底のとき、例えば $\boldsymbol{u} = (1, 0, 0)$ のときは $q = \cos\psi + i\sin\psi$ となり、複素数の極形式の自然な拡張となっていることがわかる。

【注】　4 次元の極座標？　3 次元球面？　とビビった人も居るかもしれない。この手の話は次元を落としてイメージを掴むのが良いので、やってみよう。

まずは 3 次元極座標と 2 次元球面として、次元を落として考えよう（次ページ図 8.9 左側）。図は 3 次元空間内の半径 1 の 2 次元球面（いわゆる球面）に対する、極角 θ、方位角 ϕ の 3 次元の極座標を表している。半径 1 なので 2 次元球面上の点の z 座標値は $\cos\theta$ となり、この z 座標で 2 次元球面を切断する（z

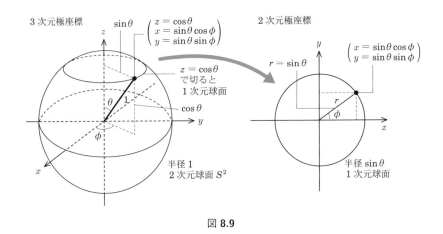

図 8.9

をこの値で固定、すなわち $z = \cos\theta$ なので θ をこの値で固定する）と (x, y) 座標値は半径が $\sin\theta$ の 1 次元球面（円周）になる。この 1 次元球面（円周）を切り出したのが図の右側で、2 次元の極座標で半径 $\sin\theta$ の 1 次元球面（円周）を表示したものとなっている。

以上の話に対して次元をひとつ上げたものが図 8.10 となる。図の左側は 4 次元空間内の単位クォータニオンが成す半径 1 の 3 次元球面 $q_0^2 + q_x^2 + q_y^2 + q_z^2 = 1$ に対する極角 ψ の 4 次元の極座標を表している（座標軸はそれぞれ q_0 軸、q_x 軸、q_y 軸、q_z 軸となる。4 次元の図は描けないので、次元を落として 3 次元の図で描かれている。※イメージです）。

半径 1 なので 3 次元球面上の点の q_0 座標値は $\cos\psi$ となり、この q_0 座標で 3 次元球面を切断する（ψ を固定する）と (q_x, q_y, q_z) 座標値は半径が $\sin\psi$ の 2 次元球面になる（左図での見た目は 1 次元球面として描かれている。※イメージです）。

この 2 次元球面を切り出したのが図 8.10 の右側で、3 次元の極座標で半径 $\sin\psi$ の 2 次元球面を表示したものとなっている。各座標軸は q_x, q_y, q_z を表し、極座標が指す大きさ $\sin\psi$ の 3 次元ベクトルが $\boldsymbol{q}$ で、その向きの単位ベクトルが $\boldsymbol{u}$ となる。

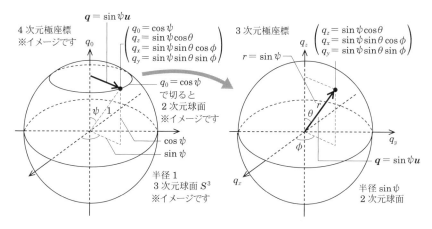

図 8.10

[8.3.6] 4次元ベクトルとしての内積

●定義

クォータニオンの4次元ベクトルとしての内積は、クォータニオン p, q に対して

$$p \cdot q \equiv \frac{1}{2}(p\bar{q} + q\bar{p}) \tag{8.36}$$

と定義することができる。これは第3講【3.4】節の例 3.2 で定義した複素数の内積の自然な拡張であり、内積の公理を満たすことは容易にわかる。成分で表記すると $p = p_0 + \boldsymbol{p}$, $q = q_0 + \boldsymbol{q}$ として

$$\begin{aligned}
\frac{1}{2}(p\bar{q} + q\bar{p}) &= \frac{1}{2}\{(p_0 + \boldsymbol{p})(q_0 - \boldsymbol{q}) + (q_0 + \boldsymbol{q})(p_0 - \boldsymbol{p})\} \\
&= \frac{1}{2}(p_0 q_0 - p_0 \boldsymbol{q} + q_0 \boldsymbol{p} - \boldsymbol{p}\boldsymbol{q} + q_0 p_0 - q_0 \boldsymbol{p} + p_0 \boldsymbol{q} - \boldsymbol{q}\boldsymbol{p}) \\
&= p_0 q_0 - \frac{1}{2}(-\boldsymbol{p} \cdot \boldsymbol{q} + \boldsymbol{p} \times \boldsymbol{q} - \boldsymbol{q} \cdot \boldsymbol{p} + \boldsymbol{q} \times \boldsymbol{p}) \\
&= p_0 q_0 + \boldsymbol{p} \cdot \boldsymbol{q} = p_0 q_0 + p_x q_x + p_y q_y + p_z q_z \tag{8.37}
\end{aligned}$$

となり、4次元ベクトルに対する標準内積となる。また自身との内積をとるとノルムの2乗となる自然な内積であり、さらにこの内積を基底であるクォータニオンの実数単位 1 および虚数単位 i, j, k に対してとれば、これらが4次元ベ

240 　【第 8 講】回転の表現 II

クトル空間の正規直交基底をなすこともわかる。

● 回転による不変性

任意の単位クォータニオン s の左からの積による 4 次元における回転[*9]で、この内積の値（およびノルム）が不変であることを示す。

【証明】　回転により $p' = sp,\ q' = sq$ と変換されるとすると、

$$p' \cdot q' = \frac{1}{2}(p'\overline{q'} + q'\overline{p'}) = \frac{1}{2}\{(sp)\overline{(sq)} + (sq)\overline{(sp)}\} = \frac{1}{2}(sp\overline{q}\,\overline{s} + sq\overline{p}\,\overline{s})$$
$$= s\frac{1}{2}(p\overline{q} + q\overline{p})\overline{s} = s(p \cdot q)\overline{s} = (p \cdot q)(s\overline{s}) = p \cdot q \tag{8.38}$$

となり、不変となる[*10]。またこれにより自身との内積より求まるノルムも不変となることがわかる。　■

● 幾何学的意味

任意の非零クォータニオン p, q の内積を考える。$p = \|p\|\,\widehat{p},\ q = \|q\|\,\widehat{q}$ と書けて（ここで $\widehat{p},\ \widehat{q}$ は単位クォータニオン）、ある単位クォータニオン s による回転 $\widehat{p'} = s\widehat{p},\ \widehat{q'} = s\widehat{q}$ において、$\widehat{p'}$ を成分表示で $\widehat{p'_0} = 1,\ \widehat{\boldsymbol{p'}} = \boldsymbol{0}$ に向けられたとする（実際、$s = \widehat{p}^{\,-1}$ で可能）。

このとき、回転後の p' と q' の 4 次元内積はノルムが不変なので $p' \cdot q' = \|p'\|\,\|q'\|(\widehat{p'_0}\widehat{q'_0} + \widehat{\boldsymbol{p'}} \cdot \widehat{\boldsymbol{q'}}) = \|p\|\,\|q\|\,\widehat{q'_0}$ となり、この値は $\widehat{q'}$ を極形式で表した際の極角（$\widehat{p'}$ と $\widehat{q'}$ のなす角となる）を ψ とすれば、$\|p\|\,\|q\|\cos\psi$ となる。この内積の値は (8.38) 式により任意の単位クォータニオンとの積による回転で不変となり、通常の幾何ベクトルの内積と同様な幾何学的意味を持つことがわかる。

$$p \cdot q = \|p\|\,\|q\|\cos\psi \tag{8.39}$$

[*9]　4 次元の一般的な回転は実はさらに複雑で、単位クォータニオンの左側からの積で表されるこの回転はその一部となる。付録 1 で概要を述べる。

[*10]　成分表示 $p_0 q_0 + \boldsymbol{p} \cdot \boldsymbol{q}$ としても不変となることを直接計算して確かめることができる。付録 2 参照。

【8.4】 クォータニオン：3 次元回転の表現

[8.4.1] 任意軸周りの回転

以下のような単位クォータニオン

$$q = q_0 + iq_x + jq_y + kq_z = q_0 + \boldsymbol{q} = \cos\frac{\psi}{2} + \sin\frac{\psi}{2}\boldsymbol{u} \tag{8.40}$$

ここで

$$\boldsymbol{u} = iu_x + ju_y + ku_z, \qquad u_x^2 + u_y^2 + u_z^2 = 1,$$

$$q_0 = \cos\frac{\psi}{2}, \qquad \boldsymbol{q} = \sin\frac{\psi}{2}\boldsymbol{u}, \qquad (0 \leqq \frac{\psi}{2} \leqq \pi)$$

（極角を $\frac{\psi}{2}$ で表して定義より $0 \leqq \frac{\psi}{2} \leqq \pi$、これを ψ でみれば $0 \leqq \psi \leqq 2\pi$、混乱しないように）および 3 次元空間内の任意の点 P の位置ベクトル $\boldsymbol{r} = (x, y, z)$ を表すクォータニオン

$$r = r_0 + ix + jy + kz = r_0 + \boldsymbol{r} \tag{8.41}$$

において $r \to r' = qrq^{-1}$ となる積による変換を考える。

$r' = r_0' + \boldsymbol{r'} = qrq^{-1} = q(r_0 + \boldsymbol{r})q^{-1} = r_0 + q\boldsymbol{r}q^{-1}$ であり、以下のように $q\boldsymbol{r}q^{-1}$ はベクトル部のみとなるので $r_0' = r_0$ となり r_0 の値は影響しないので通常 $r_0 = 0$ として取り扱う。

$$\begin{aligned}
\boldsymbol{r'} = q\boldsymbol{r}q^{-1} &= (q_0 + \boldsymbol{q})\boldsymbol{r}(q_0 - \boldsymbol{q}) = (q_0 + \boldsymbol{q})(q_0\boldsymbol{r} - \boldsymbol{r}\boldsymbol{q}) \\
&\quad - q_0^2\boldsymbol{r} + q_0(\boldsymbol{q}\boldsymbol{r} - \boldsymbol{r}\boldsymbol{q}) - \boldsymbol{q}\boldsymbol{r}\boldsymbol{q} \\
&= q_0^2\boldsymbol{r} + 2q_0(\boldsymbol{q} \times \boldsymbol{r}) - \{(\boldsymbol{q} \cdot \boldsymbol{q})\boldsymbol{r} - 2(\boldsymbol{q} \cdot \boldsymbol{r})\boldsymbol{q}\} \tag{8.42a} \\
&= (q_0^2 - \boldsymbol{q} \cdot \boldsymbol{q})\boldsymbol{r} + 2(\boldsymbol{q} \cdot \boldsymbol{r})\boldsymbol{q} + 2q_0(\boldsymbol{q} \times \boldsymbol{r}) \tag{8.42b} \\
&= \left(\cos^2\frac{\psi}{2} - \sin^2\frac{\psi}{2}\right)\boldsymbol{r} + 2\sin^2\frac{\psi}{2}(\boldsymbol{u} \cdot \boldsymbol{r})\boldsymbol{u} + 2\cos\frac{\psi}{2}\sin\frac{\psi}{2}(\boldsymbol{u} \times \boldsymbol{r}) \\
&\tag{8.42c} \\
&= \cos\psi\,\boldsymbol{r} + (1 - \cos\psi)(\boldsymbol{u} \cdot \boldsymbol{r})\boldsymbol{u} + \sin\psi\,(\boldsymbol{u} \times \boldsymbol{r}) \tag{8.42d}
\end{aligned}$$

242 【第 8 講】回転の表現 II

となり、ロドリゲスの回転公式（ベクトル表示）(7.38) 式と一致する。

ここで (8.42a) 式へは (8.23) 式より $qr - rq = 2(q \times r)$ を用い、また (8.24) 式より qrq を展開した。さらに (8.42c) 式へは極形式 $q_0 = \cos\dfrac{\psi}{2}$, $q = \sin\dfrac{\psi}{2}u$ を代入、最後の (8.42d) 式へは倍角・半角の公式を用いた。

以上により、単位クォータニオン $q = \cos\dfrac{\psi}{2} + \sin\dfrac{\psi}{2}u$ を用い $r \to r' = qrq^{-1}$ として回転軸 u の周りに角度 ψ だけ回転させる表現を得た。なお、変換式 $r' = qrq^{-1}$ において q を $-q$ としても式は不変となり、この q と $-q$ の異なる 2 つの単位クォータニオンは同じ 3 次元回転を表現することに注意が必要となる。[8.4.4] 項にて詳しく調べる。

[8.4.2] 3 次元回転の合成

3 次元の点 r を単位クォータニオン q_A, q_B により続けて回転させることを考える。$r \to r' = q_A r q_A^{-1}$, $r' \to r'' = q_B r' q_B^{-1}$ において、以下を得る。

$$\begin{aligned} r \to r'' &= q_B r' q_B^{-1} = q_B (q_A r q_A^{-1}) q_B^{-1} \\ &= (q_B q_A) r (q_A^{-1} q_B^{-1}) = (q_B q_A) r (q_B q_A)^{-1} \end{aligned} \quad (8.43)$$

したがって、単位クォータニオン q_A, q_B による連続した回転に対し、その積 $q = q_B q_A$ が合成された回転となる。なお $\|q_B q_A\| = \|q_B\|\,\|q_A\| = 1$ より積 $q_B q_A$ もまた単位クォータニオンとなる。

[8.4.3] 回転行列による表示

(8.42b) 式：$r' = (q_0^2 - q \cdot q)r + 2(q \cdot r)q + 2q_0(q \times r)$ を線形変換の行列表示に書き直す。$r' = \begin{bmatrix} x'_1 \\ x'_2 \\ x'_3 \end{bmatrix}$, $r = \begin{bmatrix} x_1 \\ x_2 \\ x_3 \end{bmatrix}$, $q = \begin{bmatrix} q_1 \\ q_2 \\ q_3 \end{bmatrix}$ とすると

$$\begin{aligned} x'_i &= (qrq^{-1})_i = (q_0^2 - q \cdot q)x_i + 2\sum_{j=1}^{3}(q_j x_j)q_i + 2q_0 \sum_{k,j=1}^{3} \varepsilon_{ikj} q_k x_j \\ &= \sum_{j=1}^{3} \left\{ (q_0^2 - q \cdot q)\delta_{ij} + 2q_i q_j - 2q_0 \sum_{k=1}^{3} \varepsilon_{ijk} q_k \right\} x_j \end{aligned}$$

と書けるので、

$$R_{ij} = (q_0^2 - \boldsymbol{q} \cdot \boldsymbol{q})\delta_{ij} + 2q_iq_j - 2q_0\sum_{k=1}^{3}\varepsilon_{ijk}q_k \tag{8.44}$$

が回転行列となる。行列表記で書き下すと、

$$R = \begin{bmatrix} q_0^2 + q_1^2 - q_2^2 - q_3^2 & 2(q_1q_2 - q_0q_3) & 2(q_1q_3 + q_0q_2) \\ 2(q_2q_1 + q_0q_3) & q_0^2 - q_1^2 + q_2^2 - q_3^2 & 2(q_2q_3 - q_0q_1) \\ 2(q_3q_1 - q_0q_2) & 2(q_3q_2 + q_0q_1) & q_0^2 - q_1^2 - q_2^2 + q_3^2 \end{bmatrix} \tag{8.45}$$

なお 極形式 $q_0 = \cos\dfrac{\psi}{2}$, $q_i = \sin\dfrac{\psi}{2}u_i$ を (8.44), (8.45) 式に代入すると当然ロドリゲスの回転公式の行列表示 (7.39), (7.40) 式と一致する。

[▼ C] 演習：実際に回転行列であることを確かめよう。(8.44) 式とその転置行列との積をとると

$$
\begin{aligned}
(R^\top R)_{ij} &= \sum_{k=1}^{3} R_{ik}^\top R_{kj} = \sum_{k=1}^{3} R_{ki}R_{kj} \\
&= \sum_{k=1}^{3}\left\{(q_0^2 - \boldsymbol{q}\cdot\boldsymbol{q})\delta_{ki} + 2q_kq_i - 2q_0\sum_{l=1}^{3}\varepsilon_{kil}q_l\right\} \\
&\qquad\qquad \left\{(q_0^2 - \boldsymbol{q}\cdot\boldsymbol{q})\delta_{kj} + 2q_kq_j - 2q_0\sum_{m=1}^{3}\varepsilon_{kjm}q_m\right\} \\
&= (q_0^2 - \boldsymbol{q}\cdot\boldsymbol{q})^2\delta_{ij} + 2(q_0^2 - \boldsymbol{q}\cdot\boldsymbol{q})q_iq_j - 2q_0(q_0^2 - \boldsymbol{q}\cdot\boldsymbol{q})\sum_{m=1}^{3}\varepsilon_{ijm}q_m \\
&\quad + 2(q_0^2 - \boldsymbol{q}\cdot\boldsymbol{q})q_jq_i + 4(\boldsymbol{q}\cdot\boldsymbol{q})q_iq_j - 4q_0\sum_{k,m=1}^{3}\varepsilon_{kjm}q_kq_iq_m \\
&\quad - 2q_0(q_0^2 - \boldsymbol{q}\cdot\boldsymbol{q})\sum_{l=1}^{3}\varepsilon_{jil}q_l - 4q_0\sum_{k,l=1}^{3}\varepsilon_{kil}q_kq_jq_l + 4q_0^2\sum_{k=1}^{3}\sum_{l,m=1}^{3}\varepsilon_{kil}q_l\varepsilon_{kjm}q_m \\
&= (q_0^2 - \boldsymbol{q}\cdot\boldsymbol{q})^2\delta_{ij} + 4q_0^2 q_iq_j + 4q_0^2\sum_{l,m=1}^{3}(\delta_{ij}\delta_{lm} - \delta_{im}\delta_{jl})q_lq_m \\
&= \{(q_0^2 - \boldsymbol{q}\cdot\boldsymbol{q})^2 + 4q_0^2(\boldsymbol{q}\cdot\boldsymbol{q})\}\delta_{ij} = (q_0^2 + \boldsymbol{q}\cdot\boldsymbol{q})^2\delta_{ij} = \delta_{ij}
\end{aligned}
$$

となり、たしかに R は 3 次の直交行列である。また (8.44) 式あるいは (8.45) 式は $q_0 \to 1$, $\boldsymbol{q} \to \boldsymbol{0}$ にて連続的に単位行列に移行することにより行列式の値は $+1$ となることがわかる。

244　**【第 8 講】**回転の表現 II

以上により R は回転行列となることが確かめられた。

[8.4.4]　単位クォータニオンのパラメータ領域

[8.3.5] 項で定義した単位クォータニオンの極形式を用いて、そのパラメータ領域全体の構造をもとに、3 次元回転全体とどのような関係になっているのかを調べよう。そのためには、まず 4 次元空間に埋め込まれた 3 次元球面 S^3 の構造を知る必要がある。3 次元球面は文字通り 3 次元の構造を持つが、4 次元空間に埋め込まれているものであり 3 次元の住人である我々にとって直観的な理解は残念ながら難しい。先にみたように次元を落として考えるのがイメージを掴みやすいので、まずは「3 次元空間に埋め込まれた 2 次元球面を 2 次元の住人にどうすれば説明できるか？」という観点で見てみよう。

2 次元住人は 2 次元平面およびその上の直線や曲線、（中身の詰まった）多角形面や円盤を理解できる。2 次元球面もその一部の領域は当然「面」として理解できるが、その「面は曲がって」いて「全体は繋がっている」と言われても「どっちに曲がっているのか？　どうやって繋がるのか？」が理解できない。というわけで、まず思いつくのは 2 次元球面を赤道でぶった切って「北半球」と「南半球」に分け、それぞれを平面上にベタっと潰した 2 枚の円盤として提示するという手法だ。だが 2 次元住人にとっては「潰すって何をどっち向きに？」という話になる。話の筋は良さそうなので、説明の方法を考えよう。2 次元住人も数学は理解できる（という設定で（笑）。

[8.3.5] 項でみたように 3 次元極座標の極角 θ を一定にして球面を切断すると半径 $\sin\theta$ の円周となり、この円周は 2 次元住人にもよく理解できる。そこでこの半径 $\sin\theta$ の円周を θ の値を連続的に変化させながら、<u>同心円として</u> <u>$0 \leqq \theta \leqq \dfrac{\pi}{2}$ の範囲で集めていき</u>「北半球」として半径 1 の円盤を構成する（図 8.11）。

この円盤の円周は、ちょうどもとの 2 次元球面の「赤道」にあたることになる。同様にして今度は「南半球」として<u>$\dfrac{\pi}{2} \leqq \theta \leqq \pi$ の範囲で半径 1 の 2 枚めの</u> <u>円盤</u>を構成する。この円盤の円周ももとの 2 次元球面の「赤道」にあたり、2 枚

の円盤の円周上の点は同じ点を表すので、この2つの円周を同一視することでもとの2次元球面を構成することになる。3次元住人の我々にとっては、この2枚の円盤を円周で貼り合わせ「膨らませれば」、もとの2次元球面になることは容易に理解できるが、2次元住人にとっては「膨らませるったってどっち向きに膨らむの？」ということになってしまう。というわけで、この円周を同一視した2枚の円盤として2次元球面を理解してもらうことになる。

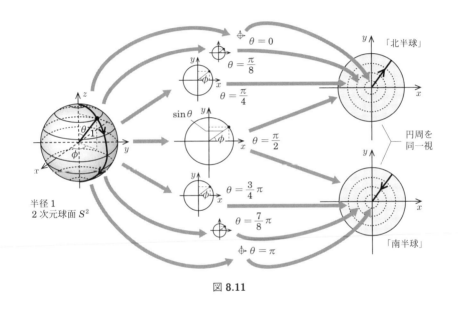

図 8.11

以上の話をひとつ上の次元で考えてみよう。3次元住人も数学は理解できる（という設定で（笑）。

[8.3.5] 項でみたように、4次元極座標の極角 ψ を一定にして3次元球面を切断すると半径 $\sin\psi$ の球面となり、この球面は3次元住人にもよく理解できる。後の話の都合上、極角を $\frac{\psi}{2}$ で測ることにしよう。この半径 $\sin\frac{\psi}{2}$ の球面を $\frac{\psi}{2}$ の値を連続的に変化させながら、同心球面として $0 \leqq \frac{\psi}{2} \leqq \frac{\pi}{2}$ の範囲で集めていき「北半球」として半径1の球体を構成する。この球体表面はちょうどもとの3次元球面の「赤道面」にあたることになる。同様にして今度は「南半球」

として $\frac{\pi}{2} \leqq \frac{\psi}{2} \leqq \pi$ の範囲で半径 1 の 2 つめの球体を構成する（図 8.12）。

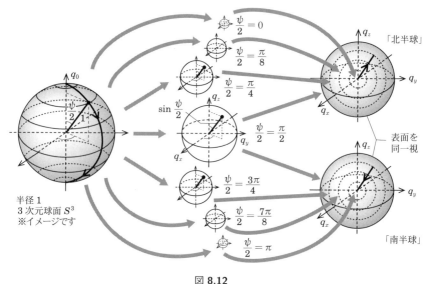

図 8.12

　この球体表面ももとの 3 次元球面の「赤道面」にあたり、2 つの球体表面上の点は同じ点を表すので、この 2 つの表面を同一視することで、もとの 3 次元球面を構成することになる。4 次元住人のクォータニオンにとっては、この 2 つの球体を表面で貼り合わせ「膨らませれば」、もとの 3 次元球面になることは容易に理解できるが、3 次元住人にとっては「膨らませるったってどっち向きに膨らむの？」ということになってしまう。というわけで、この表面を同一視した 2 つの球体として 3 次元球面を理解してもらうことになる。

　さて単位クォータニオンで構成された 3 次元球面 S^3 でもある、この 2 つの半径 1 の球体について調べよう。球体の（内部も含めた）各点は S^3 から切り出された球面上の点でもあり、[8.3.5] 項でみたように 3 次元座標が (q_x, q_y, q_z) で表され、その座標点を位置ベクトル $\bm{q}$ で表すと、これは単位クォータニオンのベクトル部に相当し $\bm{q} = \sin\frac{\psi}{2}\bm{u}$ の大きさは切り出した球面の半径 $\sin\frac{\psi}{2}$ となる。「北半球」の球体は範囲 $0 \leqq \frac{\psi}{2} \leqq \frac{\pi}{2}$ の、「南半球」の球体は範囲 $\frac{\pi}{2} \leqq \frac{\psi}{2} \leqq$

π の該当する $\dfrac{\psi}{2}$ がもとの単位クォータニオンの極角に相当し、その余弦として
スカラー部 $q_0 = \cos\dfrac{\psi}{2}$ を得る。q_0 の値は「北半球」では球の中心から表面に
向かい $1 \geqq q_0 \geqq 0$、「南半球」では球の表面から中心に向かい $0 \geqq q_0 \geqq -1$ と
なり、ベクトル部を表す $\boldsymbol{q}$ とともに $q = q_0 + \boldsymbol{q}$ として S^3 上の単位クォータニ
オンに対応するという構造となる。「幾何学的」には以下のような対応となる。

- 「北半球」の球体の中心 $\leftrightarrow$ S^3 の「北極点」：$q_0 = +1,\ \boldsymbol{q} = \boldsymbol{0}\ (\dfrac{\psi}{2} = 0)$

- 同一視した両球体表面 $\leftrightarrow$ S^3 の「赤道面」：$q_0 = 0,\ \|\boldsymbol{q}\| = 1\ (\dfrac{\psi}{2} = \dfrac{\pi}{2})$

- 「南半球」の球体の中心 $\leftrightarrow$ S^3 の「南極点」：$q_0 = -1,\ \boldsymbol{q} = \boldsymbol{0}\ (\dfrac{\psi}{2} = \pi)$

では 3 次元の回転との関係を調べよう。(8.42d) 式は、単位クォータニオンを
$q = \cos\dfrac{\psi}{2} + \sin\dfrac{\psi}{2}\boldsymbol{u}$ としたとき、変換 $r \to r' = qrq^{-1}$ が $\boldsymbol{u}$ を回転軸とした
角度 ψ の 3 次元回転を表し、これは回転ベクトルによる回転の表現であるロド
リゲスの回転公式 (7.38) 式と同等だった。また [7.4.4] 項では回転ベクトルのパ
ラメータ領域となる半径 π の球体を調べることで、3 次元回転全体の構造を調
べた。

以上をもとにまずは球体表面を除いた「北半球」の半径 1 の球体内部を調べ
よう。中心は無回転（基準姿勢）を表し、中心以外の球体内部の点 $\boldsymbol{q} = \sin\dfrac{\psi}{2}\boldsymbol{u}$
は $\boldsymbol{u}$ を回転軸とした回転角 ψ の 3 次元回転を表し、球体表面を除いた「北半
球」では $0 \leqq \dfrac{\psi}{2} < \dfrac{\pi}{2}$ すなわち $0 \leqq \psi < \pi$ の回転を表すことになる。$\boldsymbol{u}$ が真逆
を向いている場合は逆向きの $0 \leqq \psi < \pi$ の回転を表すことになり、まさに回転
ベクトルのパラメータ領域内部（半径 π の球体表面以外）と 1 対 1 に対応して
いる。

同一視する球体表面は後回しにして、「南半球」の球体内部を調べよう。「北半
球」との一番の違いは極角の 2 倍となる 3 次元回転での回転角の範囲で、「北半
球」が $0 \leqq \psi < \pi$ だったのに対し、「南半球」では $\pi < \psi \leqq 2\pi$ となることだ。

つまりクォータニオンによる自然な回転の範囲は南北合わせて $0 \leqq \psi \leqq 2\pi$ となる。逆向きの回転軸は逆向きの回転を表現するので、合わせていわば $-2\pi \leqq \psi \leqq 2\pi$ の回転ということになり、回転ベクトルが表現する倍の範囲となる。

思い出すべきは、任意の単位クォータニオン q に対し $-q$ もまったく同じ3次元回転を表していたことであり、$q = (q_0, q_x, q_y, q_z)$ に対し $(-q_0, -q_x, -q_y, -q_z)$ となるのでスカラー部の符号は変わり、ベクトル部は逆向きのベクトル（$-q$ または $-u$）となる。これは図 8.13 のように 4 次元空間で原点対称な点すなわち S^3 上での対蹠点同士となり、その極角は $\frac{\psi}{2}$ に対して $\pi - \frac{\psi}{2}$ で表されることになる。実際 $\cos\left(\pi - \frac{\psi}{2}\right) = -\cos\frac{\psi}{2}$ よりスカラー部の符号は変わり、$\sin\left(\pi - \frac{\psi}{2}\right) = \sin\frac{\psi}{2}$ より長さ（半径）が同じとなる「北半球」の $\sin\frac{\psi}{2}u$ が指す点と、反対向きである「南半球」の $\sin\frac{\psi}{2}(-u)$ が指す点にあたり、互いに逆向きの回転となる同じ3次元回転後の姿勢を表すことになる。つまり「南半球」の球内の各点もまた「北半球」と同様に回転ベクトルのパラメータ領域内部と1対1に対応する。

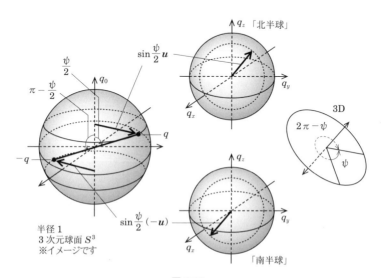

図 8.13

【8.4】クォータニオン：3 次元回転の表現　　249

　後回しにした「赤道面」である同一視した球体表面は、「南半球」で議論した
ように同じ半径でベクトルの向きが逆になる点、つまり球体表面上の対蹠点同
士が互いに逆向きの π 回転となる 3 次元回転を表すことになる。回転ベクトル
の場合は同一視した逆向きの π 回転に対して、単位クォータニオンの自然なパ
ラメータ領域としては別々の ±q として対応していることになる。

　以上により単位クォータニオンのパラメータ領域全体は、「南北半球」の内部
と「赤道面」を合わせて 3 次元回転全体を過不足なく連続的にピッタリ 2 回
「覆う」対応となることがわかった。このことを二重被覆（double covering）で
あるという。どう応用するのかは使い方次第といったところか。回転の合成や
次項の補間などで π 回転を超える場合便利な一方、注意しないと大混乱となる。

　前講で小グモに調べてもらった「つながり具合」も確認しておこう。まず S^3
あるいは可視化した「南北半球」である 2 つの球体自体は連結かつ単連結[11]
（2 つの球体はその表面でつながっていることに注意）であることがわかる。次
ページ図 8.14, 8.15 は 3 次元回転である z 軸周りの 1 回転、2 回転で何が起き
ているのかを示している。読者もいろいろな図を描いてみて各自で理解を深め
ていただきたい。

---

[11]　ちなみに「単連結な閉じた 3 次元物体（多様体）は S^3 だけ（正確には S^3 と同相）」というのが有
名なポアンカレ予想で 2002～3 年にペレルマンにより肯定的に解決された。

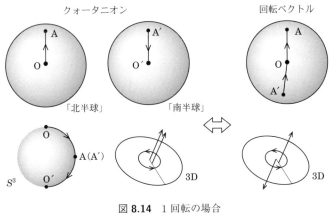

図 **8.14**　1 回転の場合

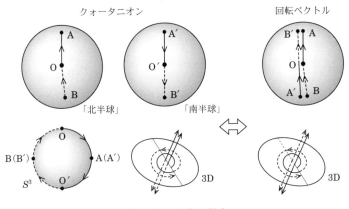

図 **8.15**　2 回転の場合

[8.4.5] 球面線形補間

　クォータニオンの大きな利点の一つが、比較的容易に**補間**を実現できることにある。この項では最も簡単な 2 つの回転を繋ぐ補間について解説するが、まずそもそも「補間」とは何か？　という話を簡単にしておこう。読んで字の如く「間を補う」ことであり、本来は離散的（不連続）にしか存在しないデータの組を連続的に変化したものとみなしてデータ間を「なめらか」につなぎ、存在しないデータ間の値として補う手法のことである（図 8.16 (a)）。

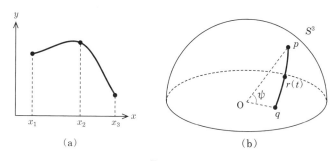

図 8.16

2つの単位クォータニオン p, q により表現された回転をつなぐ補間を考えてみよう。$r(t)$ を回転 p から回転 q へのパラメータ t $(0 \leqq t \leqq 1,\ t \in \mathbb{R})$ を持つ補間を表す<u>単位クォータニオン</u>とし（つまり $r(t)$ 自体もまた回転を表す）、以下のような<u>線形結合関係</u>があるものとする。

$$r(t) = \alpha(t)q + \beta(t)p \qquad (\alpha, \beta \in \mathbb{R}) \qquad \begin{cases} r(0) = p \\ r(1) = q \end{cases} \qquad (8.46)$$

p, q, r は単位クォータニオンなので3つとも半径 1 の S^3 上の点であり、<u>$r(t)$ を p と q を結ぶ S^3 上の「大円」の一部となるようにとるとする。</u>（図 8.16 (b) は S^3 上の p, q, r を、次元を落とした S^2 上の点として描いたイメージ図となる。) このような補間を**球面線形補間**と言う。

なお $q = \pm p$ の場合は $r(t)$ は定まらないので $q \neq \pm p$ とする。

ここで S^3 の中心 O と p, q の成す角 ψ（の余弦）は4次元空間のベクトルである単位クォータニオンの4次元ベクトルとしての内積において以下のように求まる。

$$p \cdot q = \frac{1}{2}(p\bar{q} + q\bar{p}) = \|p\| \|q\| \cos\psi = \cos\psi \qquad (8.47)$$

図 8.17（次ページ）はこの中心 O と単位クォータニオン p, r, q が作る2次元平面（半径 1 の扇型）を切り出したものであり、角 ψ が $r(t)$ によって分けられた角をそれぞれ $t\psi, (1-t)\psi$ とする[*12]。この図において、ベクトルとし

[*12] 角度を線形に分割することで「角速度」が一定となり、球面上の「速度」が一定な補間となる。

ての $r(t)$ をベクトル p, q の線形結合で表したのが (8.46) 式であり、その係数 $\alpha(t)$, $\beta(t)$ は p, q のノルムが 1 であることから図の $\overline{O\alpha}$, $\overline{O\beta}$ の長さとなり、幾何学的に求めることができる。

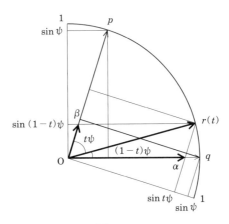

図 **8.17**

点 q, r から $\overline{Op}$ におろした垂線の長さは、$\overline{Oq}$, $\overline{Or}$ の長さが 1 なので、それぞれ $\sin \psi$, $\sin t\psi$ となる。$\sin \psi : \sin t\psi = \overline{Oq} : \overline{O\alpha}$ なので、$\overline{Oq}$ の長さ 1 より $\alpha(t) = \dfrac{\sin t\psi}{\sin \psi}$ を得る。

同様に点 p, r から $\overline{Oq}$ におろした垂線の長さは、$\overline{Op}$, $\overline{Or}$ の長さが 1 なので、それぞれ $\sin \psi$, $\sin (1-t)\psi$ となる。$\sin \psi : \sin (1-t)\psi = \overline{Op} : \overline{O\beta}$ なので、$\overline{Op}$ の長さ 1 より $\beta(t) = \dfrac{\sin (1-t)\psi}{\sin \psi}$ を得る。

以上により

$$r(t) = \frac{\sin t\psi}{\sin \psi} q + \frac{\sin (1-t)\psi}{\sin \psi} p \tag{8.48}$$

$(t \in \mathbb{R},\ 0 \leqq t \leqq 1,\ \cos \psi = p_0 q_0 + p_x q_x + p_y q_y + p_z q_z)$

となる単位クォータニオンの球面線形補間を得た。

なお前項でみたように、S^3 上の対蹠点同士となる単位クォータニオンの対は 3 次元上では同じ回転を表していた。したがって補間の対象となる 3 次元上で

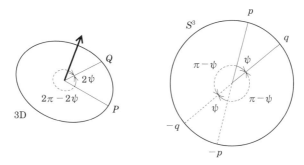

図 **8.18**

の回転が S^3 上では対蹠点側の単位クォータニオンでもあり得ることに注意が必要となる。

図 8.18 はその例で、3 次元の回転 P, Q とそれを表す S^3 上の単位クォータニオン p, q および対蹠点上の $-p, -q$ を図示したもので、仮に 3 次元の回転 P, Q に対する角度 2ψ での補間 $P \to Q$ を求めたい場合、S^3 上で $p \to q$ または $-p \to -q$ であれば意図通りとなるが、そうでない場合は、反対回りの $2\pi - 2\psi$ 回転となる補間を得ることになってしまう。回転の結果としてはどちらも同じ $P \to Q$ だが間の情報が主となる補間では違いは重要となる。

このような場合は、4 次元内積 $p \cdot q = \cos\psi$ の符号により、どちら側の補間に当たるのかを区別できることになる。

また代数的にも

$$r(t) = (qp^{-1})^t p \tag{8.49}$$

という式により、上記とまったく同じ補間を表すことが知られている[*13]。付録 3 にて (8.48) 式と同値な式であることを示し、この式の意味を解説する。

【8.5】 [▼] 付録 1：一般的な 4 次元の回転について

4 次元の回転は、本講の趣旨（3 次元回転）および本講座の程度を超えるので、ここでは概要の説明にとどめる。表 8.1 は 2・3・4 次元における回転の自

[*13] t での微分（なめらかに繋ぐ）が扱いやすく、3 点以上の補間などでも用いられる。

254　【第 8 講】回転の表現 II

表 8.1　2・3・4 次元における回転

次元	自由度	固有値	回転行列の例
2	1	$e^{\pm i\theta}$	$\begin{bmatrix} \cos\theta & -\sin\theta \\ \sin\theta & \cos\theta \end{bmatrix} \begin{bmatrix} x \\ y \end{bmatrix}$
3	3	$1,\ e^{\pm i\theta}$	$\begin{bmatrix} 1 & 0 & 0 \\ 0 & \cos\theta & -\sin\theta \\ 0 & \sin\theta & \cos\theta \end{bmatrix} \begin{bmatrix} x \\ y \\ z \end{bmatrix}$
4	6	$e^{\pm i\theta},\ e^{\pm i\phi}$	$\begin{bmatrix} \cos\theta & -\sin\theta & 0 & 0 \\ \sin\theta & \cos\theta & 0 & 0 \\ 0 & 0 & \cos\phi & -\sin\phi \\ 0 & 0 & \sin\phi & \cos\phi \end{bmatrix} \begin{bmatrix} w \\ x \\ y \\ z \end{bmatrix}$

(n 次元での回転の自由度は $\dfrac{1}{2}n(n-1)$)

由度、固有値、回転行列の例を示す。なお各次元の回転行列の例に対しその固有方程式を解くと、それぞれの固有値を得ることに注意。

- **回転の自由度**：単位クォータニオンの成分の独立な自由度 3 の倍の 6 であり、単位クォータニオンの左からの積で表される回転は 4 次元の一般の回転の一部（自由度は半分）であることがわかる。

- **固有値**：$e^{\pm i\theta},\ e^{\pm i\phi}$ となることが知られており、2 次元や 3 次元での回転角に相当する量が独立に 2 つあることを示唆している。一般の回転では回転軸に相当する実固有ベクトルは存在しない。

- **回転行列の例**：w-x 面と y-z 面がそれぞれ独立に角度 θ, ϕ で回転していることがわかる。回転面であるこの 2 面は原点のみで交わっていることに注意。この例のような 4 次元の一般の回転は **double-rotation** と呼ばれる。このうち、$\phi = \pm\theta$ となる特殊な回転を **isoclinic-rotation** といい、$\theta = 0$ または $\phi = 0$ となる特殊な回転を **simple-rotation** という。

任意のクォータニオン p に対して単位クォータニオン $\cos\theta + i\sin\theta$ ($\boldsymbol{u} = (1, 0, 0)$) を用いて、左から $q_\alpha = \cos\alpha + i\sin\alpha$、右から $q_\beta = \cos\beta + i\sin\beta$ を

掛けると、【8.2】節でみたようにそれぞれ

$$
p' = q_\alpha p \;:\; \begin{bmatrix} \cos\alpha & -\sin\alpha & 0 & 0 \\ \sin\alpha & \cos\alpha & 0 & 0 \\ 0 & 0 & \cos\alpha & -\sin\alpha \\ 0 & 0 & \sin\alpha & \cos\alpha \end{bmatrix},
$$

$$
p' = p q_\beta \;:\; \begin{bmatrix} \cos\beta & -\sin\beta & 0 & 0 \\ \sin\beta & \cos\beta & 0 & 0 \\ 0 & 0 & \cos\beta & \sin\beta \\ 0 & 0 & -\sin\beta & \cos\beta \end{bmatrix}
$$

を表す。これは、上記のそれぞれ $\phi = +\theta$, $\phi = -\theta$ にあたる isoclinic-rotation となる。

また左右から掛けると

$$
p' = q_\alpha p q_\beta \;:\; \begin{bmatrix} \cos(\alpha+\beta) & \sin(\alpha+\beta) & 0 & 0 \\ \sin(\alpha+\beta) & \cos(\alpha+\beta) & 0 & 0 \\ 0 & 0 & \cos(\alpha-\beta) & -\sin(\alpha-\beta) \\ 0 & 0 & \sin(\alpha-\beta) & \cos(\alpha-\beta) \end{bmatrix}
$$

を表し、$\theta = \alpha + \beta$, $\phi = \alpha - \beta$ である double-rotation となる。

さらに上記において $\beta = -\alpha$ つまり $q_\beta = q_{-\alpha} = q_\alpha^{-1}$ のとき $p' = q_\alpha p q_\alpha^{-1}$ は $\theta = 0$, $\phi = 2\alpha$ である simple-rotation にあたり、固有値は 1, $e^{\pm i2\alpha}$ となり 4 次元空間に埋め込まれた実回転軸を持つ 3 次元回転を表すことになる。これらのことは【8.2】節で行った計算と同様にして確かめることができる。

このように自由度がそれぞれ 3 である互いに独立した単位クォータニオンを左右から掛けることで、合計の自由度が 6 となる 4 次元の一般的な回転が生成されることになる。

ついでにこの左右からの積で表された 4 次元の一般の回転に対しても (8.36) 式で定義した 4 次元内積は不変となることを示す[*14]。

[*14] 本来は「回転変換」の定義が「行列式の値が +1 となる直交変換（標準内積を不変とする変換）」であることから、この 4 次元内積を不変とする変換を回転とよぶことになる。

256 【第 8 講】回転の表現 II

【証明】 p, q を任意のクォータニオン、r, s を任意の単位クォータニオンとする。p, q が r, s により $p' = rps,\ q' = rqs$ とそれぞれ回転させられたとき、4 次元内積 $p \cdot q = \dfrac{1}{2}(p\overline{q} + q\overline{p})$ は

$$p' \cdot q' = \frac{1}{2}(p'\overline{q'} + q'\overline{p'}) = \frac{1}{2}\{(rps)\overline{(rqs)} + (rqs)\overline{(rps)}\}$$
$$= \frac{1}{2}(rps\overline{s}\,\overline{q}\,\overline{r} + rqs\overline{s}\,\overline{p}\,\overline{r}) = r\left\{\frac{1}{2}(p\overline{q} + q\overline{p})\right\}\overline{r}$$
$$= r(p \cdot q)\overline{r} = (p \cdot q)r\overline{r} = p \cdot q \qquad (8.50)$$

となり、題意は示された。 ∎

【8.6】付録 2：成分表示における 4 次元内積の不変性について

任意の単位クォータニオン s の左からの積による回転 $p' = sp,\ q' = sq$ に対し、4 次元内積 $p \cdot q$ の成分表示 $p_0 q_0 + \boldsymbol{p} \cdot \boldsymbol{q}$ の値も不変であることを直接計算して確かめよう。

$$p' = sp = s_0 p_0 - \boldsymbol{s} \cdot \boldsymbol{p} + s_0 \boldsymbol{p} + p_0 \boldsymbol{s} + \boldsymbol{s} \times \boldsymbol{p}$$
$$\therefore\ p_0' = s_0 p_0 - \boldsymbol{s} \cdot \boldsymbol{p}, \quad \boldsymbol{p}' = s_0 \boldsymbol{p} + p_0 \boldsymbol{s} + \boldsymbol{s} \times \boldsymbol{p},$$
$$q' = sq = s_0 q_0 - \boldsymbol{s} \cdot \boldsymbol{q} + s_0 \boldsymbol{q} + q_0 \boldsymbol{s} + \boldsymbol{s} \times \boldsymbol{q}$$
$$\therefore\ q_0' = s_0 q_0 - \boldsymbol{s} \cdot \boldsymbol{q}, \quad \boldsymbol{q}' = s_0 \boldsymbol{q} + q_0 \boldsymbol{s} + \boldsymbol{s} \times \boldsymbol{q}$$

において回転後の 4 次元内積の成分表示は、以下のようになる。

$$p_0' q_0' + \boldsymbol{p}' \cdot \boldsymbol{q}' \quad (= p' \cdot q')$$
$$= (s_0 p_0 - \boldsymbol{s} \cdot \boldsymbol{p})(s_0 q_0 - \boldsymbol{s} \cdot \boldsymbol{q}) + (s_0 \boldsymbol{p} + p_0 \boldsymbol{s} + \boldsymbol{s} \times \boldsymbol{p}) \cdot (s_0 \boldsymbol{q} + q_0 \boldsymbol{s} + \boldsymbol{s} \times \boldsymbol{q})$$
$$= s_0^2 p_0 q_0 - s_0 p_0 \boldsymbol{s} \cdot \boldsymbol{q} - s_0 q_0 \boldsymbol{s} \cdot \boldsymbol{p} + (\boldsymbol{s} \cdot \boldsymbol{p})(\boldsymbol{s} \cdot \boldsymbol{q})$$
$$\quad + s_0^2 \boldsymbol{p} \cdot \boldsymbol{q} + s_0 q_0 \boldsymbol{p} \cdot \boldsymbol{s} + s_0 \boldsymbol{p} \cdot (\boldsymbol{s} \times \boldsymbol{q})$$
$$\quad + s_0 p_0 \boldsymbol{s} \cdot \boldsymbol{q} + p_0 q_0 \boldsymbol{s} \cdot \boldsymbol{s} + p_0 \boldsymbol{s} \cdot (\boldsymbol{s} \times \boldsymbol{q})$$
$$\quad + s_0 \boldsymbol{q} \cdot (\boldsymbol{s} \times \boldsymbol{p}) + q_0 \boldsymbol{s} \cdot (\boldsymbol{s} \times \boldsymbol{p}) + (\boldsymbol{s} \times \boldsymbol{p}) \cdot (\boldsymbol{s} \times \boldsymbol{q})$$

上記最後の式で、1 行目の第 2 項、第 3 項は、それぞれ 3 行目の第 1 項、2 行目の第 2 項と打ち消しあう。また 3 行目第 3 項と 4 行目第 2 項のスカラー 3 重

積は、サイクリックに入れ替えることで $s \times s$ となり消える。さらに 2 行目第 3 項と 4 行目第 1 項もサイクリックに入れ替えることで打ち消し合うことがわかる。最後に 4 行目第 3 項は、(8.22) 式を用いて展開すると $(s \cdot s)(p \cdot q) - (s \cdot p)(s \cdot q)$ となり、この第 2 項は上記最後の式の 1 行目第 4 項と打ち消し合う。

結局多くの項が消えて残るのは

$$
\begin{aligned}
(左辺) &= s_0^2 p_0 q_0 + s_0^2 (p \cdot q) + p_0 q_0 (s \cdot s) + (s \cdot s)(p \cdot q) \\
&= s_0^2 (p_0 q_0 + p \cdot q) + (s \cdot s)(p_0 q_0 + p \cdot q) \\
&= (s \cdot s)(p_0 q_0 + p \cdot q) \\
&= p_0 q_0 + p \cdot q \quad (= p \cdot q)
\end{aligned}
$$

となり題意は確かめられた。

【8.7】 [▼ A] 付録 3：オイラーの公式と代数的補間式について

(8.49) 式である代数的補間式の話の前に、前講の付録まで続けてきたオイラーの公式シリーズ最終話として、クォータニオン表示について考えよう。単位クォータニオンの極形式を改めて眺めると

$$
q = \cos\psi + \sin\psi \, u
$$

ほれほれ、そう思ってみたら、そう見えてくるよね？ というわけで（？）、シリーズの式 $e^{\theta i} = \cos\theta + \sin\theta i$, $e^{\theta I} = \cos\theta E + \sin\theta I$ との類推から u^n を考えてみると $u^2 = -u \cdot u + u \times u = -1$, $u^3 = -u$, $u^4 = 1$, $u^5 = u$, $\cdots$ となるので、$u^0 = 1$ として「単位クォータニオン指数関数」を

$$
e^{\psi u} = \sum_{n=0}^{\infty} \frac{\psi^n}{n!} u^n \tag{8.51}
$$

と定義すると、

$$
\begin{aligned}
e^{\psi u} &= 1 + \psi u - \frac{\psi^2}{2!} - \frac{\psi^3}{3!} u + \frac{\psi^4}{4!} + \frac{\psi^5}{5!} u - \cdots \\
&= \left(1 - \frac{\psi^2}{2!} + \frac{\psi^4}{4!} - \cdots\right) + \left(\psi - \frac{\psi^3}{3!} + \frac{\psi^5}{5!} - \cdots\right) u
\end{aligned}
$$

よって

$$e^{\psi \boldsymbol{u}} = \cos \psi + \sin \psi \boldsymbol{u} \tag{8.52}$$

として、オイラーの公式のクォータニオン版を得る。$e^{\psi \boldsymbol{u}}$ 自体が単位クォータニオンとなる。なお行列指数関数と同様、一般的には $e^{\psi \boldsymbol{u}} e^{\phi \boldsymbol{v}} \neq e^{\psi \boldsymbol{u} + \phi \boldsymbol{v}}$ であることに注意。これは行列と同様、$\boldsymbol{u}, \boldsymbol{v}$ の積が可換ではないからである。一方、$e^{\psi \boldsymbol{u}} e^{\phi \boldsymbol{u}} = e^{(\psi + \phi) \boldsymbol{u}}$ が成り立つことは、展開してみればわかる。

そもそもクォータニオンは複素数の拡張だったわけで、(8.52) 式はオイラーの公式の由緒正しき拡張ともいえる。実際、$\boldsymbol{u} = u_x i + u_y j + u_z k$ において、$(u_x, u_y, u_z) = (1, 0, 0)$ とすれば単位クォータニオンの極形式は $q = \cos \psi + \sin \psi \boldsymbol{u} = \cos \psi + i \sin \psi$ だったわけで、$e^{\psi \boldsymbol{u}} = e^{i\psi}$ となり、$e^{i\psi} = \cos \psi + i \sin \psi$ としてオイラーの公式に帰着する。

さて本付録のもうひとつの主題であり、(8.49) 式でもある以下の代数的補間式に進もう。

$$r(t) = (qp^{-1})^t p$$

補間の目的である、それぞれ 3 次元回転を表す単位クォータニオン p, q をなめらかに繋ぎ、その間の回転を表す単位クォータニオン $r(t)$ としてこのような式を考えてみる。パラメータ $t \in \mathbb{R}$ は $0 \leqq t \leqq 1$ の範囲を動き、$r(0) = (qp^{-1})^0 p = p$, $r(1) = (qp^{-1})^1 p = q$ は満たしそうな気もする。だがそもそもクォータニオンの冪乗はどのように定義されるのだろうか？　非零クォータニオン s は、そのノルム $\|s\|$ を用いて $s = \|s\| \hat{s}$ と書ける。ここで $\hat{s}$ は単位クォータニオンである。この単位クォータニオンを極形式で表し、オイラーの公式を適用すれば $\hat{s} = \cos \psi + \sin \psi \boldsymbol{u} = e^{\psi \boldsymbol{u}}$ と書けるので、もとのクォータニオンは $s = \|s\| e^{\psi \boldsymbol{u}}$ と書けることになる。これを利用してクォータニオンの**実冪乗**を

$$s^t \equiv \|s\|^t e^{t\psi \boldsymbol{u}} = \|s\|^t (\cos t\psi + \sin t\psi \boldsymbol{u}) \qquad (0 \leqq t \leqq 1, \ t \in \mathbb{R}) \tag{8.53}$$

と定義しよう。ただし、今必要なのは $0 \leqq t \leqq 1$ なので、その範囲でということで[15]（この式から $t = 0, 1$ では $s^0 = 1$, $s^1 = s$ となる）。

---

[15]　厳密には複素数の冪関数のときと同様に対数関数も導入したうえで定義し、さらに多価評価とかも議論すべきなのだろうが、ここでは $0 \leqq t \leqq 1$（つまり $0 \leqq t\psi \leqq \psi \leqq \pi$）なので、これでよしってことで。

【8.7】[▼ A] 付録 3：オイラーの公式と代数的補間式について　259

冪乗の定義ができたので、(8.49) 式 $r(t) = (qp^{-1})^t p$ の具体的な内容を求めてみよう。まずわかることは、冪乗の定義から以下はたしかに成り立つということである。

$$r(0) = (qp^{-1})^0 p = p, \qquad r(1) = (qp^{-1})^1 p = q \qquad (8.54)$$

次に計算を簡単にするために、単位クォータニオンの積による（回転での）「座標変換」を行おう。式をぐっと睨むと、p, q, r の右側から p^{-1} を掛ける変換をすればよさそうなことがわかる。

$$p \to p' = pp^{-1} = 1, \quad q \to q' = qp^{-1}, \quad r \to r' = rp^{-1} = (qp^{-1})^t pp^{-1} = q'^t \tag{8.55}$$

計算が済んだら戻してあげればよい。この「座標系」での q' の極形式を

$$q' = \cos\psi + \sin\psi \boldsymbol{u} = e^{\psi \boldsymbol{u}} \qquad (8.56)$$

としよう。今、p', q' の 4 次元内積をとると $p' = 1$ より

$$p' \cdot q' = q'_0 = \cos\psi \ (= p \cdot q) \qquad (8.57)$$

となり、付録 1 の (8.50) 式より、単位クォータニオンの右側からの積においても 4 次元内積は不変となるので、$p \cdot q$ としても得られることになる。r' は

$$r' = q'^t = e^{t\psi \boldsymbol{u}} = \cos t\psi + \sin t\psi \boldsymbol{u} \qquad (8.58)$$

となり、もとの「座標系」に戻して

$$q = q'p = (\cos\psi)p + (\sin\psi)\boldsymbol{u}p, \qquad r = r'p = (\cos t\psi)p + (\sin t\psi)\boldsymbol{u}p$$

より、q の式から得られる $\boldsymbol{u}p = \dfrac{1}{\sin\psi}(q - \cos\psi p)$ を r の式に代入すれば

$$r = \cos t\psi p + \sin t\psi \frac{1}{\sin\psi}(q - \cos\psi p) = \frac{\sin t\psi}{\sin\psi}q + \frac{\sin\psi\cos t\psi - \cos\psi\sin t\psi}{\sin\psi}p$$

よって

$$r(t) = \frac{\sin t\psi}{\sin\psi}q + \frac{\sin(1-t)\psi}{\sin\psi}p, \qquad \cos\psi = p \cdot q \qquad (8.59)$$

となり、(8.48) 式と同じ式を得る。

では $r(t) = (qp^{-1})^t p$ の意味を考えよう。そもそも補間 $p \to q$ とは p が表す姿勢 P から q が表す姿勢 Q へのなめらかな変換であり、これは姿勢 P を基準姿勢とした場合の姿勢 Q への連続した回転にほかならない。姿勢 P を基準とした姿勢 P, Q は、それぞれ $p' = pp^{-1} = 1$, $q' = qp^{-1}$ で表され $r'(t) : 1 \to q'$ $(t : 0 \to 1)$ となる単位クォータニオンが得られれば、$r = r'p$ として求める補間を得ることになる（図 8.19）。

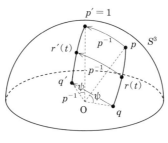

図 **8.19**

この $r'(t)$ として q'^t を考えると $t = 0$ の無回転状態を表す 1 から $t = 1$ の q' による回転までオイラーの公式を通して $q'^t = e^{t\psi \bm{u}} = \cos t\psi + \sin t\psi \bm{u}$ よりわかるように回転軸 $\bm{u}$ の周りの角度 $2t\psi$ となる回転角が線形な連続した 3 次元回転を表す単位クォータニオンとなり、<u>単位クォータニオンの冪乗もまた単位クォータニオンとして連続した回転変換を表す</u>ということになる。

なお、以下の式も $r(t) = (qp^{-1})^t p$ と等しく、同じ球面線形補間を表す。

$$r(t) = p(p^{-1}q)^t, \qquad r(t) = q(q^{-1}p)^{1-t}, \qquad r(t) = (pq^{-1})^{1-t}q \qquad (8.60)$$

これらも上記とほぼ同様に示すことができる。読者の演習としよう。

（ヒント：「座標変換」は、それぞれ左側から p^{-1} を、左側から q^{-1} を、右側から q^{-1} を掛ける変換となる。）

索引

●数字・アルファベット
3 次元球面　236
4 次元極座標　236
Active（な）変換　139
cos　18
double-rotation　254
extrinsic　194
intrinsic　194
isoclinic-rotation　254
Levi-Civita 記号　50
Passive（な）変換　139
rank　74
simple-rotation　254
sin　18
Tait-Bryan 角　200
tan　18

●あ行
一次結合　39
一次従属　41
一次独立　41
一次変換　109
上三角行列　88
エルミート行列　180
エルミート随伴　179
オイラー角　200

●か行
階数　74
外積　50
回転　129, 187
　──行列　129
　──の中心　187

──ベクトル　208
解の自由度　74
拡大係数行列　71
加法定理　19
簡約行列　71
基数　13
奇置換　61
基底　42
　──の変換行列　136
逆行列　118
逆元　235
逆写像　130
球面線形補間　251
行　71, 90
鏡映　129
行基本変形　71
行ベクトル　90
共役転置　179
行列　90
行列式　82
　──の次数下げ　87
行列の三角化　164
行列の対角化　159
極形式　237
極限　17
極値問題　171
偶置換　61
クォータニオン　231
　──の実冪乗　258
グラム・シュミットの正規直交化法
　169
クラメルの法則　79
クロネッカーのデルタ　43

係数行列　71
計量ベクトル空間　47
合成写像　130
合成の公式　20
交代性　58
互換　61
固有多項式　150
固有値　149
固有ベクトル　149
固有方程式　150

●さ行
サイクリック　50, 60, 63, 257
座標系　42
座標変換　136
三角化　164
三角関数　18
三角行列　88
次元　42
四元数　231
指数　13
　──関数　16
　──法則　15
自然数　1
実数　4
実二次形式　171
写像　130
主成分　71
小行列式　115
初等関数　12
随伴行列　179
数ベクトル　47
正規直交基底　42
正弦　18
整数　2
正接　18
正則行列　118
成分　90
正方行列　90
積和の公式　20
零行列　91
線形結合　39

線形写像　131
線形従属　41
線形性　44
線形独立　41
線形変換　109, 131
相似　163
　──変換　163
双線形性　44
総和記号　28

●た行
対角化　159
対角行列　91
対角成分　91
対称群　107
多重線形性　58
単位行列　91
単位クォータニオン　236
単連結　214
直交行列　126
直交変換　128
転置行列　91
転倒数　66
等長変換　128
特性方程式　150
ド・モアブルの定理　22
トレース　165

●な行
内積　43
二項定理　27
二項展開　26
二重被覆　249
ネイピア数　16
ノルム　43, 235

●は行
倍角の公式　19
半角の公式　20
表示行列の変換　137
標準基底　42
複素数　6

不定　74
不能　74
並進　187
ベクトル　37
　　──空間　47
　　──空間の公理　47
補間　250

●ま行
道　214
　　──の差　214
　　──の和　214

●や行
有理数　3
ユニタリー行列　180
余因子　116
　　──行列　119
　　──展開　117
余弦　18

●ら行
累乗　12
零行列　91
列　71, 90
　　──ベクトル　90
連結　213
ロドリゲスの回転公式　209, 210

●わ行
和積の公式　20

◎プロフィール

山中勇毅（やまなか・ゆうき）

株式会社セガ開発技術部システム開発課課長。
1994年、株式会社セガ・エンタープライゼス（現セガ）に入社。
入社以来、主に、ゲームアプリケーション開発の技術支援を行う部署で
開発支援の業務に従事。

セガ的 基礎線形代数講座

2025年3月 5 日　第1版第1刷発行
2025年4月20日　第1版第3刷発行

著　　者　山中勇毅
発 行 所　株式会社日本評論社
　　　　　〒170-8474　東京都豊島区南大塚3-12-4
　　　　　電話　03-3987-8621 [販売]
　　　　　　　　03-3987-8599 [編集]
印 刷 所　藤原印刷株式会社
製 本 所　牧製本印刷株式会社
装　　幀　末吉 亮（図工ファイブ）
図　　版　溝上千恵
数学協力　落合啓之

ⓒ2025 SEGA

Printed in Japan
ISBN 978-4-535-79030-8

|JCOPY|〈（社）出版者著作権管理機構　委託出版物〉
本書の無断複写は著作権法上での例外を除き禁じられています。
複写される場合は、そのつど事前に、（社）出版者著作権管理機構（電話 03-5244-5088、
FAX 03-5244-5089、e-mail：info@jcopy.or.jp）の許諾を得てください。また、本書を
代行業者等の第三者に依頼してスキャニング等の行為によりデジタル化することは、個人の
家庭内の利用であっても、一切認められておりません。